智能时代新商科高职通识教育改革研究成果

21世纪高职高专规划教材·通识课系列

人工智能
应用概论

主　编　莫少林　宫　斐
副主编　莫小泉　罗　宁

Introduction to Artificial
Intelligence Applications

中国人民大学出版社
·北京·

Preface
前　言

　　2019 年 5 月，习近平总书记向国际人工智能与教育大会致贺信，指出，人工智能是引领新一轮科技革命和产业变革的重要驱动力，正深刻改变着人们的生产、生活、学习方式，推动着人类社会迎来人机协同、跨界融合、共创分享的智能时代。把握全球人工智能发展态势，找准突破口和主攻方向，培养大批具有创新能力和合作精神的人工智能高端人才，是教育的重要使命。

　　世界正经历百年未有之大变局。人工智能已经引燃新一轮科技革命和产业变革，并对生产运营管理、国际产业分工、国际贸易格局与全球化进程产生重要影响。人工智能技术正在渗透并重构生产、分配、交换、消费等经济活动环节，形成从宏观到微观各领域的智能化新需求、新产品、新技术、新业态，改变人类生活方式，实现社会生产力的整体跃升。

　　商科教育发展至今，已有百余年的历史，在适应社会经济发展历程中，商科教育的调整与改革从未停止。当前，人工智能迅速发展，已经深刻改变了生产方式、组织形式、商业模式、金融范式、商务规则，商科教育正面临一场教育认知的范式变革，培养既懂技术、又懂商业逻辑的复合型商科人才将成为其新的使命，人工智能素养将成为未来商科学生竞争力的重要体现。现有的有关人工智能应用的书籍，大多数是关于人工智能技术的普及与推广，主要面向计算机、信息、控制等理工科学生，需要学生具备一定的计算机编程知识和数理基础。然而，随着人工智能在各行业甚至生活中的广泛应用，人工智能素养不仅是技术的普及，更是学生在面对技术应用时，正确的价值判断、科学的思维方式以及较强操控能力的养成。人工智能素养是学生具备适应智慧环境能力、终身学习能力以及科技创新能力的重要基础，因此，非理工科学生同样需要人工智能素养。

广西经贸职业技术学院全面践行新商科通识教育改革与实践，针对商科学生理工基础偏弱的知识结构特点和商业实践的特殊要求，开发了"商科教育＋人工智能"下的人工智能素养课程。本书简要概括和阐述人工智能技术原理及形成，重点介绍人工智能技术在各个行业场景中的应用，既帮助学生了解人工智能的基本概念和原理，又引导学生学会如何利用人工智能技术解决行业或商业问题，培养学生人工智能思维、创新和学习能力以及应对未来的能力，旨在为新商科人才培养提供一本适用的人工智能教材。本书为智能时代新商科高职通识教育改革研究与实践（课题编号：FJB180681）的研究成果。

本书共分为11章。

第1章：从人工智能的定义讲起，就人工智能的早期历史、概念、内涵以及具有代表性的重大事件与人物进行简要论述。

第2~8章：详细讲述人工智能中的知识表示、机器学习、神经网络与深度学习、智能语音、计算机视觉、自然语言处理和知识图谱等基础知识，并通过典型应用案例展示人工智能技术解决问题的原理和流程，培养学生利用人工智能技术解决问题的能力。

第9~10章：介绍并探究人工智能领域的成功案例，例如通过人工智能在金融、零售、旅游、交通、安防、政务中的经典成功应用案例，让读者更好地了解人工智能技术的发展与实际生活的关联度。

第11章：对人工智能的未来进行展望，提出人工智能背景下大学生就业和创业的前景和机遇，帮助大学生思考和制定人工智能背景下的职业规划。

本书由莫少林、宫斐担任主编，莫小泉、罗宁担任副主编，杨将天、王佳、赵晓阳、潘美参与编写，梁国际、周岐乐、曾德真、余昊、吴林珊负责资料查找、校稿。本书在编写过程中参阅了大量的文献资料，包括与人工智能有关的教材、论著和案例分析，在此谨向其作者表示衷心的感谢。本书配套资源有教案、课件、教学视频、学习测评等，扫描左侧二维码可以查看详情。特别感谢科大讯飞股份有限公司的技术支持和帮助。

由于编者时间、水平有限，书中难免存在疏漏和不足之处，恳请读者批评指正。

莫少林

2020 年 5 月

Contents
目　录

第 4 章

神经网络与深度学习 / 95

第 5 章

智能语音 / 125

第 6 章

计算机视觉 / 141

1

第1章

初识
人工智能

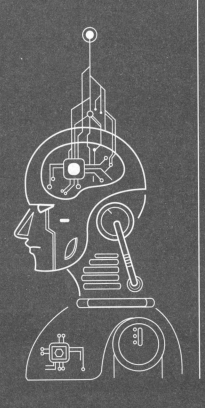

学习目标

通过本章的学习，了解人工智能的定义及发展历程；了解人工智能发展过程中各研究学派的主张；认识人工智能对社会、经济、文化的影响。

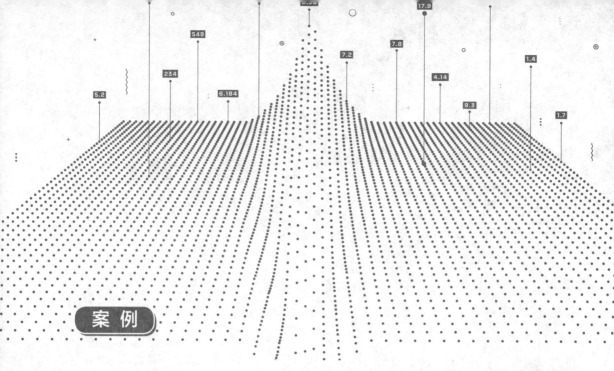

　　2018 年 11 月 7 日，在第五届世界互联网大会上，由搜狗与新华社合作开发的全球首个全仿真智能合成主持人——"AI 合成主播"正式亮相。它根据所提供的文字，能准确无误地播送新闻，可以模拟人类说话时的声音、嘴唇动作和表情，并且将三者自然匹配，逼真程度几乎能以假乱真。据悉，"AI 合成主播"背后依托的是搜狗人工智能的一大核心技术——"搜狗分身"，其技术原理是通过使用人脸关键点检测、人脸特征提取、人脸重构、唇语识别、情感迁移等多项前沿技术，并结合语音、图像等多模态信息进行联合建模训练后，生成与真人无异的 AI 分身模型。从最终的呈现方式来看，"AI 合成主播"实际上相当于真实新闻主播的一个"分身"，例如本次亮相的"AI 合成主播"以新华社主播邱浩为原型，两者的声音及外形都一样。

1.1 人工智能的概念

1956 年，约翰·麦卡锡（John McCarthy）、马文·明斯基（Marvin Minsky）、纳撒尼尔·罗切斯特（Nathanilel Rochester）、克劳德·香农（Claude Shannon）4 位年轻学者在人工智能夏季专题研讨会上首次提出了 AI（Artificial Intelligence）这一名称，标志着人工智能学科的诞生，麦卡锡也因此被称为"人工智能之父"。此后，研究者们展开了众多理论和原理的研究，人工智能的概念及理论也不断扩展。在当今科学技术迅速发展，新思想、新理论、新技术不断涌现的背景下，人工智能发展成为数学、计算机科学、哲学、认知心理学、信息论、控制论等学科交叉的边缘学科。尽管人工智能已有几十年发展历程，但至今仍无统一的定义。根据现有研究，定义可归纳为下列四类。

1.1.1 类人行为系统（Systems that act like humans）

定义 1：人工智能是制造能够完成需要人的智能才能完成的任务的机器的技术[1]

定义 2：人工智能研究如何让计算机做现阶段人类才能做得更好的事情[2]

这两种定义与图灵测试的观点吻合，认为人工智能是类人行为。

1950 年，阿兰·图灵（Alan Turing）提出了图灵测试，即用人类的表现来衡量假设智能机器的表现，为智能提供一个可操作的定义。图灵测试又称为"模仿游戏"，即将一个人与一台机器置于一间房间中，而与另外一个人分隔开来，并把后一个人称为询问者。询问者不能直接见到房间中任何一方，也不能与他们说话，因此，他不知道到底哪一个实体是机器，只可以通过一个类似终端的文本设备与他们联系。然后，让询问者仅根据通过这个设备提问收到的答案，辨别出哪个是机器，哪个是人。如果询问者不能

---

[1] The art of creating machines that perform functions that require intelligence when performed by people.（Kurzweil, 1990）

[2] The study of how to make computers do things at which, at the moment, people are better.（Knight, 1991）

区分出机器和人，那么根据图灵的理论，就可以认为这台机器是智能的。一台机器要通过图灵测试，它需要有自然语言处理、知识表示、自动推理、机器学习、计算机视觉以及机器人技术的能力。

彼时，图灵测试是评价智能行为最好且唯一的标准，已成为许多现代人工智能程序评价方案的基础。尽管图灵测试对人工智能评价很直观，但是仍然受到了很多质疑。最主要的质疑是其不测试人类智能中如感知技能、手工灵活性等重要能力，仅偏向于纯粹的符号问题求解任务。也有人指出，没有必要把人类智能行为强加到机器智能模具中，或许机器智能与人类的智能本就不能等同，那么按照人类智能行为的方法评估它，其本质就错了。

1.1.2 类人思维系统 （Systems that think like humans）

定义3：人工智能是一种使计算机能够思考、使机器具有智力的激动人心的新尝试①

定义4：人工智能是那些与人的思维相关的活动，诸如决策、问题求解和学习等的自动化②

这两种定义主要基于人类思维工作原理可检测的理论，采用认知模型的方法。认知科学是研究人类感知和思维信息处理过程的一门学科，将来自人工智能的计算机模型和来自心理学的实验技术结合在一起，目的是对人类大脑的工作原理给出准确和可测试的模型。

1.1.3 理性思维系统 （Systems that think rationally）

定义5：人工智能是用计算模型对智力行为进行的研究③

定义6：人工智能是使理解、推理和行为成为可能的关于计算的研究④

---

① The exciting new effort to make computers think... machines with minds, in the full and literal sense. (Haugeland,1985)

② The automation of activities that we associate with human thinking, activities such as decision making, problem solving, learning, et al. (Bellman,1978)

③ The study of mental faculties through the use of computational models. (Charniak and McDermott, 1985)

④ The study of the computations that make it possible to perceive, reason, and act. (Winston,1992)

如果一个系统能够在它所知范围内正确行事，它就是理性的。古希腊哲学家亚里士多德（Aristotle）是首先试图严格定义"正确思维"的人之一，他将其定义为"不能辩驳的推理过程"，并通过三段论方法给出了一种推理模式，即当已知前提正确时总能产生正确的结论。例如：专家系统是推理系统，所有的推理系统都是智能系统，所以专家系统是智能系统。

1.1.4 理性行为系统 （Systems that act rationally）

定义 7：人工智能是一门通过计算过程力图解释和模仿智能行为的学科①

定义 8：人工智能是计算机科学中与智能行为的自动化有关的一个分支②

行为上的理性指的是已知某些信念，为达到某种目的而执行某种行动。智能体（Agent）是能感知和执行行动的某个系统，这种定义认为人工智能可以被看作研究和建造理性主体。

综上所述，人工智能主要研究用人工的方法和技术，模仿和扩展人的智能，实现机器智能。人工智能的长期目标是实现人类智能水平的机器智能。

 ## 1.2　人工智能的发展历程

今天，我们正处于人工智能的热潮中，每天都有关于它的新闻报道，人工智能究竟为什么能引起人们如此好奇？假如你搜索一下人工智能，像人一样的机器人的图片就会纷至沓来。现在依然有很多人，每当看到 AI 这个词，脑海里就会浮现出机器人的造型。但这是 AI 吗？显然不是。

随着计算机技术的发展，人工智能逐渐产生并发展起来。人工智能是一门多学科交叉的科学，涉及领域非常广泛，包括逻辑、数学、计算机、信息、神经生物学、心理学、哲学等学科。真正了解人工智能，须得从其历史开始。

---

① A field of study that seeks to explain and emulate intelligent behavior in terms of computational processes. (Schalkoff, 1990)

② The branch of computer science that is concerned with the automation of intelligent behavior. (Luger and Stubblefield, 1993)

1.2.1 人工智能在国外的发展

1.2.1.1 人工智能的起源及第一次兴旺期（20世纪50年代中期至60年代中期）

1956年8月，美国汉诺斯小镇，那个看似平平无奇却又意义非凡的夏天。约翰·麦卡锡、马文·明斯基、纳撒尼尔·罗切斯特、赫伯特·西蒙（Herbert Simon）、艾伦·纽维尔（Allen Newell）和雷·所罗门诺夫（Ray Solomonoff）等，在达特茅斯学院中举行了为期两个月的会议——著名的达特茅斯夏季人工智能研讨会。在这次研讨会上，人工智能这个词语首次被正式提出，参会人员讨论了多项以当时计算机技术水平无法解决的问题，包括人工智能、神经网络、自然语言处理等。由于这次具有重要历史意义的大会，后人将1956年称为人工智能元年。

自1956年会后，人工智能研究出现了第一段热潮。这段时期AI研究的主要方向是机器翻译、定理证明、博弈等。最具代表性的工作有：1956年，艾伦·纽维尔和赫伯特·西蒙等人在定理证明方面取得突破，开创了用计算机程序模拟人类思维的先河；1960年，约翰·麦卡锡创建了人工智能编程语言LISP。这十余年间，计算机被广泛地应用在数学和自然语言领域，用以求解代数、几何和英语中的难题。这使许多学者对机器向人工智能发展抱有信心，他们相信能够研究和总结人类思维的普遍规律，并用计算机模拟实现。甚至当时很多学者都认为，20年内，机器将能完成人能做到的一切。

1.2.1.2 人工智能的第一次萧条期（20世纪60年代中期至70年代中期）

20世纪60年代中期至70年代中期，人工智能进入了艰难的发展阶段。经过深层次的研究，研究者们发现人工智能研究的困难比预想的大得多。例如：为证明"连续函数之和仍连续"微积分中这一简单事实，用1965年发明的消解法（归结原理）推理了10万步也没有结果。

机器翻译方面更为糟糕，采用基于词典的词到词的简单映射方法失败了以电子线路模拟神经元和人脑也失败了。翻译器翻译的内容颠三倒四，最著名的例子是把"The spirit is willing but the flesh is weak"（心有余而力不足）翻译为"The vodka is good but the meat is spoiled"（酒是好的，肉变质了）。再如英语句子"Out of sight, out of mind"

（眼不见心不烦）译成俄文后意思变成了"又瞎又疯"。因此有人讽刺美国花了 2000 万美元为机器翻译立了块墓碑。

科学家没有对人工智能研究项目难度进行足够估测，导致与美国国防高级研究计划局的合作计划失败，让人工智能的前景蒙上一层阴影。与此同时，社会舆论的压力不断增大，导致大量研究经费被转移到其他项目。

当时，人工智能面临的技术瓶颈主要有三个：一是计算机性能不足，导致早期很多程序无法应用于人工智能领域；二是问题的复杂性，早期人工智能程序主要是解决特定的问题，复杂度低，一旦问题复杂度上升，程序立刻停工；三是数据量严重缺失，当时找不到足够大的数据库来支持程序进行深度学习，这就导致机器无法读取足够量的数据实现智能化。

1972 年，剑桥大学的应用数学家詹姆斯·莱特希尔（James Lighthill）发表了一篇综合报告，指责人工智能的研究是胡作非为。1973 年，詹姆斯·莱特希尔针对这篇英国人工智能研究状况的报告，批评了人工智能在实现"宏伟目标"上的失败。自此，人工智能研究经费被削减，研究机构被解散，进入长达 6 年的科研困境。

虽然面临巨大社会压力，但人工智能研究先驱们的信念并没有动摇，他们仍然在艰难的时代取得了一些重大成就。

（1）1969 年，国际人工智能联合会议（International Joint Conference on Artificial Intelligence，IJCAI）召开。作为人工智能领域最主要的学术会议之一，自 2016 年起由原单数年召开，改为每年召开。它是人工智能发展史上的一座重要里程碑，标志着人工智能这门学科已被世界肯定。

（2）1970 年，斯坦福大学计算机科学系费根鲍姆（E. A. Feigenbaum）等人研制出世界上第一个专家系统——DENDRAL。

（3）1970 年，《国际人工智能杂志》（International Journal of AI）创刊，对于促进人工智能的发展和研究者的交流起到了重要作用。

（4）1970 年，英国爱丁堡大学的 R. Kowalski 首先提出以逻辑为基础的程序设计语言 Prolog。1972 年，法国马赛大学的 A. Colmeraues 及其研究小组实现了第一个 Prolog 系统。Prolog 和 LISP 一样被称为面向 AI 的语言，成为继 LISP 语言之后最主要的一种人工智能语言。

（5）1973 年，卡内基梅隆大学的 L. D. Erman 等人设计了自然语言理解系统 HEARSAY-I。

1.2.1.3 人工智能的第二次兴旺期（20 世纪 70 年代中期至 80 年代中期）

到 20 世纪 70 年代末，历经 10 年低谷期的人工智能研究，在先驱们的不懈努力和奋斗下迎来了第二次兴旺期。费根鲍姆在认真地反思并总结以往经验和教训的基础上，再次举起了培根的旗帜——"知识就是力量！"他以知识为中心开展研究的观点被大多数人认可。从此，人工智能的研究迎来了以知识为中心的蓬勃发展的新时期。

人工智能在 1970 年初到 1979 年间得到了广泛的研究。利用计算机视觉技术，人工智能不仅研究机器人识别建筑构件和室内景物的方法，也处理机械零件、户外景物、医疗影像等的视觉信息，涉及颜色和距离的差异。此外，人工智能通过触觉信息和受力信息来控制机械手的速度和力度，以此控制机器人的行为。

1977 年，在第五届国际人工智能联合会议上，费根鲍姆教授在"人工智能的艺术：知识工程课题及实例研究"一文中系统地阐述了专家系统的思想并提出"知识工程"的概念。这是人工智能研究的又一新转折点，即从研究获取智能的基于能力的方法转变为基于知识的方法。随着理论研究（例如各种表示方法的研究）和计算机软、硬件的迅速发展，AI 实用系统如各种专家系统、自然语言处理系统等开始商品化并进入市场，取得了较大经济效益和社会效益，展现了人工智能应用的广阔前景。例如：DEC 公司将 AI 系统用于组装 VAX 计算机，每年可节约 2000 万美元；由斯坦福大学国际研究所研制的地质勘探专家系统 PROSPECTOR 在 1982 年预测了华盛顿州的一处开采价值超过 1 亿美元的钼矿的位置。

在应用的不断深入的过程中，专家系统所面临的知识获取困难、知识范围狭窄、推理能力弱、智能水平低、缺少分布式功能、实用性差等问题逐渐暴露。到 20 世纪 80 年代中期，日本、美国和欧洲为人工智能制定的计划多数面临无法达到预期目标的困难。FGCS（Future Generation Computer Systems）于 1992 年正式宣告失败。深入分析后发现，这不仅是个别项目的制定存在问题，而且是人工智能研究本质性的问题。

主要问题有三：第一是交互性问题，即传统人工智能算法只能模拟人类思考的行为，却不包括人与环境的交互行为；第二是扩展性问题，即规模问题，传统人工智能算法仅适用于构建小领域的专家系统，无法将此算法推广到规模大、领域广的复杂系统；第三是推理性问题，没有解决常识的形式化问题，常用的一阶谓词推理与常识推理就会出现很大误差。

鉴于此，人工智能研究者们开始研究和解决 AI 的关键技术问题和人工智能的实际应用，包括常识性知识表示、非单调推理、不确定推理、机器学习、分布式人工智能、智能机器体系结构等基础性研究，以及专家系统、自然语言理解、计算机视觉、智能机器人、机器翻译系统的实用化，目的在于实现 AI 研究的突破。总之，以"知识工程"为核心的人工智能不断发展，随着智能机器人和第五代计算机研制计划的出现，人工智能研究从萧条期走向第二次兴旺期，进入黄金时期。①

1.2.1.4　人工智能稳步增长期（20 世纪 80 年代中期至今）

20 世纪 80 年代中期，人工智能研究热潮逐渐降温，这一时期的降温并不意味着人工智能研究停滞或受挫，而是部分人工智能研究者开始重新审视人工智能，一些有经验的学者呼吁不要过分夸大人工智能的力量，应更多从实际出发。也正是在这一群体的带领下，大量扎实的研究工作一直在进行，使得人工智能技术和方法论的研究与发展始终保持着较快的步伐，呈稳健地线性增长，且技术朝着实用方向发展。

自 20 世纪 90 年代以来，随着计算机网络和通信技术的发展，智能体（Agent）的研究成为人工智能研究的热点。肖哈姆（Y. Shoham）于 1993 年提出了面向智能体的编程方法。1995 年，罗素（S. Russell）和诺维格（P. Norvig）出版了《人工智能》一书，将人工智能定义为"对从环境中接收感知信息并执行行动的智能体的研究"，智能体研究成为人工智能的核心问题。在国际人工智能联合会议 1995 年的特约报告中，斯坦福大学计算机系的罗斯·海斯（R. B. Hayes）写到，"智能体既是人工智能最初的目标，也是最终的目标"。对人工智能研究而言，智能体概念的回归并不仅是因为人们认识到应当将人工智能各领域的研究成果整合成具有智能行为概念的"人"，更重要的是人们认识到人类智能的本质是"社会智能"。对于"社会智能"的研究，构成社会的基本组成部分的"人"的对应"智能体"，以及社会对应的"多智能体系统"自然成为人工智能的基本研究对象。

---

①　朱祝武. 人工智能发展综述 [J]. 中国西部科技,2011,10(17):8-10.

这一时期，数据的激增也推动了人工智能的进一步发展，从推理、搜索升华、知识获取等阶段，进化到机器学习阶段。1996 年，机器学习被系统定义为人工智能的一个研究领域，它的主要研究对象是人工智能，尤其是在经验学习中如何提高特定算法的性能。1997 年，随着互联网的发展，机器学习被进一步定义为"一种能够通过经验自动改进计算机算法的研究"。数据是载体，智能是目标，机器学习是从数据走向智能的技术路径。近 10 年到 20 年里，Boosting、支持向量机（Support Vector Machine，SVM）、集成学习和稀疏学习是机器学习界、统计界最活跃的研究方向。例如：数学家瓦普尼克（Vapnik）等人在 20 世纪 60 年代就提出了支持向量机的理论，但直到 20 世纪 90 年代末才找到高效求解算法。随着后续大量优秀的实现代码的开源，支持向量机成为分类算法的一个基准模型。

2006 年，多伦多大学杰弗里·辛顿（Geoffrey Hinton）教授基于前向神经网络提出了深度学习理论。在 AlphaGo、无人驾驶汽车、人工智能助理、语音识别、图像识别、自然语言理解等领域，深度学习已经取得了很大进展，并对工业产生了巨大影响。伴随深度学习的兴起，人工智能迎来了第三波发展浪潮。近年，谷歌、微软、百度、Facebook 等拥有大数据技术的科技公司争相投入，占领深度学习的技术制高点。在大数据时代，更为复杂和强大的深度学习模型可以深刻揭示海量数据所包含的复杂而丰富的信息，并能更精准地预测未来或未知事件。如今，人工智能研究者几乎人人都在谈论深度学习，许多人甚至高喊"深度学习＝人工智能"的口号。诚然，深度学习绝非人工智能领域的唯一，两者不能相提并论。但说深度学习是当前乃至今后很长一段时间内引领人工智能发展的核心技术，却一点儿也不为过。

1.2.2 人工智能在国内的发展

相对于国际人工智能的发展状况，我国人工智能研究不仅起步较晚，而且发展道路更曲折坎坷，经历了一段质疑、批评甚至压制的艰难历程，直到改革开放后才逐步走上发展的正轨。

1.2.2.1 前途不明

20 世纪五六十年代，人工智能在西方国家得到重视和发展，却在苏联被批评为"资产阶级的反动伪科学"。20 世纪 50 年代，由于苏联对人工智能和控制论

（Cybernetics）的批判，中国对人工智能的研究极少；20 世纪 60 年代后半期到 70 年代，尽管苏联解禁了对人工智能和控制论的研究，但由于中苏关系的恶化，中国学术界指责苏联的这种解禁是"修正主义"。那时，人工智能在中国受到质疑，甚至与"特异功能"一起受到批判，被认为是"伪科学"和"修正主义"。《摘译：外国自然科学哲学》月刊 1976 年第 3 期的一篇文章中写道，"在批判'图像识别'和'人工智能'研究领域各种反动思潮的斗争中，走自己的道路"。

1978 年 3 月，全国科学大会在北京召开。华国锋主持大会开幕式，开幕式上邓小平发表了题为《科学技术是生产力》的重要讲话。会议做出了"向科学技术现代化进军"的战略决策，开辟了解放思想的道路，推动了中国科学的发展，中国科技的春天到来了。那是中国改革开放的前奏，广大科技工作者开始了思想大解放，人工智能也正酝酿着解禁。吴文俊提出的利用机器证明与发现几何定理的新方法——几何定理机器证明，获得当年全国科学大会重大科技成果奖。

20 世纪 80 年代初，钱学森等人倡导人工智能研究，中国的人工智能研究更加活跃。但在当时社会上，包括人工智能学者在内的众多研究者将"人工智能"与"特异功能"混淆，把社会对"特异功能"的批判映射到"人工智能"上，斥之为"伪科学"。中国人工智能发展走了一段漫长的弯路。

1.2.2.2 艰难起步

20 世纪 70 年代末至 80 年代，知识工程和专家系统在欧美发达国家发展迅速，取得了显著经济效益。那时中国的相关研究还处于艰难的起步阶段，一些基础工作仍无法开展。

（1）派遣留学生出国研究人工智能

改革开放后，中国派遣大量留学生赴西方发达国家学习包括人工智能、模式识别在内的新科技成果。这批人工智能"海归"专家，已成为中国人工智能研究与开发应用的学术领军人物和骨干力量，为推动中国人工智能发展做出了重大的贡献。

（2）成立中国人工智能学会

中国人工智能学会（China Association of Artificial Intelligence，CAAI）于 1981 年 9 月在长沙成立，秦元勋当选首任理事长。于光远在大会期间主持了一次大型座谈会，讨论有关人工智能的一些认识问题。他指出，人工智能是一门新兴的科学，我们应该积极支持；对"人体特异功能"的研究是一门伪科学，不但不应该支持，而且要坚决反对。1982 年，中国人工智能学会刊物《人工智能学报》在长沙创刊，成为国内首份人工智能学术刊物。

（3）开启人工智能的相关项目研究

20 世纪 70 年代末至 80 年代初，人工智能的一些项目已经列入国家科研计划。例如：1978 年中国自动化学会的年会上，报告了诸如光学文字识别系统、手写体数字识别、生物控制论和模糊集合等研究成果，显示中国人工智能已经开始在生物控制和模式识别等方面进行研究。又如 1978 年，"智能模拟"被纳入国家研究计划，但当时并未直接提及"人工智能"研究，表明那时中国的人工智能禁区尚待开启。

1.2.2.3　步入正轨

1984 年 1 月和 2 月，邓小平分别在深圳和上海观看儿童与计算机下棋对决时，指示："计算机普及要从娃娃抓起。"从那以后，中国的人工智能研究的状况有所改善，《人民日报》对人工智能的报道逐渐增多。20 世纪 80 年代中期，中国的人工智能迎来了曙光，开始走上相对正常的发展道路。

国防科工委于 1984 年召开了全国智能计算机及其系统学术讨论会，又于 1985 年召开了全国首届第五代计算机学术研讨会。1986 年起把智能计算机系统、智能机器人和智能信息处理等重大项目列入国家高技术研究发展计划（863 计划）。1986 年，经过三次讨论，清华大学校务委员会决定同意在清华大学出版社出版《人工智能及其应用》一书。此书于 1987 年 7 月在清华大学出版社公开出版，是我国第一部具有自主知识产权的人工智能专著。随后，1988 年、1990 年，中国首部机器人学、智能控制著作相继问世。1988 年 2 月，主管国家科技工作的国务委员兼国家科委主任宋健亲笔致信蔡自兴，对《人工智能及其应用》一书的公开出版和人工智能学科给予高度评价，他指出，人工智能著作的编著和出版"使这一前沿学科的最精彩的成就迅速与中国读者见面，这对人工智能在中国的传播和发展必定会起到重大的推动作用……我深信，以人工智能和模式识别为带头的这门新学科，将为人类迈进智能自动化时期做出奠基性贡献"。这体现出他对中国人工智能发展的关注和对作者的鼓励，对中国人工智能的发展有着重要而深远的影响。

1987 年，《模式识别与人工智能》杂志创刊。1989 年，中国人工智能联合会议

（China Joint Conference on Artificial Intelligence，CJCAI）首次召开，至 2004 年共召开了 8 次，还曾经联合召开过 6 届中国机器人学联合会议。从 1993 年起，智能控制和智能自动化等项目被列入国家科技攀登计划。1993 年 7 月，宋健应邀为中国人工智能学会智能机器人分会成立题词"人智能则国智，科技强则国强"。这一题词重点阐明了人工智能与提高国民素质、增强国家科技实力和建设现代化强国的辩证关系，也是国家科技领域领导人对中国人工智能事业的大力支持以及殷切期望的体现。

1.2.2.4　蓬勃发展

进入 21 世纪后，越来越多的人工智能与智能系统研究项目得到国家自然科学基金重点和重大项目、国家高技术研究发展计划（863 计划）、国家重点基础研究发展计划（973 计划）、科技部科技攻关项目、工信部重大项目等国家资金支持。其中有许多具有代表性的研究项目，例如视觉与听觉的认知计算、面向智能体的智能计算机系统、中文智能搜索引擎关键技术、智能化农业专家系统、虹膜识别、语音识别、人工心理与人工情感、基于仿人机器人的人机交互与合作、工程建设中的智能辅助决策系统、未知环境中移动机器人导航与控制等。

中国人工智能学会与其他学会及相关部门联合，于 2006 年 8 月在北京举办了"庆祝人工智能学科诞生 50 周年"纪念活动。除了人工智能国际会议外，此次活动还包括由中国人工智能学会主办的首届中国象棋计算机博弈锦标赛暨首届中国象棋人机大战。此次比赛中，东北大学的"棋天大圣"象棋软件获得机器博弈冠军；"浪潮天梭"超级计算机以 11∶9 的成绩战胜了中国象棋大师。此次赛事的成功举办，充分展示了中国人工智能技术的长足进步，也对广大公众进行了一次深刻的人工智能基本知识普及教育。主办方认为，这次中国象棋人机大战"无论赢家是人类大师或超级计算机，都是人类智慧的胜利"。

同年，《智能系统学报》创刊，这是继《人工智能学报》和《模式识别与人工智能》之后国内第 3 份人工智能类期刊。它们为国内人工智能学者和高校师生提供了一个学术交流平台，推动了中国人工智能的研究和应用。

2009 年，由中国人工智能学会牵头，向国家学位委员会和教育部提出设立"智能科学与技术"学位授权一级学科的建议。建议指出：现在信息化向智能化迈进的趋势已经显现，因此，今天培养的智能科学技术高级人才大军，正好赶上明天信息化向智能化大规模迈进的需要。为此，一个顺理而紧迫的建议就是：为了适应信息化向智能化迈进的大趋势，为了实现建设创新型国家的大目标，在中国学位体系中增设智能科学与技术博士和硕士学位授权一级学科。这个建议凝聚了中国广大人工智能教育工作者的心血与远见，对中国人工智能学科建设有着深远的意义。

2014年6月9日，习近平总书记在中国科学院第十七次院士大会、中国工程院第十二次院士大会开幕式上发表重要讲话，他强调："由于大数据、云计算、移动互联网等新一代信息技术同机器人技术相互融合步伐加快，3D打印、人工智能迅猛发展，制造机器人的软硬件技术日趋成熟，成本不断降低，性能不断提升，军用无人机、自动驾驶汽车、家政服务机器人已经成为现实，有的人工智能机器人已具有相当程度的自主思维和学习能力……我们要审时度势、全盘考虑、抓紧谋划、扎实推进。"这是人工智能及相关智能技术首次获得国家高层领导的高度评价，是对发展人工智能及智能机器人技术的庄严呼吁和有力推动。

2015年十二届全国人大三次会议上，李克强总理在政府工作报告中指出："人工智能技术将为基于互联网和移动互联网等领域的创新应用提供核心基础。未来人工智能技术将进一步推动关联技术和新兴科技、新兴产业的深度融合，推动新一轮的信息技术革命，势必将成为我国经济结构转型升级的新支点。"他充分肯定了人工智能技术所发挥的重要作用，是对人工智能的有力推动。

2016年4月，工业和信息化部、国家发展改革委、财政部等三部委联合印发了《机器人产业发展规划（2016—2020年）》，描绘了中国机器人产业"十三五"发展蓝图。智能生产、智能物流以及智能工业机器人、人机协作机器人、消防救援机器人、手术机器人、智能型公共服务机器人、智能护理机器人等众多机器人的开发都需要运用人工智能技术，人工智能是发展智能机器人产业的核心技术。

2016年5月，国家发展改革委、科技部、工业和信息化部、中央网信办等四部门联合印发《"互联网+"人工智能三年行动实施方案》，明确了未来3年智能产业的发展重点和具体扶持项目。国家最高领导人对人工智能的高度评价和对发展我国人工智能的指示，《机器人产业发展规划（2016—2020年）》《"互联网+"人工智能三年行动实施方案》的发布与施行，都表明中国已经将人工智能技术提升到国家发展战略的高度，为人工智能的发展创造了前所未有的良好环境，也赋予了人工智能艰巨而光荣的历史使命。

如今，中国已经拥有十万多名人工智能相关领域的科技人才和高校师生，从事不同层次的研究、学习、开发和应用，这在中国是前所未有的，必将为其他学科的发展和中国现代化建设做出新的重大贡献。①

1.3　人工智能的三大学派

目前，人工智能有三大学派：符号主义（Symbolicism），又称为逻辑主义（Logicism）、心理学派（Psychologism）或计算机学派（Computerism），主要依据物理符号系统（即符号操作系统）假设和有限合理性原理；联结主义（Connectionism），又称为仿生学派（Bionicsism）或生理学派（Physiologism），主要依据神经网络及神经网络间的连接机制与学习算法；行为主义（Actionism），又称为进化主义（Evolutionism）或控制论学派（Cyberneticsism），主要依据控制论及感知-动作型控制系统原理。这三个学派对人工智能发展历史有不同的看法。

1.3.1　符号主义学派

符号主义认为人工智能源自数学逻辑。数学逻辑自 19 世纪末以来迅速发展，到 20 世纪 30 年代用于描述智能行为。计算机出现后，逻辑演绎系统被计算机实现。以启发式程序 LT 逻辑理论为代表的成果，证明了 38 条数学定理，表明了可以运用计算机研究人的思维过程以及模拟人类智能活动。早在 1956 年，符号主义者首先采用了"人工智能"这个术语，随后发展出启发式算法、专家系统、知识工程理论与技术，并在 20 世纪 80 年代获得了长足发展。曾长期一枝独秀的符号主义为人工智能的发展做出重大贡献，尤其是成功开发和应用专家系统，这对于将人工智能引入工程应用和实现理论联系实际具有特别重要的意义。即使后期出现其他人工智能学派，符号主义者仍然是人工智能的主流派。

---

① 蔡自兴. 中国人工智能 40 年[J]. 科技导报,2016,34(15):12-32.

1.3.2 联结主义学派

联结主义认为人工智能源于仿生学，尤其是人脑模型的研究。其代表性成果是 1943 年由生理学家麦卡洛克（McCulloch）和数理逻辑学家皮茨（Pitts）创立的 MP 脑模型，开创了用电子装置模拟人类大脑结构和功能的新途径。20 世纪 60—70 年代，联结主义开始兴起对以感知机（Perceptron）为代表的脑模型的研究。但受当时理论模型、生物原型和技术条件的限制，70 年代末至 80 年代初脑模型研究陷入低谷，直到霍普非尔德（Hopfield）教授 1982 年提出用硬件来模拟神经网络，联结主义才再度兴起。自 1986 年鲁梅哈特（Rumelhart）等人提出多层网络中的反向传播（BP）算法以后，从模型到算法，从理论分析到工程实现，联结主义重整旗鼓，为神经网络计算机走向市场奠定了基础。

1.3.3 行为主义学派

行为主义认为人工智能是控制论的产物。早在 20 世纪四五十年代，控制论思想就成为时代思潮的重要组成部分，将神经系统的工作原理与信息理论、控制理论、逻辑以及计算机联系起来，影响了早期人工智能研究人员。维纳（Winner）和麦卡洛克等人提出的控制论和自组织系统以及钱学森等人提出的工程控制论和生物控制论对许多领域都产生了深远的影响。控制论早期研究工作主要集中于模拟人在控制过程中的智能行为和作用，如对自寻优、自适应、自校正、自镇定、自组织和自学习等控制论系统的研究，并进行"控制论动物"的研制。20 世纪 60—70 年代，这些控制论系统的研究取得一定进展，为智能控制和智能机器人的产生奠定了基础。20 世纪 80 年代，智能控制和智能机器人系统诞生。近几年，行为主义新学派才引起了人工智能研究者的兴趣和关注。布鲁克斯（Brooks）的六足行走机器人则是这一学派的代表，是基于感知动作模式的模拟昆虫行为控制系统，被视为新一代的"控制论动物"。[①]

---

① 蔡自兴.人工智能学派及其在理论、方法上的观点[J].高技术通信,1995(05):55-57.

1.4 人工智能的影响

1.4.1 人工智能对经济的影响

人工智能对经济的影响将随着技术的成熟而逐渐累积，并可能在 2025 年后加速显现，但人工智能带来的潜在收益却不能保证平均分配。人工智能有可能在 2030 年为全球推动 13 万亿美元 GDP 增长（此为总体数据，剔除了竞争影响和转型成本），平均每年推动 GDP 增长 1.2% 左右，而由 AI 投资为驱动力的新产业可以使就业增加 5%（估计 2030 年生产力影响总额可为就业提供约 10% 的正面贡献）。此项数据足以与历史上如 19 世纪的蒸汽机、20 世纪的工业机器人和 21 世纪的信息技术等其他通用技术所带来的变革效应相比。

人工智能对经济的影响取决于是否有足够的资本投入，以帮助新的人工智能公司和人工智能研究获得资金支持，从而促成更大的企业投资。基于对人工智能的重视，中国政府出台了一系列的指导政策，包括"十三五"规划、《"互联网＋"人工智能三年行动实施方案》和《新一代人工智能发展规划》等。截至 2020 年，中国计划在国内创造一个规模达 1 万亿元人民币的人工智能市场，并在 2030 年前将其发展为全球领先的人工智能中心。目前在无人驾驶汽车、智慧城市和医学影像等领域，中国三大互联网巨头（阿里巴巴、百度和腾讯）和语音识别公司科大讯飞共同组成了一支"国家队"。

一种技术要在全球范围内渗透，往往需要几十年的时间。人工智能将通过多种渠道影响经济，其中 3 个尤其值得注意：一是通过劳动替代提高生产率。自动化和劳动替代的影响可能高达 90 万亿美元，比现在的全球 GDP 总量还高出约 11%。该估计包括从现在到 2030 年期间累计的经济附加值增长，在资本和劳动力技能的推动下，生产率得到提升，继而提升全球 GDP 总量。但前提是：被取代的雇员能够在其他经济领域重获工作。二是创新产品和服务。人工智能可以推动创新，改善已有的产品和服务，甚至创造全新的产品和服务。麦肯锡分析认为，创新可以使 GDP 增长 7% 左右，2030 年增加值将达到 6 万亿美元。三是负面外因和转型成本。人工智能技术的应用有可能给劳动力市场带来冲击，而要实现劳动力市场的转型也很有可能产生相应的成本，尤其是对那些因自身技能不足而被人工智能技术取代或部分取代的劳动者而言。对企业而言，由于学习和部署成本过高，初期企业鲜有使用人工智能，但受竞争压力增大和互补能力提升的影响，这一情况将有所改变。因为要进行初期投资，还要不断地精练技术和应用，付出巨大的改造成本，所以小型企业采用人工智能可能面临局限性。而早期采用人工智能技术的企业将在以后的收益中获得累积效应，而很少或没有采用人工智能的企业或将付出代价。负面外因和转型成本会导致 GDP 总量减少约 9% 。

1.4.2 人工智能对社会的影响

1.4.2.1 人工智能对民众认知的影响

人工智能疾速发展，从外显部分看，最可能改变的是人类的劳动模式和财富分配，但从内隐部分看，也可能对人类的认知（即从概念、知觉、判断以及想象等心理活动所获取的知识）产生冲击和影响。人类通过新陈代谢和代际遗传，具有了生长、发育和繁殖的生命特征，并且能够通过劳动创造一切物质的和精神的财富。从应用层面上讲，机器人、计算机等人工智能，实际上就是由人类发明制造，由一堆金属和非金属组装而成的、为人类服务的、有一定智能的机械装置。当不同利益集团在利益冲突中难以达成一致时，人工智能的决策就比人类更有效、更灵活。人机一体后，人工智能比人类更了解人类的需要，尤其是当人工智能通过"深度学习"，不断地在自我提升和自我完善中超越人类时，人类即使知道，人工智能归根结底是人类的发明和创造，它的"聪明"来自人类的智慧，但活生生的现实可能让很多人的认知开始动摇：人类依然是独具抽象思维、自我意识、控制力和解决问题能力的社会性动物吗？人工智能还是冷酷的只会执行任务的人造物吗？这样的不确定和反复的追问，不禁让人吊诡地想起《人是机器》一书，尽管这部著作是法国人拉·梅特里于 18 世纪写成的，其内容与人工智能无关，却从戴帆的作品《一亿个机器人》中映射出——"机器具有或将具有生命"。

1.4.2.2 人工智能对人类行为方式的影响

人工智能广泛应用后，机器与人的关系日益紧密，在人际关系大量夹杂人机关系后，网络社交中出现的离线即在线的情况，变得更为普遍和频繁。这突出表现为，以人的复杂社会心理为研究对象的人工智能，将会在人机交互过程中，达到高度在线化的状态，为人们离线的生活提供高效、廉价、富体验、温情的服务，这无疑吸引了大量具有良好人机交互体验的人的关注，最终，线下交互将更多地隐含在线上。

此外，人工智能超强的信息储存、模仿和自我学习能力，可以让人类从危险、复杂、烦琐、重复的工作中获得极大的解放，使其有更多的空闲时间。当然，这也有正面和负面的影响。正面影响是：人类可以更专注于劳动价值含量高的领域，尤其是对人的思想力、审美力、创造力、创新力和想象力的挖掘和提升。负面影响是：卫星导航式、搜索引擎式、百科全书式的信息供给乃至优质的机器"保姆"服务，也许会催生出浅尝辄止的甚至懒得再动脑的"向下笨"人群。①

在大发展面前，除了那些犹豫不决的人可能需要适应外，少数信息难民更需要跨越信息鸿沟。具体而言，延续着互联网时代少数人因为不会上网、不能上网和不愿上网而沦为信息穷人、信息难民的情形，人工智能对知识体系、信息资源及机遇把握的更高要求使得一些人仍然面临信息壁垒——"人工智能沟"，若无法跨越这道坎，就意味着他们难以享受人工智能的巨大发展带给现实生活的福利。

1.4.3　人工智能对文化的影响

人工智能的发展可能改变人类的思维方式和观念，并对人类的文化造成重大影响。一方面，人工智能会改进人类语言。语言是思维的表达和工具，人们可以用语言学的方法来研究思维规律，但是人们的下意识和潜意识往往"只能意会，不可言传"。运用人工智能技术，将语法、语义和形式知识表示方法结合起来，或可改进知识的自然语言表示，并转化为人工智能形式。随着人工智能原理日益广泛传播，人们可以应用人工智能概念描述或求解生活中遇到的问题。另一方面，人工智能技术为人类的文化生活开辟了新的天地。例如：图像处理技术对图形艺术、广告和社会教育产生的深远影响，智力游戏机对更高智能的文化娱乐手段发展的影响。

人工智能技术在社会进步、经济发展、文化进步等方面具有重要作用，但也会产生一些难以预料的影响。总之，人工智能无疑会对人类的物质和精神文明产生越来越大的影响。

---

① 毕宏音.人工智能发展的社会影响新态势及其应对[J].重庆社会科学,2017(12):50-58.

本章小结

　　本章首先讨论了什么是人工智能。人工智能是研究可以理性地进行思考和执行动作的计算模型的学科，是人类智能在机器上的模拟。人工智能作为一门学科，经历了起源及第一次兴旺、萧条、再兴旺和稳步发展几个阶段，并且在不断发展中。尽管人工智能创造出了一些实用的系统，但我们不得不承认这些远未达到人类的智能水平。目前人工智能的主要研究学派有符号主义、联结主义和行为主义三大学派。人工智能的发展对人类的经济社会、文化都产生了不可小觑的影响。

讨论

（1）什么是人工智能？

（2）人工智能的发展对我们的生活产生了哪些影响？

阅读延展

第 2 章

知识
表示

学习目标

　　通过本章的学习，了解人工智能中知识表示的概念以及发展历程；理解知识表示的工作原理及各种算法；了解知识表示中的经典应用——知识图谱；能够使用计算机编程语言或工具完成简单的知识表示操作或功能。

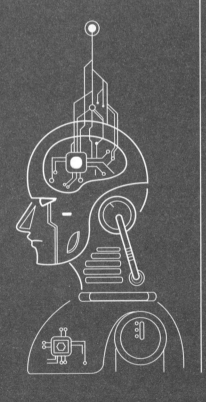

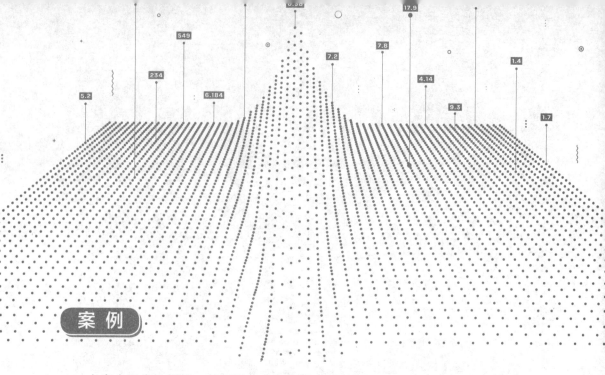

案　例

在当今日常生活中，是不是出现了很多服务机器人？它们不仅能听懂我们的问题，还能一定程度上帮我们解决某个场景下的问题。例如图2-1和图2-2所示在机场的案例：

图2-1　智能机器人机场应用场景一

图 2-2 智能机器人机场应用场景二

从上述案例中可以看出，机器人理解客人所说的问题后，能够准确地把问题的解决方法展示给客人看。这一过程就是本章所介绍的知识表示的基本应用之一。那到底机器人是怎么匹配问题的呢？带着这个疑问来学习本章内容吧。

人类对客观事物的认识，实质是一个知识学习的过程，掌握知识，然后对知识进行相应的表示，从而组成我们现实生活中的各种行为。

在上一章，我们了解到人工智能其中一个定义就是会学习的计算机程序，现在社会生活中存在的一些人工智能的现象，例如和机器人语音聊天、人脸识别、自动驾驶等，都是机器表示人类知识的一种手段，机器也像人类一样，需要通过"学习"知识，再通过知识的表达，最终表现出像人类一样的智能行为。

知识表示是人工智能领域的一个重要的基础，早期的人工智能概念模型就是通过知识表示而产生的。

2.1 知识表示技术原理

2.1.1 知识的概念

知识是人们在长期的生活及社会实践中、在科学研究及实验中积累起来的对客观世界的认识与经验。人们把实践中获得的信息关联在一起，就形成了知识。一般而言，把有关信息关联在一起所形成的信息结构称为知识。信息之间有多种关联形式，其中用得最多的一种是用"如果……，则……"表示的关联形式。在人工智能中，这种知识被称为"规则"，它反映了信息间的某种因果关系。

例如：我国北方的居民经过多年的观察发现，每当冬天即将来临，就会看到一批批的大雁向南方飞去，于是把"大雁向南飞"与"冬天就要来临了"这两个信息关联在一起，得到了如下知识：如果大雁向南飞，则冬天就要来临了。

又例如："雪是白色的"也是一条知识，它反映了"雪"与"白色"之间的一种关系。在人工智能中，这种知识被称为"事实"。

2.1.2 知识的特征

2.1.2.1 相对正确性

知识是人类对客观世界认识的结晶，并且受到长期实践的检验。因此，在一定的条件及环境下，知识是正确的。这里，"一定的条件及环境"是必不可少的，它是知识相对正确性的前提。因为任何知识都是在一定的条件及环境下产生的，所以也就只有在这种条件及环境下才是正确的。

例如：牛顿力学定律在一定的条件下才是正确的；1+1=2，这是一条众所周知的正确知识，但它只是在十进制的前提下才是正确的，如果是二进制，它就不正确了。

又例如：宋代大诗人苏轼看到王安石写的诗句"西风昨夜过园林，吹落黄花满地金"时，苏轼认为王安石写错了，因为他知道春天的花败落时花瓣才会落下来，而黄花

（即菊花）的花瓣最后是枯萎在枝头的，所以便踌躇满志地续写了两句诗纠正王安石的错误——"秋花不比春花落，说与诗人仔细吟"。后来，苏轼被王安石贬到黄州任团练副使，见到落花的菊花，才知道自己错了。

在人工智能中，知识的相对正确性更加突出。除了人类知识本身的相对正确性外，在建造专家系统时，为了减少知识库的规模，通常将知识限制在所求解问题的范围内。也就是说，只要这些知识对所求解的问题是正确的就行。例如：在后面介绍的动物识别系统中，因为仅仅识别虎、金钱豹、斑马、长颈鹿、企鹅、鸵鸟、信天翁七种动物，所以知识"IF 该动物是鸟 AND 善飞 THEN 该动物是信天翁"就是正确的。

2.1.2.2　不确定性

由于现实世界的复杂性，信息可能是精确的，也可能是不精确的；关联可能是确定的，也可能是不确定的。这就使知识并不总是只有"真"与"假"这两种状态，而是在"真"与"假"之间还存在许多中间状态，即存在为"真"的程度问题。知识的这一特性称为不确定性。造成知识具有不确定性的原因是多方面的，主要有：

（1）由随机性引起的不确定性

由随机事件所形成的知识不能简单地用"真"或"假"来刻画，它是不确定的。例如："如果头痛且流涕，则有可能患了感冒"这条知识，虽然大部分情况是患了感冒，但有时候"头痛且流涕"的人不一定是"患了感冒"，其中的"有可能"实际上反映了"头痛且流涕"与"患了感冒"之间的一种不确定的因果关系。因此，它是一条具有不确定性的知识。又例如《三国演义》中火烧赤壁的故事：曹操中了庞统连环计，谋士程昱提醒他有可能被火攻，但曹操说："方今隆冬之际，但有西风北风，安有东风南风耶？"曹操没有考虑天气随机性引起的不确定性。也就是说，虽然冬天一般都是刮西北风，但有时候也会刮东南风。

（2）由模糊性引起的不确定性

由于某些事物客观上存在的模糊性，使得人们无法把两个类似的事物严格区分开来，不能明确地判定一个对象是否符合一个模糊概念；又由于某些事物之间存在模糊关系，使得人们不能准确地判定它们之间的关系究竟是"真"还是"假"。像这样由模糊概念、模糊关系所形成的知识显然是不确定的。例如："如果张三跑得较快，那么他的跑步成绩就比较好"，这里的"较快""成绩较好"都是模糊的。

（3）由经验性引起的不确定性

知识一般是由领域专家提供的，这种知识大都是领域专家在长期的实践及研究中积累起来的经验性知识。例如老马识途的故事：齐桓公应燕国的要求，出兵攻打入侵燕国的山戎，途中迷路了，于是放出有经验的老马，部队跟随老马找到了出路。尽管领域专家以前多次运用这些知识都是成功的，但并不能保证每次都是正确的。实际上，经验性自身包含不精确性及模糊性，这就形成了知识的不确定性。

（4）由不完全性引起的不确定性

人们对客观世界的认识是逐步提高的，只有在积累了大量的感性认识后才能升华到理性认识的高度，形成某种知识。因此，知识有一个逐步完善的过程。在此过程中，或者由于客观事物表露得不够充分，致使人们对它的认识不够全面；或者对充分表露的事物一时抓不住本质，使人们对它的认识不够准确。这种认识上的不完全、不准确必然导致相应的知识是不精确、不确定的。例如：火星上有没有水和生命其实是确定的，但人类对火星了解得不完全，造成了对有关火星知识的不确定性。不完全性是使知识具有不确定性的一个重要原因。

2.1.2.3 可表示性与可利用性

知识的可表示性是指知识可以用适当形式表示出来，如用语言、文字、图形、神经网络等，这样才能被存储、传播。知识的可利用性是指知识可以被利用。这是不言而喻的，每个人每天都在利用自己掌握的知识来解决各种问题。

2.1.3 知识表示的基本概念和表示方法

知识表示（Knowledge Representation）就是将人类知识形式化或者模型化。

知识表示的目的是让计算机储存和运用人类的知识。已有知识表示方法大都是在进行某项具体研究时提出来的，有一定的针对性和局限性，目前已经提出了许多知识表示方法。下面将介绍常用的一阶谓词逻辑表示法、产生式表示法、框架表示法、语义网络表示法、脚本表示法、面向对象表示法等知识表示方法。

2.1.3.1 一阶谓词逻辑表示法

一阶谓词逻辑表示法是一种重要的知识表示方法，它以数理逻辑为基础，是到目前为止能够表达人类思维活动规律的一种最精准的形式语言。它与人类的自然语言比较接近，又可方便存储到计算机中去，并被计算机进行精确处理。因此，它是一种最早应用于人工智能中的表示方法。

人类的一条知识一般可以由具有完整意义的一句话或几句话表示出来，而这些知识要用谓词逻辑表示出来，一般是一个谓词公式。谓词公式就是用谓词连接符号将一些谓词连接起来所形成的公式。

用谓词公式既可以表示事物的状态、属性和概念等事实性的知识，也可以表示事物间具有确定因果关系的规则性知识。

对事实性知识，谓词逻辑的表示法通常是由以合取符号（∧）和析取符号（∨）连接形成的谓词公式来表示。例如：对事实性知识"张三是学生，李四也是学生"，可以表示为：

$$\text{ISSTUDENT（张三）}\quad \wedge\quad \text{ISSTUDENT（李四）}$$

这里，ISSTUDENT（x）是一个谓词，表示 x 是学生。

对规则性知识，谓词逻辑表示法通常由以蕴涵符号（→）连接形成的谓词公式（即蕴涵式）来表示。例如：对于规则"如果 x，则 y"，可以用下列的谓词公式表示：

$$x \rightarrow y$$

由上述可知，可以用以合取符号（∧）和析取符号（∨）连接形成的谓词公式表示事实性知识，也可以用以蕴涵符号（→）连接形成的谓词公式表示规则性知识。以下是用谓词公式表示知识的步骤：

①定义谓词及个体，确定每个谓词及个体的确切含义。

②根据所要表达的事物或概念，为每个谓词中的变元赋以特定的值。

③根据所要表达的知识的语义，用适当的连接符号将各个谓词联接起来，形成谓词公式。

2.1.3.2　产生式表示法

产生式表示法又称为产生式规则表示法。产生式这一术语是由美国数学家埃米尔·波斯特（Emil Post）在 1943 年首先提出来的，他根据串替代规则提出了一种称为波斯特机的计算机模型，模型中的每一条规则称为一个产生式。它可以描述形式语言的语法，表示人类心理活动的认知过程。

（1）产生式的基本形式

产生式通常用于表示具有因果关系的知识，其基本形式是：

$$P \to Q$$

或者

IF P THEN Q

其中，P 是生产式的前提，用于指出该生产式是否可用的条件；Q 是一组结论或操作，用于指出当前提 P 所指示的条件被满足时，应该得出的结论或应该执行的操作。整个产生式的含义是：如果前提 P 被满足，则可推出结论 Q 或执行 Q 所规定的操作。

所有的推论都具备确定性和不确定性的特征，通过置信度表达当中不确定的概率。

确定性知识：推论中必然发生某种结果。

例如：IF 动物会飞 AND 会下蛋 THEN 该动物是鸟

意思：如果这个动物会飞而且会下蛋，就一定是鸟

不确定性知识：推论中有一定概率发生的事件，表示为 IF P THEN Q（置信度）。

例如：IF 打雷 THEN 雨（0.9）

意思：如果打雷了，有90%的概率会下雨

除了以上规则性知识表示，还有一种事实性知识表示，其形式是：

（对象，属性，值）

例如：（小明，身高，180 厘米）

意思：小明的身高是 180 厘米

（关系，对象1，对象2）

例如：（父子，大明，小明）

意思：大明和小明的关系是父子关系

同样，事实性知识表示也具有不确定性，其形式是：

（对象，属性，值，置信度）

例如：（手机，待机时间，10H，0.8）

意思：手机待机时间 10 小时的概率是 80%

（关系，对象1，对象2，置信度）

例如：（情侣，小明，小红，0.7）

意思：小明和小红是情侣关系的概率是 70%

（2）产生式系统

把一组产生式放在一起，让它们互相配合、协同作用，一个产生式生成的结论可以供另一个产生式作为已知事实使用，以求得问题的解决，这样的系统称为产生式系统。此外在 2.2.1 章节中将具体介绍产生式系统的一个经典应用——动物分析系统。

一个产生式系统由三个基本部分组成：规则库、综合数据库、控制系统，如图 2-3 所示。

图 2-3　产生式系统基本组成部分

规则库：用于描述相应领域内过程性知识的产生式集合。

在建立规则库时应注意以下问题：

①有效地表达领域内的过程性知识。规则库中存放的主要是过程性知识，用于实现对问题的求解。

②对知识进行合理的组织与管理，对规则库中的知识进行适当的组织，采用合理的结构形式，可使推理避免访问与当前问题求解无关的知识，从而提高求解问题效率。

综合数据库：综合数据库又称为事实库、上下文、黑板等。它是一个用于存放问题求解过程中各种当前信息的数据结构。当规则库中某条产生式的前提可与综合数据库中的某些已知事实匹配时，该产生式就被激活，并把它推出的结论放入综合数据库中作为后面的推理的已知事实。显然，综合数据库的内容是不断变化的，是动态的。

控制系统：控制系统又称为推理机构，由一组程序组成，负责整个产生式系统的运行，实现对问题的求解。

控制系统要做以下几项主要工作：

①按一定的策略从规则库选择规则与综合数据库中的已知事实进行匹配，匹配是指将规则的前提条件与综合数据库中的已知事实进行比较，如果两者一致，或者近似一致且满足预先规定的条件，则称匹配成功，相应的规则可被使用；否则称为匹配不成功，

相应规则不可用于当前的推理。

②匹配成功的规则可能不止一条，这称为发生了冲突。此时，控制系统必须调用相应的解决冲突策略进行消解，以便从中选出一条执行。

③在执行某一条规则时，如果该规则的右部是一个或多个结论，则把这些结论加入综合数据库中；如果规则的右部是一个或多个操作，则执行这些操作。

④对于不确定性知识，在执行每一条规则时还要按一定算法计算结论的不确定性。

⑤随时掌握结束产生式系统运行的时机，以便在适当的时候停止系统的运行。

2.1.3.3 框架表示法

1975 年，美国明斯基在论文"A framework for representing knowledge"中提出了框架理论。

框架：一种描述对象属性的数据结构。

框架的一般表示形式如下：

```
<框架名>

槽名 1：侧面名 1        值 1，值 2…，值 p1
        侧面名 2        值 1，值 2…，值 p2
          ⋮
        侧面名 m        值 1，值 2…，值 pm
槽名 2：侧面名 1        值 1，值 2…，值 p1
        侧面名 2        值 1，值 2…，值 p2
          ⋮
        侧面名 m        值 1，值 2…，值 pm
          ⋮
槽名 n：侧面名 1        值 1，值 2…，值 p1
        侧面名 2        值 1，值 2…，值 p2
          ⋮
        侧面名 m        值 1，值 2…，值 pm
约束条件 1，约束条件 2，约束条件 3，…，约束条件 n
```

举例如下：

教师框架

框架名：＜教师＞

姓名：单位（姓，名）

年龄：单位（岁）

性别：范围（男、女）

职称：范围（教授、副教授、讲师、助教）

缺省：讲师

部门：单位（系、教研室）

住址：＜adr－1＞

工资：＜sal－1＞

开始工作时间：单位（年，月）

截止时间：单位（年，月）

缺省：现在

框架网络：用框架名作为槽值，建立框架间的横向联系；用继承槽建立框架间的纵向联系，像这样具有横向与纵向联系的一组框架称为框架网络。框架网络示例见图2-4。

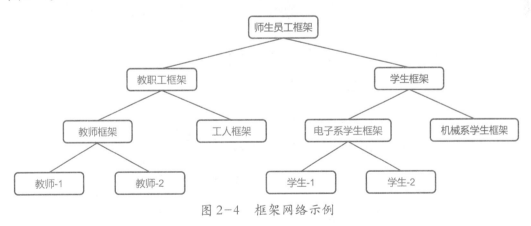

图2-4　框架网络示例

框架名：<师生员工>

姓名：单位（姓，名）

年龄：单位（岁）

性别：范围（男、女）

缺省：男

健康状况：范围（健康、一般、差）

缺省：一般

住址：<住址框架>

框架名：<教职工>

继承：<师生员工>

工作类型：范围（教师、干部、工人）

缺省：教师

开始工作时间：单位（年，月）

截至工作时间：单位（年，月）

缺省：现在

离退休状况：范围（离休、退休）

缺省：退休

框架名：<教师>

继承：<教职工>

部门：单位（系、教研室）

语种：范围（英语、法语、德语、日语、俄语）

缺省：英语

外语水平：范围（优、良、中、差）

缺省：良

研究方向：

常用标准槽名：ISA 槽、AKO 槽、Subclass 槽、Instance 槽、Part-of 槽、Infer 槽、Possible-Reason 槽。

例如：Infer 槽

框架名：<诊断规则>	框架名：<结论>
症状 1：咳嗽	病名：感冒
症状 2：发烧	治疗方法：服用感冒清 1 日 3 次，每次 2~3 粒
症状 3：流涕	注意事项：多喝开水
Infer：<结论>	预后：良好
可信度：0.8	

框架系统中求解问题的核心思想是匹配与填槽。基本过程如下：

①把问题用框架表示出来；

②与知识库中已有的框架进行匹配，找到一个或几个预造框架；

③针对预造框架收集信息；

④评价预造框架，决定取舍。

2.1.3.4　语义网络表示法

（1）概念

1968 年，奎廉（J. R. Quilian）在其博士论文《人类联想记忆的一个显示心理学模型》中最先提出了语义网络的概念。

①语义网络：语义网络是一种用实体及其语义关系来表达知识的有向图。

②节点：表示实体，表示各种事物、概念、情况、属性、状态、事件、动作等。

③弧：代表语义关系，表示它所连接的两个实体之间的语义联系。在语义网络表示中，每一个节点和弧都必须有标志，用来说明它所代表的实体或语义。

④语义基元：在语义网络表示中最基本的语义单元。

⑤基本网元：一个语义基元所对应的那部分网络结构。

语义基元可用（节点 1，弧，节点 2）这样一个三元组来描述。它的结构可以用一个基本网元来表示。

例如：若用 A、B 分别表示三元组中的节点 1、节点 2，用 R 表示 A 与 B 之间的语义联系，那么它所对应的基本网元的结构如图 2－5 所示。

图 2-5　基本网元结构示例

把多个语义基元用相应的语义联系关联到一起就形成了语义网络。语义网络中弧的方向是有意义的，不能随意调换。

语义网络表示和谓词逻辑表示有着对应的表示能力。从逻辑上看，一个基本网元相当于一组二元谓词。三元组（节点 1，弧，节点 2）可用谓词逻辑表示为 P（节点 1，节点 2），其中弧的功能由谓词完成。

（2）常用的基本语义关系

实例关系：表示一个事物是另一个事物的具体例子。弧上的语义标志为"ISA"，即为"is a"，含义为"是一个"，如图 2-6 所示。

图 2-6　实例关系示例

分类关系（泛化关系）：表示一个事物是另一个事物的一个成员，体现的是子类与父类的关系，弧上的语义标志为"AKO"，即为"a kind of"，如图 2-7 所示。

图 2-7　分类关系示例

成员关系：体现个体与集体的关系，表示一个事物是另一个事物的成员。弧上的语义标志为"A Member-of"，如图 2-8 所示。

图 2-8　成员关系示例

属性关系：表示事物与其行为、能力、状态、特征等属性之间的关系，因此属性关系可以有许多种，例如：

Have，含义为"有"，例如"我有手"，如图 2-9 所示；

Can，含义为"可以、会"，例如"狗会跑"；

Age，含义为年龄，例如"我今年 22 岁"。

图 2-9　属性关系示例

包含关系（聚类关系）：表示具有组织或结构特征的"部分与整体"之间的关系。弧上的语义标志为"Part-of"，如图 2-10 所示。包含关系与分类关系最主要的区别在于包含关系一般不具备属性的继承性。

图 2-10　包含关系示例

时间关系：表示时间上的先后次序关系。常用的时间关系有：

Before：表示一个事件在另一个事件之前发生；

After：表示一个事件在另一个事件之后发生。

例如"深圳大运会在广州亚运会之后举行"，如图 2-11 所示。

图 2-11　时间关系示例

位置关系：表示不同的事物在位置方面的关系，常用的有：

Located-on：表示某一物体在另一物体上面；

Located-at：表示某一物体所处的位置；

Located-under：表示某一物体在另一物体下方；

Located-inside：表示某一物体在另一物体内；

Located-outside：表示某一物体在另一物体外。

例如"书在桌上"，如图2-12所示。

图2-12　位置关系示例

（3）事物与概念的表示

①语义网络表示一元关系。

一元关系就是一些最简单、最直观的事物或概念，例如"雪是白的""天是蓝的"。

具体的表示就如同上述"我是一个人"的例子，这就是一个一元关系。

再例如："狗能吃，会跑"，如图2-13所示。

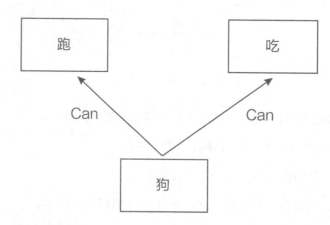

图2-13　一元关系的语义网络表示

②语义网络表示复杂关系。

例如：动物能吃、能运动；鸟是一种动物，鸟有翅膀、会飞；鱼是一种动物，鱼生活在水中、会游泳。如图2-14所示。

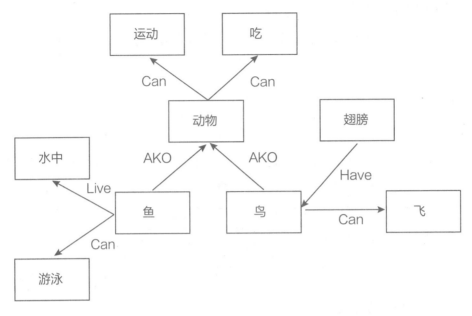

图 2-14　复杂关系的语义网络表示

③语义网络表示情况和动作。

例如："小燕子这只燕子从春天到秋天一直占有一个巢"，如图 2-15 所示。

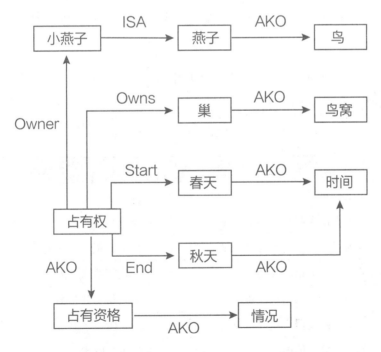

图 2-15　情况和动作的语义网络表示

④语义网络表示事件和动作。

用语义网络表示事件或动作时需要设立一个事件节点。事件节点有一些向外引出的弧，表示动作的主体和客体。

例如："我给他一本书"，如图2-16所示。

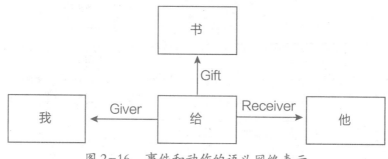

图2-16　事件和动作的语义网络表示

2.1.3.5 脚本表示法

1975年，夏克（R. C. Schank）根据其概念依赖理论提出脚本表示法，与框架表示法类似。

概念依赖理论：把人类生活中各类故事情节的基本概念抽取出来，构成一组原子概念，确定这些原子概念间的相互关系，然后把所有故事情节用这组原子概念及依赖关系表示出来。

夏克在SAM（Script Applier Mechanism）中对动作一类的概念进行原子化，抽取出11种原子动作，如表2-1所示。

表2-1　SAM中的11种原子动作

原子动作	含义	示例
PROPEL	对某一对象施加外力	推、拉、打
GRASP	行为主体控制某一对象	抓起某件东西、扔掉某件东西
MOVE	行为主体变化自己身体的某一部位	抬手、蹬脚、站起
ATRANS	某种抽象关系的移动	某物交给另一人
PTRANS	某一物理对象物理位置的改变	某人从一处到另一处
ATTEND	用某个感觉器官获取信息	看、听
INGEST	把某物放入体内	吃饭、喝水
EXPEL	把某物排出体外	落泪、呕吐

接续

原子动作	含义	示例
SPEAK	发出声音	唱歌、喊叫、说话
MTRANS	信息的转移	看电视、窃听、交流
MBUILD	由已有信息形成新信息	

脚本：描述特定范围内原型事件的结构，主要用在自然语言理解方面。

脚本由以下 5 部分组成：

①进入条件：事件发生的前提条件。

②角色：事件中可能出现的人物。

③道具：事件中可能出现的有关物体。

④场景：事件序列可有多个场景。

⑤结局：事件发生以后必须满足的条件。

例如："餐厅"脚本序列。

脚本：餐厅

进入条件：顾客饿了，需要进餐，顾客有钱

角色：顾客、服务员、厨师、老板

道具：食品、桌子、菜单、钱

第一场：进入餐厅

PTRANS　顾客走进餐厅

ATTEND　顾客注视桌子

MBUILD　确定往哪儿走

PTRANS　朝确定的桌子走

MOVE　　在桌子旁坐下

……

第三场：上菜进餐

ATRANS　厨师把食品交给服务员

PTRANS　服务员走向顾客

ATRANS　服务员把食品交给顾客

INGEST　顾客吃食品

……

2.1.3.6　面向对象表示法

面向对象基本概念：

①对象：客观世界中的任何事物。

②类：一组相似对象的抽象。

③封装：指对象的状态只能由它的私有操作来改变。对象之间除了互递消息之外，不再有其他联系。当一个对象要改变另一个对象时，它只能向该对象发送消息，该对象接受消息后就根据消息的模式找出相应的操作，并执行操作改变自己的状态。

④继承：父类所具有的数据和操作可被子类继承。

面向对象的基本特征：模块性、继承性、封装性、多态性、易维护性，便于进行增量设计。

2.1.4　知识表示的完整过程

从一般意义上讲，知识表示是为描述世界所做的一组约定，是知识的符号化、形式化或模型化；从计算机科学的角度来看，知识表示是研究计算机表示知识的可行性、有效性的一般方法，是把人类知识表示成机器能处理的数据结构和系统控制结构的策略。

一个完整的知识表示过程是：首先，设计者针对各种类型的问题设计多种知识表示方法；然后，表示方法的使用者选用合适的表示方法表示某类知识；最后，知识的使用者使用或者学习经过表示方法处理后的知识。所以，知识表示的客体是知识，知识表示的主体包括表示方法的设计者、表示方法的使用者、知识的使用者。具体而言，知识表示的主体主要指的是人（个人或集体），也可能是计算机。

知识表示的过程如图 2-17 所示，图中的"知识Ⅰ"是指隐性知识或者使用其他表示方法表示的显性知识；"知识Ⅱ"是指使用该种知识表示方法表示后的显性知识。"知识Ⅰ"与"知识Ⅱ"的深层结构一致，只是表示形式不同。所以，知识表示的过程就是把隐性知识转化为显性知识的过程，或者是把知识由一种表示形式转化成另一种表示形式的过程。

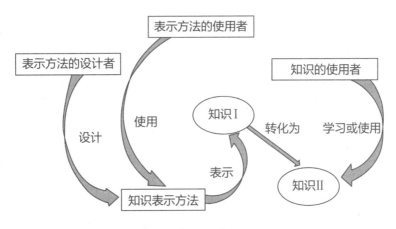

图 2-17　知识表示过程

2.1.5 知识表示的发展历程

上文介绍了知识表示的概念和方法，这些概念都是在不同阶段、不同时期产生的。知识表示的发展历程，主要可以分为以下几个阶段：

2.1.5.1　数据连接阶段

20 世纪 40 年代，知识表示更多通过数据之间的关联所表示，还没形成一个相对统一的概念模型。

2.1.5.2　图形表示的信息阶段

随着 1956 年达特茅斯会议的召开，科学家提出通过符号的形式表示知识，也就是"一阶谓词逻辑表示"，这是一种形式系统（Formal System），即形式符号推理系统，也叫一阶谓词演算、低阶谓词演算（Predicate Calculus）、限量词（Quantifier）理论；其中有一种通过命题、逻辑联结词、个体词、谓词与量词等部件组成的表示方法，这种方法较为精确，表达自然，在形式上可接近于人类自然语言，但表示能力较差，只能表达确定性知识，对于过程性和非确定性知识表达有限。另外，由于知识之间是相互独立的，知识与知识之间缺乏关联，因此知识管理实施相对困难。

2.1.5.3　结构数据专家系统阶段

从 1976 年到 1992 年，诞生了不同的知识表示方式，首先是产生式规则。为了解决一阶谓词逻辑不确定性知识的表示，提出了产生式规则。产生式规则以三元组（对

象，属性，值）或者（关系，对象1，对象2），通过进一步加入置信度形成四元组
（对象，属性，值，置信度）或者（关系，对象1，对象2，置信度）的形式来表示
事实，并使用 P→Q 或者 IF P THEN Q 的形式表示规则。这种表示方法可以表示不
确定性知识和过程性知识，具有一致性和模块化等优点，通过规则可以实现推理功
能，广泛运用于20世纪70年代的专家系统当中，但这种方法不能表示结构性和层次
性的知识。

由于产生式规则不能表示结构性和层次性的知识，因此描述对象属性数据结构的框
架（Frame）理论被提出，由明斯基在1975年首创。该框架将知识描述成一个由框架
名、槽、侧面和值组成的数据结构，这种框架知识表示法较先前两种方式具有结构化、
继承性等优点，使得知识之间具有了嵌套式结构信息，其中框架内部表示知识结构，框
架外部表示知识之间的外部关系；在继承性上，子类框架可以继承父类框架的属性和
值，这样可以极大地减少建模空间。框架理论最早提出了"缺省"（Default）的概念，
成为常识知识表示的重要研究对象，但这种表示方式关注知识内部与知识之间的关联，
不能表示过程性知识，缺乏明确的推理机制。

同期，为了表示过程性知识，1975年夏克从框架发展出脚本表示方法，这种
表示方式可以描述事件及时间顺序，并成为基于示例的推理 CBR（case-based
reasoning）的基础之一。与框架表示法类似，脚本表示法的原理在于把人类生活中
各类故事情节的基本概念抽取出来，构成一组原子概念，确定这些原子概念间的相
互关系，然后把所有故事情节都用这组原子概念及依赖关系表示出来。从内部构成
来看，脚本用来表示特定领域内的事件发生序列，包含紧密相关的动作以及状态改
变的框架，在知识结构的表示上，引入进入条件、角色、道具、场景等组件作为整
个事件的表示，可以细致地刻画出一个事件内的步骤和时序关系。但这种表示方式
较为局限，不能对对象的基本属性进行描述和刻画，对于复杂的事件描述能力也存
在局限。

2.1.5.4　人工神经网络表示阶段

人工神经网络概念在20世纪80年代被提出，通过一种类似人类神经网络的函数方
式表示知识，为后来知识图谱技术手段提供了理论支撑。

2.1.5.5 信息到知识和图形数据库阶段

奎廉于 1968 年提出了语义网络（Semantic Network）的概念，在研究人类联想记忆时提出，认为记忆是由概念之间的联系来实现的。西蒙（R. F. Simon）于 1970 年正式提出语义网络，并论证了语义网络与一阶谓词逻辑的关系，认为语义网络是一种以网格格式表达人类知识构造的形式，使用相互连接的点和边来表示知识，节点表示对象、概念，边表示节点之间的关系。直到进入 21 世纪，语义网（Semantic Web）于 2011 年被提出。需要注意的是，语义网并不是要构建一个通用的、综合性的、基于 Internet 的智能系统，而是要实现对 Web 数据集间的互操作。语义网的概念来源于万维网，本质上是一个以 Web 数据为核心，以机器理解和处理的方式进行链接形成的海量分布式数据库，严格来说，它不是一个知识表示方法，而是一种数据组织方式。

2.1.5.6 知识创新和智能系统阶段

2012 年，Google 推出基于知识图谱的搜索服务，首次提出知识图谱的概念，与语义网不同，知识图谱不太专注于对知识框架的定义，而是从工程的角度处理知识问题，着重处理从文本中自动抽取或者依靠众包方式获取知识三元组。狭义上，知识图谱指具有图结构的三元组知识库，内部包括实体、实体属性以及实体之间的关系三类事实。知识图谱本身是一个有向图，实体作为知识图谱的节点，事实作为知识图谱的边，方向由头部实体指向尾部实体，边是实体之间的关系。知识图谱真正的魅力在于其图谱中的图结构，这种结构为运行搜索、随机游走、网络流等算法提供了可能。

2.1.6 知识表示的技术应用场景

2.1.6.1 场景一：互联网智能搜索

知识图谱技术最先应用于搜索，最初由 Google 公司在 2012 年 5 月提出（2012 年 5 月 17 日，Google 发布知识图谱项目，并宣布以此为基础构建下一代智能化搜索引擎）。知识图谱技术在搜索的落地包括：

①语义搜索：实现 Web 从网页链接向概念链接转变，支持用户按主题而不是字符串检索；

②关系搜索：获取两个实体之间的关系，例如公司之间的关系、人物之间的关系等；

③结构化展现：以图形化方式向用户展示经过分类整理的结构化知识，从而使人们从人工过滤网页寻找答案的模式中解脱出来。

搜索引擎示例见图2-18。

图 2-18　百度搜索

2.1.6.2　场景二：　智能问答

从 20 世纪 80 年代的手柄/按键/遥控交互，到 2007 年 iPhone 带来的触摸交互，再到 2015 年 Echo 诞生带来的语音交互，可以发现，人机交互方式越来越接近以视觉＋自然语言为主的人人交互方式（未来也可能是视觉、表情、手势等的隔空交互），人机交互不再是人服从机器，而是机器服从人。

从具体应用场景来看，当前对话系统解决的典型问题有三种：任务型 Task、问答型 QA、闲聊型 Chat。

①任务型：主要目的是依照用户意图收集必要的信息以协助用户完成任务或操作。

例如：帮我订一张从北京到广州的高铁票；帮我打开空调。

②问答型：主要目的是检索并为用户提出的自然语言问题提供答案。

例如：忘记密码怎么办？奥巴马出生在哪儿？

③闲聊型：主要目的是满足用户的情感需求，拉近与用户的距离。

例如：我今天心情不好；你太傻了。

从对话系统各个模块（ASR/NLU/DM/NLG/TTS/知识库）来看，知识图谱落地主要在"知识库"模块，侧重"问答型"需求场景。

在智能问答任务中，不同类型的问题通常需要基于不同类型的问答知识库生成答案。根据所使用问答知识库类型的不同，可分为四大类：

①知识图谱问答：使用知识图谱作为问答知识库，问题的答案可以来自知识图谱的实体集合，也可以基于知识图谱推理出来的内容。

②表格问答：使用从互联网上抓取得到的表格集合作为问答知识库，问题的答案既可以是某个表格，也可以是基于表格推理得到的内容。

③文本问答：使用无结构文本作为问答知识库，问题的答案既可以是输入文本中的句子，也可以是输入文本中的单词或短语。前者对应答案句子选择任务，其核心目标是计算问题和答案句子候选之间的相关性；后者对应机器阅读理解任务，其核心目标是根据问题定位答案在输入文本中的起始和终止位置。

④社区问答：使用从社区问答网站上抓取的＜问题，答案＞对作为问答知识库，问题的答案来自与输入问题语义最为匹配的已有问题对应的答案。该类任务的核心目标之一是计算问题和已有问题之间的相似度。

2.1.6.3　场景三：　商品推荐

推荐系统的目的是推测用户的喜好，为用户推荐其可能感兴趣的标的物，从而帮助用户节省时间，提升用户满意度。知识图谱在推荐系统上的落地主要在产品"策略层"，偏黑盒，因此，本部分只有"示例"，没有"实例"。主要分为三部分讲述：一是简要认识传统推荐系统；二是传统推荐系统的不足；三是知识图谱是如何落地在推荐系统上并优化这些不足的，细分为"特征""结构""可解释""语义"四大类。商品推荐示例见图 2-19。

图 2-19　某在线商城推荐功能

2.1.6.4 场景四：企业风险评估

企业风险评估包括客户资源分类管理、信贷前期风险评估、采购企业风险审核、招投标企业资质评级。信贷风险评估示例见图 2-20。

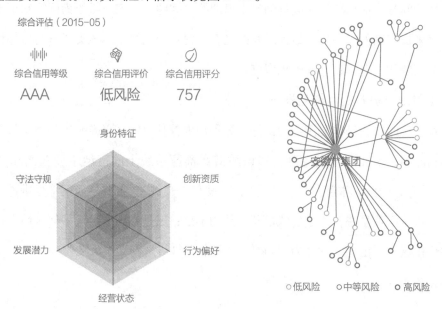

图 2-20　信贷风险评估

2.1.6.5　场景五：　辅助信贷审核

基于知识图谱数据的统一查询，全面掌握客户信息；避免由于系统、数据等孤立造成的信息不一致造成信用重复使用、信息不完整等问题。辅助信贷审核示例见图2-21。

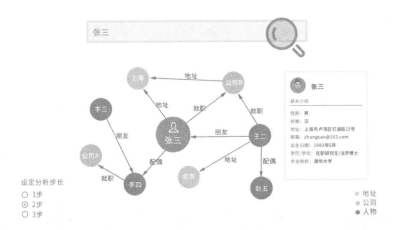

图 2-21　信贷审核

2.1.6.6　场景六：　中医药知识平台

针对中医药知识体系系统梳理、建模和展示；以图形可视化方式展示核心概念之间的关系；辅助中医专家厘清学术发展脉络，浏览中医知识，发现知识点之间的联系。与阅读文献等手段相比，可大幅度节约知识检索获取时间。中医药知识平台示例见图2-22。

图 2-22　中医药知识平台

2.2 预备知识

上文介绍了知识表示的概念和发展历程，这里介绍几个典型的知识表示的技术运用原理。

2.2.1 知识表示的具体实现

2.2.1.1 产生式系统

在 2.1.3.2 中已经介绍了产生式系统的基本概念，现在介绍一下产生式系统的一个具体实例，以识别老虎、金钱豹、斑马、长颈鹿、鸵鸟、企鹅、信天翁这七种动物的产生式系统为例，如图 2-23 所示，在 2.3.1 中会有详细的实现过程。

图 2-23　动物识别系统

系统规则库：

R1：IF　有毛发　THEN　哺乳动物

R2：IF　分泌乳汁　THEN　哺乳动物

R3：IF　有羽毛　THEN　鸟类

R4：IF　会飞　AND　会下蛋　THEN　鸟类

R5：IF　吃肉　THEN　食肉动物

R6：IF　有犬齿　AND　有爪　AND　眼盯前方　THEN　食肉动物

R7：IF　哺乳动物　AND　有蹄　THEN　有蹄类动物

R8：IF　哺乳动物　AND　反刍动物　THEN　有蹄类动物

R9：IF 哺乳动物 AND 食肉动物 AND 黄褐色 AND 身上黑色斑点 THEN 金钱豹

R10：IF 哺乳动物 AND 食肉动物 AND 黄褐色 AND 身上黑色条纹 THEN 老虎

R11：IF 有蹄类动物 AND 长脖子 AND 长腿 AND 身上黑色斑点 THEN 长颈鹿

R12：IF 有蹄类动物 AND 身上黑色条纹 THEN 斑马

R13：IF 鸟类 AND 长脖子 AND 长腿 AND 不会飞 AND 黑白二色 THEN 鸵鸟

R14：IF 鸟类 AND 会游泳 AND 不会飞 AND 黑白二色 THEN 企鹅

R15：IF 鸟类 AND 会飞 THEN 信天翁

动物特征：黑斑点、长脖子、长腿、乳汁、有蹄（已知的信息）。是什么动物?

匹配流程：

初始信息：黑斑点、长脖子、长腿、乳汁、有蹄

第一次匹配：

R2：IF 分泌乳汁 THEN 哺乳动物 → 哺乳动物

第二次匹配：

R7：IF 哺乳动物 AND 有蹄 THEN 有蹄类动物 → 有蹄、哺乳动物

第三次匹配：

R11：IF 有蹄类动物 AND 长脖子 AND 长腿 AND 身上黑色斑点 THEN 长颈鹿

→黑斑点、长脖子、长腿、有蹄类动物

→得出结论是长颈鹿

图 2-24　长颈鹿

目前，很多场景下的服务机器人问题匹配，都是通过产生式系统来实现的，这是其中一个实现手段。

2.2.1.2　智能求解系统

一个智能求解系统可用具有层次结构的四元组模型：

$$S :: = <ID, DS，MS，MI>$$

S 依据系统反映的主题（Subject）来命名，称为主题层。

ID 是对象标识符，又称对象名，反映当前对象及其所属类别。

DS 是数据结构，又称属性层，描述当前对象的内部状态及静态属性。

MS 是采用的方法集，表示系统内部所具有的策略支持和服务操作集合，又称为操作层或服务层。

MI 为消息接口，又称为连接层，用于接收外部对象发送的信息，并可配备消息模式集及给定的参数表来传递相关信息。

例如：导弹跟踪系统在 T_k 时刻飞行观测的对象表示，如图 2-25 和表 2-2 所示。

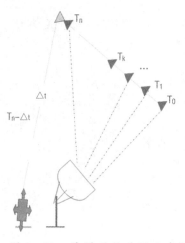

图 2-25　导弹跟踪系统示意图

表 2-2 导弹飞行观测数据

ID：T_k 时刻观测数据	MI：观测命令，……
DS：方位，……	读数，……
速度，……	显示，……
加速度，……	存数，……
MS：GPS 测量	处理，……
特征跟踪	其他，……
卡尔曼滤波	
模板匹配，……	

表示实现：

```
Class <类名> [：<起类名>]
[<类变量表>]
Structure
 <对象的静态结构描述>
Method
 <关于对象的操作定义>
Restraint
 <限制条件>
END
```

2.2.1.3 语义网络的基本推理过程

（1）继承

继承是指把对事物的描述从抽象节点传递到具体节点。通过继承（沿着 ISA、AKO 这些弧）可以得到所需节点的一些属性值。

一般过程：

①建立一个节点表，用来存放待解节点和所有以 ISA、AKO 等继承弧与此节点相连的节点。初始情况下，节点表中只有待解节点。

②检查表中的第一个节点是否有继承弧。若有则把该弧所指的所有节点放入节点表末尾。记录这些节点的属性，并从节点表中删除第一个节点。若没有则直接删除第一个节点。

③重复第 2 步，直到节点表为空。

记录下的全部属性就是待解节点继承来的属性。

（2）匹配

匹配是指在知识库的语义网络中寻找与待解问题相符的语义网络模式。

例如：问题为"鱼住在哪儿?"知识库为"较复杂关系的表示方法"中的语义网络。

根据问题构造出以下语义网络片段，如图 2-26 所示。

图 2-26　语意推理

用该片段去知识库中匹配，即可得到"鱼住在水中"。

语义网络的推理也是现在服务机器人匹配问题的一个重要手段，比起产生式系统，有着更大的数据匹配量。

2.2.2 Python 与编辑工具

Python 是一种简单但功能强大的编程语言，其自带的函数非常适合处理语言数据。Python 可以从 http://www.python.org/免费下载，并能够在各种平台上安装运行。

关于 Python 代码编辑器，目前有很多，例如 Python 安装包自带的 IDLE，Anaconda 携带的 Jupyter Notebook，PyCharm IDE 等，读者可根据自身情况任选一款。

2.2.3 聊天机器人应用服务

目前常见的人与机器人对话应用，实质上用到了知识表示中的语义网络推理。现在互联网上提供很多聊天机器人的接口应用，例如讯飞聊天机器人、图灵机器人（见图 2-27）、百度机器人等。只需要注册一个服务，就可以生成一个聊天机器人的应用，然后结合到我们开发的一些软件应用上，就可以很轻松地实现人机交流这个功能。当然每个聊天机器人后面都连着一个大型的语义资料库，里面的逻辑应用都是通过复杂算法实现的。在 2.3.2 中，会介绍一个简单的实例应用，读者可以按照流程实践体验一下。

图灵机器人　　　　　　　图灵对话方案　　　　　　　Turing OS

70万+注册开发者，是开发者规模最　　为各类机器人提供出色的语义技术及　　机器人专属操作系统，出色的情感计
大的聊天机器人开放平台　　　　　　对话交互产品体验　　　　　　算引擎让机器人更拟人化

使命- 实现人机自由对话

愿景- 机器人成为你最信赖的伙伴

图 2-27　图灵机器人

 ## 2.3　小试牛刀

2.3.1　动物推断系统（产生式系统）

①找一个支持 Python3. X 的编译器，推荐 PyCharm；

②新建一个 py 文件（见图 2-28），并把下面的代码拷贝到 py 文件中，运行即可（见图 2-29）；

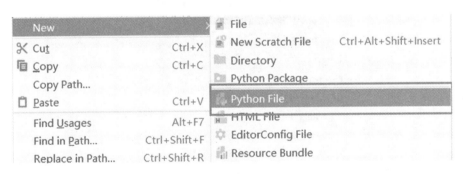

图 2-28　新建 py 文件

\#　动物识别系统

\#　自定义函数，判断有无重复元素

```python
    for i in range(0, len(list)):
        if (list[i] == value):
            return 1
        else:
            if (i != len(list) - 1):
                continue
            else:
                return 0
# 自定义函数，对已经整理好的综合数据库 real_list 进行最终的结果判断
def judge_last(list):
    for i in list:
        if (i == '23'):
            for i in list:
                if (i == '12'):
                    for i in list:
                        if (i == '21'):
                            for i in list:
                                if (i == '13'):
                                    print("黄褐色,有斑点,哺乳类,食肉类
                                    print("所识别的动物为金钱豹")
                                    return 0
                                elif (i == '14'):
                                    print("黄褐色，有黑色条纹，哺乳类，食
肉类->虎\n")
                                    print("所识别的动物为虎")
                                    return 0
        elif (i == '14'):
            for i in list:
                if (i == '24'):
                    print("有黑色条纹，蹄类->斑马\n")
                    print("所识别的动物为斑马")
                    return 0
        elif (i == '24'):
            for i in list:
                if (i == '13'):
                    for i in list:
                        if (i == '15'):
                            for i in list:
                                if (i == '16'):
                                    print("有斑点，有黑色条纹，长脖，蹄类
->长颈鹿\n")
                                    print("所识别的动物为长颈鹿")
                                    return 0
```

```
        elif (i == '22'):
            for i in list:
                if (i == '4'):
                    for i in list:
                        if (i == '15'):
                            for i in list:
                                if (i == '16'):
                                    print("不会飞，长脖，长腿，鸟类->鸵鸟
\n")
                                    print("所识别的动物为鸵鸟")
                                    return 0
            elif (i == '4'):
                for i in list:
                    if (i == '22'):
                        for i in list:
                            if (i == '18'):
                                for i in list:

                                    if (i == '19'):
                                        print("不会飞，会游泳，黑白二色，鸟类
->企鹅\n")

                                        print("所识别的动物企鹅")
                                        return 0
        else:
            if (list.index(i) != len(list) - 1):
                continue
            else:
                print("\n 根据所给条件无法判断为何种动物")
dict_before = {'1':'有毛发', '2':'产奶', '3':'有羽毛', '4':'不会飞',
'5':'会下蛋', '6':'吃肉', '7':'有犬齿',
                '8':'有爪', '9':'眼盯前方', '10':'有蹄', '11':'反刍',
'12':'黄褐色', '13':'有斑点', '14':'有黑色条纹',
                '15':'长脖', '16':'长腿', '17':'不会飞', '18':'会游泳
', '19':'黑白二色', '20':'善飞', '21':'哺乳类',
                '22':'鸟类', '23':'食肉类', '24':'蹄类', '25':'金钱豹
', '26':'虎', '27':'长颈鹿', '28':'斑马',
                '29':'鸵鸟', '30':'企鹅', '31':'信天翁'}
print('''输入对应条件前面的数字:
```

```
*****************************************************
                              *1:有毛发   2:产奶   3:有羽毛   4:不会飞
5:会下蛋            *

                              *6:吃肉   7:有犬齿   8:有爪   9:眼盯前方
10:有蹄         *

                              *11:反刍   12:黄褐色   13:有斑点   14:有黑
色条纹   15:长脖 *

                              *16:长腿   17:不会飞   18:会游泳   19:黑白
二色   20:善飞    *

                              *21：哺乳类   22:鸟类   23:食肉类   24：蹄
类              *

*****************************************************

                         *****************当输入数字0时!程序结
束*************
      ''')
# 综合数据库
list_real = []
while（1）:
    # 循环输入前提条件所对应的字典中的键
    num_real = input("请输入：")
    list_real. append(num_real)
    if（num_real == '0'）:
        break
print("\n")
print("前提条件为：")
# 输出前提条件
for i in range(0, len(list_real) - 1):
    print(dict_before[list_real[i]], end=" ")
print("\n")
print("推理过程如下：")
# 遍历综合数据库 list_real 中的前提条件
for i in list_real:
    if（i == '1'）:
        if（judge_repeat('21', list_real）== 0):
            list_real. append('21')
```

```python
                print("有毛发->哺乳类")
        elif (i == '2'):
            if (judge_repeat('21', list_real) == 0):
                list_real.append('21')
                print("产奶->哺乳类")
        elif (i == '3'):
            if (judge_repeat('22', list_real) == 0):
                list_real.append('22')
                print("有羽毛->鸟类")
        else:
            if (list_real.index(i) != len(list_real) - 1):

                continue
            else:
                break
for i in list_real:
    if (i == '4'):
        for i in list_real:
            if (i == '5'):
                if (judge_repeat('22', list_real) == 0):
                    list_real.append('22')
                    print("不会飞，会下蛋->鸟类")
    elif (i == '6'):
        for i in list_real:
            if (i == '21'):
                if (judge_repeat('21', list_real) == 0):
                    list_real.append('21')
                    print("食肉->哺乳类")
    elif (i == '7'):
        for i in list_real:
            if (i == '8'):
                for i in list_real:
                    if (i == '9'):
                        if (judge_repeat('23', list_real) == 0):
                            list_real.append('23')
                            print("有犬齿,有爪,眼盯前方->食肉类")
```

```
        elif (i == '10'):
            for i in list_real:
                if (i == '21'):
                    if (judge_repeat('24', list_real) == 0):
                        list_real. append('24')
                        print("有蹄，哺乳类->蹄类")
        elif (i == '11'):
            for i in list_real:
                if (i == '21'):
                    if (judge_repeat('24', list_real) == 0):
                        list_real. append('24')
                        print("反刍，哺乳类->哺乳类")
            else:
                if (i != len(list_real) - 1):
                    continue
                else:
                    break
judge_last(list_real)
```

图 2-29　运行 py 文件

③运行代码，按照自己的想法，输入对应的动物特征，看是否推断出和预想一样的动物，如图 2-30 所示：

```
输入对应条件前面的数字：
*****************************************************
*1:有毛发  2:产奶  3:有羽毛  4:不会飞  5:会下蛋       *
*6:吃肉  7:有犬齿  8:有爪  9:眼盯前方  10:有蹄        *
*11:反刍  12:黄褐色  13:有斑点  14:有黑色条纹  15:长脖 *
*16:长腿  17:不会飞  18:会游泳  19:黑白二色  20:善飞  *
*21：哺乳类  22:鸟类  23:食肉类  24：蹄类             *
*****************************************************
******************当输入数字0时!程序结束***************

请输入：3
请输入：5
请输入：20
请输入：0


前提条件为：
有羽毛 会下蛋 善飞

推理过程如下：
有羽毛->鸟类
善飞，鸟类->信天翁

所识别的动物为信天翁
```

图 2-30　自定义输入动物特征

2.3.2 聊天机器人

①找一个支持 python3.X 的编译器，推荐 PyCharm；

②在 http://www.turingapi.com/注册一个账号并创建一个机器人，如图 2-31 和图
2-32 所示；

图 2-31 创建机器人账号

图 2-32 获取自己机器人的 APIKEY

③新建一个 py 文件，并把下面的代码（见图 2-33）拷贝到 py 文件中；

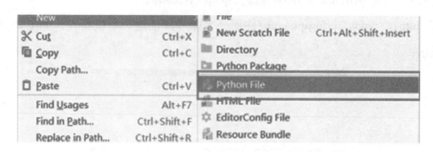

图 2-33　新建 py 文件

④拷贝以下代码后，将上面申请的机器人 APIKEY 替换下面部分代码，运行即可，如图 2-34 所示；

```python
import json, requests
api_url = "http://openapi.tuling123.com/openapi/api/v2"
while 1:
    text_input = input('我：')
    data = {
        "perception":
        {
            "inputText":
            {
                "text": text_input
            }
        },
        "userInfo":
        {
            "apiKey": "网站注册的APIKEY",
            "userId": "AA"
        }
    }
    data = json.dumps(data).encode('utf8')
    response_str = requests.post(api_url, data=data, headers={'content-type':
'application/json'})
    response_dic = response_str.json()
    results_text = response_dic['results'][0]['values']['text']
    print('机器人：' + results_text)
```

图 2-34　替换部分代码后运行

⑤运行结果演示如图 2-35 所示。

我：*你好呀*
机器人：你好撒，我们来聊天好不好嗒
我：*今天北京天气*
机器人：北京:周四 05月21日,雷阵雨转多云 西风转东北风,最低气温15度，最高气温26度。
我：*你好厉害哦*
机器人：嗯，我是很厉害
我：*88*
机器人：再见吧！
我：|

图 2-35　运行结果演示

本章小结

　　知识表示是对知识的一种描述，或者是对知识的一组约定，是一种计算机可以接受的用于描述知识的数据结构。它是机器通往智能的基础，使得机器可以像人一样运用知识。

　　知识具有相对正确性、不确定性、可表示性以及可利用性的特点。根据不同划分标准，知识可以分为不同的类别。例如：按作用范围分类，可分为常识性知识、领域性知识；按作用及表示分类，可分为事实性知识、过程性知识、控制知识；按确定性分类，可分为确定性知识、不确定性知识；按结构及表现形式分类，可分为逻辑性知识、形象性知识。

　　（1）知识怎么被表示？

　　（2）为什么不同阶段会有不同的知识表示概念模型产生？

　　（3）知识表示在现在人工智能发展过程中有哪些作用？

阅读延展

3

第3章

机器
学习

学习目标

　　通过本章的学习，了解机器学习的基本概念和发展历程；理解机器学习工作原理及各种机器学习的算法；能够使用计算机编程语言或工具完成简单的机器学习的相关操作。

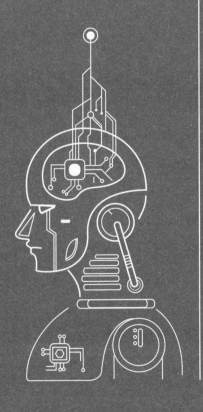

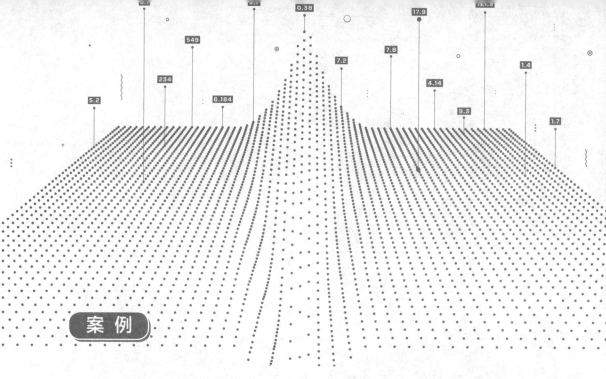

目前，机器学习在很多人眼中是数据科学家们的专属武器。很多想要学习和实践人工智能的工程师往往学习了很多机器学习的理论及算法，但面对实际项目却手足无措。近年来，Amazon 工程团队应用机器学习、深度学习技术在全球客服系统智能化、推荐系统本地化及合规性检测自动化等多个方面实现了大量的成功创新实践。Amazon 中国研发中心首席架构师蔡超在 AICon 分享了 Amazon 工程师的学习和实践经验分享，告诉广大工程师如何成长为人工智能的实践者。

阿里巴巴淘宝 | 智能写手——智能文本生成在"双 11"的应用。新零售时代，内容化、智能化是淘宝的两个重要发展方向。在过去的一年里，淘宝团队基于深度学习在智能文案和图文型内容生成方向进行了一系列探索与实践，并取得了很好的效果。淘宝高级算法专家仲宁在 AICon 分享了如何通过丰富的内容和更加智能的个性化推荐，来进一步提升用户的购物体验；淘宝内容化、智能化推荐演进背景，以及智能文案、图文型商品清单生成的关键问题和解决方案。

腾讯微信 | 微信小程序商业智能技术应用实践。2017 年初微信小程序正式上线，经过几年的发展，人们已经逐渐意识到小程序带来的便利，随着越来越多的人开始使用小程序，小程序也逐步成为微信生态系统中不可分割的一部分。微信小程序商业技术负责人张重阳与大家分享了小程序在商业化方向的技术尝试和相关应用案例，包括商业智能、数据决策、用户分析、个性化推荐等，并与大家一起探讨小程序未来的发展方向。

3.1 机器学习技术原理

3.1.1 机器学习的概念

机器学习要做的是在数据中学习有价值的信息。例如：先给计算机一堆数据，告诉它哪些玩家是某游戏的重点客户，让计算机去学习一下这些重点客户的特点以便之后在海量数据中能快速将他们识别出来。

机器学习能做的远不止这些，数据分析、图像识别、数据挖掘、自然语言处理、语音识别等都是以其为基础的，也可以说人工智能的各种应用都需要机器学习来支撑，如图 3-1 所示。现在各大公司越来越注重数据的价值，人工成本也越来越高，所以机器学习也就变得不可或缺。

模式识别

计算机视觉

数据挖掘

机器学习

语音识别

统计学习

自然语言处理

图 3-1　机器学习的应用领域

学会机器学习之后可能从事哪些岗位呢？最常见的是数据挖掘岗，即通过建立机器学习模型来解决实际业务问题，就业前景非常不错，基本所有和数据打交道的公司都需要这个岗位。

作为计算机科学的一个分支，机器学习致力于研究如何利用代表某现象的样本数据构建算法，这些数据可能是自然产生的，可能是人工生成的，也可能来自其他算法的输出。同时，机器学习也可以定义为一套解决实际问题的流程，具体步骤包括收集数据、利用算法对收集到的数据进行统计建模以及利用构建好的统计模型解决具体问题。例如：如果发烧可由感冒或者疟疾引起，那么应该用泰诺来治疗发烧和头疼，可以用图3-2表示。

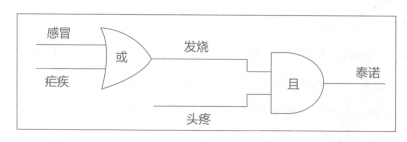

图 3-2　结果导向流程图

程序员如果要命令计算机做一件事情，他需要知道解决这个事情的每一个步骤，然后用判断、循环等指令，一步一步地告诉计算机如何去完成。例如：计算机从输入的号码查询到自动售货机中商品的价格和货架的位置，等待付款成功之后将商品"吐"出来。对于这种重复性的劳动，程序是非常高效的。但是某些问题，诸如自动驾驶，是不可能通过这种方式解决的，所以就有了现在流行的机器学习。

监督学习（Supervised Learning）（有数据有标签）：在学习过程中，不断地向计算机提供数据和这些数据对应的值（标示正确答案），如给出猫、狗的图片并告诉计算机哪些是猫哪些是狗，让计算机去学习分辨。

无监督学习（Unsupervised Learning）（有数据无标签）：给猫和狗的图片，不告诉计算机哪些是猫哪些是狗，而让它自己去判断和分类。不提供数据所对应的标签信息，计算机通过观察数据间特性总结规律。

图 3-3　猫与狗

半监督学习（Semi-supervised Learning）：综合监督学习和无监督学习，考虑如何利用少量有标签的样本和大量没标签的样本进行训练和分类。

强化学习（Reinforcement Learning）：把计算机丢到一个完全陌生的环境，或让它完成一项未接触过的任务，它自己会尝试各种手段，最后让自己成功适应，或学会完成任务的方法、途径。

遗传算法（Genetic Algorithm）：通过淘汰机制设计最优的模型。

机器学习的输出（Output）主要解决两类问题：分类问题（例如识别猫狗）和回归问题（例如预测房价）。

常规的人工智能包含机器学习和深度学习两个很重要的模块，如图 3-4 所示。

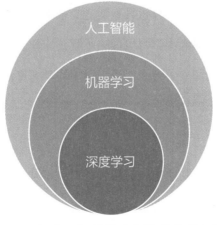

图 3-4　人工智能、机器学习和深度学习之间的关系

图 3-4 说明了人工智能、机器学习和深度学习之间的关系。人工智能涉及的问题非常广泛，机器学习是解决这类问题的一个重要手段，深度学习则是机器学习的一个分

支。在很多人工智能问题上，深度学习的方法突破了传统机器学习方法的瓶颈，推动了人工智能领域的快速发展。

学习是人类具有的一种重要智能行为。人类一直梦想机器能像人类一样学习，也一直在为这个终极目标努力。那么，什么是机器学习呢？长期以来众说纷纭。Langley（1996）定义机器学习为："机器学习是一门人工智能的科学，该领域的主要研究对象是人工智能，特别是如何在经验学习中改善具体算法的性能。"（Machine learning is a science of the artificial. The field's main objects of study are artifacts, specifically algorithms that improve their performance with experience.）Mitchell（1997）在 *Machine Learning* 中写道："机器学习是计算机算法的研究，并通过经验提高其自动化水平。"（Machine Learning is the study of computer algorithms that improve automatically through experience.）Alpaydin（2004）提出对机器学习的定义："机器学习是用数据或以往的经验，来优化计算机程序的性能标准。"（Machine learning is programming computers to optimize a performance criterion using example data or past experience.）

综合维基百科和百度百科的定义，尝试将机器学习定义如下：机器学习是一门人工智能的科学，该领域的主要研究对象是人工智能，专门研究计算机怎样模拟或实现人类的学习行为，以获取新的知识或技能，重新组织已有的知识结构使之不断改善自身的性能，它是人工智能的核心，是使计算机具有智能的根本途径。机器学习的研究方法通常是根据生理学、认知科学等对人类学习机理的了解，建立人类学习过程的计算模型或认识模型，发展各种学习理论和学习方法，研究通用的学习算法并进行理论上的分析，建立面向任务的具有特定应用的学习系统。

3.1.2 机器学习发展历程

早在古代，人类就萌生了制造出智能机器的想法。中国人在 4500 年前发明的指南车，以及三国时期诸葛亮发明的尽人皆知的木牛流马；日本人在几百年前制造过靠机械装置驱动的玩偶；1770 年英国公使给中国皇帝进贡了一个能写"八方向化，九土来王"8 个汉字的机器玩偶（这个机器人至今还保存在北京故宫博物院）……这些例子，都是人类早期对机器学习的一种认识和尝试。

　　真正的机器学习研究起步较晚，它的发展过程大体上可分为以下 4 个时期：第一阶段是在 20 世纪 50 年代中叶到 20 世纪 60 年代中叶，属于热烈时期。第二阶段是在 20 世纪 60 年代中叶至 20 世纪 70 年代中叶，称为机器学习冷静期。第三阶段是从 20 世纪 70 年代中叶至 20 世纪 80 年代中叶，称为机器学习复兴期。第四阶段起始于 1986 年。当时，机器学习综合应用了心理学、生物学和神经生理学以及数学、自动化和计算机科学，并形成了机器学习理论基础，同时结合各种学习方法取长补短，形成了集成学习系统。此外，机器学习与人工智能各种基础问题的统一性观点正在形成，各种学习方法的应用范围不断扩大，同时出现了商业化的机器学习产品，还积极开展了与机器学习有关的学术活动。

　　1989 年，Carbonell 指出机器学习有 4 个研究方向：连接机器学习、基于符号的归纳机器学习、遗传机器学习与分析机器学习。1997 年，Dietterich 再次提出了另外 4 个新的研究方向：分类器的集成（Ensembles of classifiers）、海量数据的有教师学习算法（Methods for scaling up supervised learning algorithm）、增强机器学习（Reinforcement learning）与学习复杂统计模型（Learning complex stochastic models）。

　　在机器学习的发展道路上，值得一提的是世界人工大脑之父雨果·德·加里斯（Hugo de Garis）教授。他创造的 CBM 大脑制造机器可以在几秒钟内进化成一个神经网络，可以处理将近 1 亿个人工神经元，它的计算能力相当于 10000 台个人计算机。在 2000 年，人工大脑可以控制“小猫机器人”的数百个行为。

　　2010 年以来，Google、Microsoft 等国际 IT 巨头加快了对机器学习的研究，已经尝到了机器学习商业化带来的甜头。国内很多知名的公司也纷纷效仿，阿里巴巴为应付大数据时代带来的挑战，已经在自己的产品中大量应用机器学习算法；百度、搜狗等已拥有能与 Google 竞争的搜索引擎，其产品中也早已融合了机器学习知识；奇虎公司也意识到机器学习的意义所在。这些大公司纷纷表现出对机器学习研发工程师的渴求。近几年正是机器学习知识在国内软件工程师群体中普及的黄金时代，也给软件工程师们进入机器学习这一金领行业带来了机遇。

3.1.3 机器学习的技术原理

3.1.3.1 有监督学习和无监督学习案例

机器是有可能自己学习事物规律的，那么如何才能让它学到规律呢？我们先来看一个故事：

猫妈妈让小猫去捉老鼠，小猫问："老鼠是什么样子的啊？"

猫妈妈说："老鼠长着胡须。"结果小猫找来一头大蒜。

猫妈妈又说："老鼠有四条腿。"结果小猫找来一个板凳。

猫妈妈再说："老鼠有一条尾巴。"结果小猫找来一个萝卜。

在这个故事里，小猫就是一个基于规则的（Rule-Based）计算机程序，它完全听命于开发者猫妈妈的指令行事。但是因为三次指令都不够全面，结果，三次都得出了错误的结果。如果要把小猫变成一个基于机器学习模型的（Model-Based）计算机程序，猫妈妈该怎么做呢？猫妈妈应该这样做，应该给小猫看一些照片，并告诉小猫，有些是老鼠，有些不是，如图 3-5 所示：

图 3-5   老鼠和其他动物

猫妈妈可以先告诉它：要注意老鼠的耳朵、鼻子和尾巴。然后小猫通过对比发现：老鼠的耳朵是圆的，别的动物要么没耳朵，要么不是圆形耳朵；老鼠都有尾巴，别的动物有的有，有的没有；老鼠的鼻子是尖的，别的动物不一定是这样。

然后小猫就用自己学习到的"老鼠是圆耳朵、有尾巴、尖鼻子的动物"的信念去抓老鼠，那么小猫就成了一个"老鼠分类器"。小猫（在此处类比一个计算机程序）是机器（Machine），它成为"老鼠分类器"的过程，称为学习（Learning）。猫妈妈给的那些照片是用于学习的数据（Data）。猫妈妈告知小猫要注意的几点，是这个分类器的特征（Feature）。学习的结果——老鼠分类器——是一个模型（Model）。这个模型的类型可能是逻辑回归，可能是朴素贝叶斯，可能是决策树……总之是一个分类模型。小猫思考的过程就是算法（Algorithm），无论有监督学习，还是无监督学习，都离不开这三要素。机器学习过程示意如图 3-6 所示。

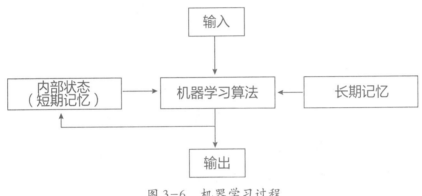

图 3-6　机器学习过程

有监督学习：小猫通过学习成为"老鼠分类器"，就属于典型的有监督学习。

大家请看上面的图 3-5，其中不仅有老鼠、非老鼠的照片，而且在每张老鼠照片的下面还有一个绿色的对号，表明这是一只老鼠；而非老鼠的照片下是一个红色的叉号，表明这不是一只老鼠。每一张照片是一个数据样本（Sample）。下面的对号或者叉号，就是这个数据样本的标签（Label）。而给样本打上标签的过程，称为标注（Labeling）。标注这件事情，机器学习程序自己是解决不了的，必须依靠外力。这些对号和叉号都是猫妈妈打上去的，而不是小猫。

小猫通过学习过程获得的，就是给图片打勾打叉的能力。如果小猫已经能够给图片打勾或者打叉了，就说明它已经是一个学习成功的模型了。这种通过标注数据进行学习的方法，称为有监督学习或者监督学习。

无监督学习：反过来，如果用于学习的数据只有样本，没有标签，那么通过这种无标注数据进行学习的方法，称为无监督学习。

例如有这样六个样本，如图3-7所示：

图 3-7   样本图

要做的事情是，根据她们的体貌区分她们的种族。明明是六匹马，为什么还要分种族？因为在小马（《小马宝莉》）的世界里，小马（Pony）在马这个大类之下，还有细分的种族。可以告诉你，要关注的特征（Feature）是：独角和翅膀。而她们一共可以被归为三个小马种族。这样你是不是就能分出来了——两个有独角的一族（她们叫独角兽）；两个有翅膀的一族（她们叫飞马）；另外两个很正常的一族（她们叫陆马）。聚类完成，这就是一次有趣的无监督学习的过程。

3.1.3.2 机器学习流程

一般而言，机器学习流程大致分为以下几步，如图3-8所示。

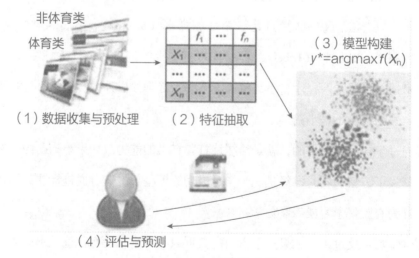

图 3-8   机器学习流程

第一步：数据收集与预处理。例如：新闻中会掺杂很多特殊字符和广告等无关因素，要先把这些剔除掉。除此之外，可能还会用到对文章进行分词、提取关键词等操作，这些在后续案例中会进行详细分析。

第二步：特征工程，也叫作特征抽取。例如：有一段新闻，描述"科比职业生涯画上圆满句号，今天正式退役了"。显然这是一篇与体育相关的新闻，但是计算机可不认识科比，所以还需要将人能读懂的字符转换成计算机能识别的数值。这一步看起来容易，做起来就非常难了，如何构造合适的输入特征也是机器学习中非常重要的一部分。

第三步：模型构建。这一步只要训练一个分类器即可，当然，建模过程中还会涉及很多调参工作，随便建立一个差不多的模型很容易，但是想要将模型做得完美还需要大量的实验。

第四步：评估与预测。模型构建完成就可以进行判断预测了，一篇文章经过预处理再被传入模型中，机器就会告诉我们按照它所学数据得出的是什么结果。

3.1.3.3　机器学习需要的算法

机器学习需要有众多的算法来指导，主要的算法如下：

决策树算法：决策树及其变种是一类将输入空间分成不同的区域，每个区域有独立参数的算法。决策树算法充分利用了树形模型，根节点到一个叶子节点是一条分类的路径规则，每个叶子节点象征一个判断类别。先将样本分成不同的子集，再进行分割递推，直至每个子集得到同类型的样本，从根节点开始测试，到子树再到叶子节点，即可得出预测类别。此方法的特点是结构简单、处理数据效率较高。

朴素贝叶斯算法：朴素贝叶斯算法是一种分类算法。它不是单一算法，而是一系列算法，它们都有一个共同的原则，即被分类的每个特征都与任何其他特征的值无关。朴素贝叶斯算法认为这些特征中的每一个都独立地贡献概率，而不管特征之间的任何相关性。然而，特征并不总是独立的，这通常被视为朴素贝叶斯算法的缺点。简而言之，朴素贝叶斯算法允许使用概率给出一组特征来预测一个类。与其他常见的分类方法相比，朴素贝叶斯算法需要的训练很少。在进行预测之前必须完成的唯一工作是找到特征的个体概率分布的参数，这通常可以快速且确定地完成。这意味着即使对于高维数据点或大量数据点，朴素贝叶斯算法也可以表现良好。

支持向量机算法：基本思想可概括如下：首先，要利用一种变换将空间高维化，当然这种变换是非线性的；然后，在新的复杂空间取最优线性分类表面。由此种方式获得的分类函数在形式上类似于神经网络算法。支持向量机是统计学习领域中一个代表性算法，但它与传统方式的思维方法有很大不同，通过输入空间、提高维度从而将问题简短化，使问题归结为线性可分的经典解问题。支持向量机应用于垃圾邮件识别、人脸识别等多种分类问题。

随机森林算法：控制数据树生成的方式有多种，根据前人的经验，大多数时候更倾向于选择分裂属性和剪枝，但这并不能解决所有问题，偶尔会遇到噪声或分裂属性过多的问题。基于这种情况，总结每次的结果可以得到袋外数据的估计误差，将它和测试样本的估计误差相结合可以评估组合树学习器的拟合及预测精度。此方法的优点有很多，可以产生高精度的分类器，并能够处理大量的变数，也可以平衡分类资料集之间的误差。

人工神经网络算法：人工神经网络与神经元组成的异常复杂的网络大体相似，是由个体单元互相连接而成，每个单元有数值量的输入和输出，形式可以为实数或线性组合函数。它先要以一种学习准则去学习，然后才能进行工作。当网络判断错误时，通过学习使其减少犯同样错误的可能性。此方法有很强的泛化能力和非线性映射能力，可以对信息量少的系统进行模型处理。从功能模拟角度看具有并行性，且传递信息速度极快。

Boosting 与 Bagging 算法：Boosting 是一种通用的增强基础算法性能的回归分析算法。不需构造一个高精度的回归分析，只需一个粗糙的基础算法即可，再反复调整基础算法就可以得到较好的组合回归模型。它可以将弱学习算法提高为强学习算法，可以应用到其他基础回归算法，如线性回归、神经网络等，来提高精度。Bagging 和 Boosting 大体相似但又略有差别，主要想法是给出已知的弱学习算法和训练集，它需要经过多轮的计算，才可以得到预测函数列，最后采用投票方式对示例进行判别。

关联规则算法：关联规则是用规则去描述两个变量或多个变量之间的关系，是客观反映数据本身性质的方法。它是机器学习的一大类任务，可分为两个阶段，先从资料集中找到高频项目组，再去研究它们的关联规则。其得到的分析结果即是对变量间规律的总结。

EM（期望最大化）算法：在进行机器学习的过程中需要用到极大似然估计等参数

估计方法，在有潜在变量的情况下，通常选择 EM 算法，不是直接对函数对象进行极大估计，而是添加一些数据进行简化计算，再进行极大化模拟。它是对本身受限制或比较难直接处理的数据的极大似然估计算法。

3.1.3.4 深度学习

深度学习是机器学习领域中一个新的研究方向，它被引入机器学习使其更接近最初的目标——人工智能。

深度学习是学习样本数据的内在规律和表示层次，这些学习过程中获得的信息对诸如文字，图像和声音等数据的解释有很大的帮助。它的最终目标是让机器能够像人一样具有分析学习能力，能够识别文字、图像和声音等数据。深度学习是一个复杂的机器学习算法，在语音和图像识别方面取得的效果，远远超过先前相关技术。

深度学习在搜索技术、数据挖掘、机器学习、机器翻译、自然语言处理、多媒体学习、语音、推荐和个性化技术，以及其他相关领域都取得了很多成果。深度学习使机器模仿视听和思考等人类的活动，解决了很多复杂的模式识别难题，使得人工智能相关技术取得了很大进步。

机器学习就是从大量现象中提取反复出现的规律与模式。这一过程在人工智能中的实现就是机器学习的过程。从形式化角度定义，如果算法利用某些经验使自身在特定任务类上的性能得到改善，就可以说该算法实现了机器学习。而从方法论的角度看，机器学习是计算机基于数据构建概率统计模型并运用模型对数据进行预测与分析的学科。机器学习可说是从数据中来，到数据中去。假设已有数据具有一定的统计特性，则不同的数据可以视为满足独立同分布的样本。机器学习要做的就是根据已有的训练数据推导出描述所有数据的模型，并根据得出的模型实现对未知的测试数据的最优预测。

在机器学习中，数据并非通常意义上的数量值，而是对于对象某些性质的描述。被描述的性质叫作属性，属性的取值称为属性值，不同的属性值有序排列得到的向量就是数据，也叫实例。例如：黄种人相貌特征的典型属性包括肤色、眼睛大小、鼻子长短、颧骨高度。标准的中国人实例甲就是属性值 {浅、大、短、低} 的组合，标准的韩国人实例乙则是属性值 {浅、小、长、高} 的组合。

根据线性代数的知识，数据的不同属性之间可以视为相互独立，因而每个属性都代表了一个不同的维度，这些维度共同组成了特征空间。每一组属性值的集合都是这个空间中的一个点，因而每个实例都可以视为特征空间中的一个向量，即特征向量。需要注意的是，这里的特征向量不是和特征值对应的那个概念，而是指特征空间中的向量。根据特征向量对输入数据进行分类就能够得到输出。

在前面的例子中，输入数据是一个人的相貌特征，输出数据就是中国人/日本人/韩国人/泰国人四选一。而在实际的机器学习任务中，输出的形式可能更加复杂。根据输入输出类型的不同，预测问题可以分为以下三类。分类问题：输出变量为有限个离散变量，当个数为 2 时即为最简单的二分类问题；回归问题：输入变量和输出变量均为连续变量；标注问题：输入变量和输出变量均为变量序列。变量输入、输出术语如图 3-9 所示。

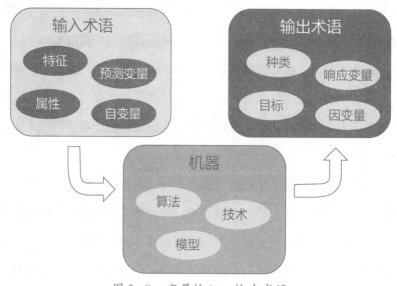

图 3-9　变量输入、输出术语

但在实际生活中，每个国家的人都不是同一个模子刻出来的，其长相自然也会千差万别，因而一个浓眉大眼的韩国人可能被误认为中国人，一个肤色较深的日本人也可能被误认为泰国人。同样的问题在机器学习中也会存在。一个算法既不可能和所有训练数据符合得分毫不差，也不可能对所有测试数据预测得精确无误。因而，误差性能成为机器学习的重要指标之一。

在机器学习中，误差被定义为学习器的实际预测输出与样本真实输出之间的差异。在分类问题中，常用的误差函数是错误率，即分类错误的样本占全部样本的比例。误差可以进一步分为训练误差和测试误差两类。训练误差指的是学习器在训练数据集上的误差，也称经验误差；测试误差指的是学习器在新样本上的误差，也称泛化误差。训练误差描述的是输入属性与输出分类之间的相关性，能够判定给定的问题是不是一个容易学习的问题。测试误差则反映了学习器对未知的测试数据集的预测能力，是机器学习中的重要概念。实用的学习器都是测试误差较低，即在新样本上表现较好的学习器。

学习器依赖已知数据对真实情况进行拟合，即由学习器得到的模型要尽可能逼近真实模型，因此要在训练数据集中尽可能提取出适用于所有未知数据的普适规律。然而，一旦过于看重训练误差，一味追求预测规律与训练数据的符合程度，就会把训练样本自身的一些非普适特性误认为所有数据的普遍性质，从而导致学习器泛化能力的下降。

在实际的机器学习中，欠拟合可以通过改进学习器的算法克服，但过拟合却无法避免，只能尽量降低其影响。由于训练样本的数量有限，因而具有有限个参数的模型就足以将所有训练样本纳入其中。可模型的参数越多，能与这个模型精确相符的数据也就越少，将这样的模型运用到无穷的未知数据当中，过拟合的出现便不可避免。更何况训练样本本身还可能包含一些噪声，这些随机的噪声又会给模型的精确性带来额外的误差。

整体来说，测试误差与模型复杂度之间呈现的是抛物线的关系。当模型复杂度较低时，测试误差较高；随着模型复杂度的增加，测试误差将逐渐下降并达到最小值；之后当模型复杂度继续上升时，测试误差会随之增加，对应着过拟合的发生。在模型选择中，为了对测试误差做出更加精确的估计，一种广泛使用的方法是交叉验证。交叉验证思想在于重复利用有限的训练样本，通过将数据切分成若干子集，让不同的子集分别组成训练集与测试集，并在此基础上反复进行训练、测试和模型选择，达到最优效果。

如果将训练数据集分成 10 个子集 $D_{1 \sim 10}$ 进行交叉验证，则需要对每个模型进行 10 轮训练，其中第 1 轮使用的训练集为 D_2 ~ D_{10} 这 9 个子集，训练出的学习器在子集 D_1 上进行测试；第 2 轮使用的训练集为 D_1 和 D_3 ~ D_{10} 这 9 个子集，训练出的学习器在子集 D_2 上进行测试。依此类推，当模型在 10 个子集全部完成测试后，其性能就是 10 次测试结果的均值。不同模型中平均测试误差最小的模型也就是最优模型。

除了算法本身，参数的取值也是影响模型性能的重要因素，同样的学习算法在不同的参数配置下，得到的模型性能会出现显著的差异。因此，调参，也就是对算法参数进行设定，是机器学习中重要的工程问题，这一点在今天的神经网络与深度学习中体现得尤为明显。

假设一个神经网络中包含 1000 个参数，每个参数又有 10 种可能的取值，对于每一组训练/测试集就有 1000^{10} 个模型需要考察，因而在调参过程中，一个主要的问题就是性能和效率之间的折中。

在人类的学习中，有的人可能有高人指点，有的人则是无师自通。在机器学习中也有类似的分类。根据训练数据是否具有标签信息，可以将机器学习的任务分成以下三类。监督学习：基于已知类别的训练数据进行学习；无监督学习：基于未知类别的训练数据进行学习；半监督学习：同时使用已知类别和未知类别的训练数据进行学习。

受学习方式的影响，效果较好的学习算法执行的都是监督学习的任务。即使号称自学成才、完全脱离了对棋谱依赖的 AlphaGo Zero，其训练过程也要受围棋胜负规则的限制，因而也脱不开监督学习的范畴。

监督学习假定训练数据满足独立同分布的条件，并根据训练数据得出一个由输入到输出的映射模型。反映这一映射关系的模型可能有无数种，所有模型共同构成了假设空间。监督学习的任务就是在假设空间中根据特定的误差准则找到最优的模型。

根据学习方法的不同，监督学习可以分为生成方法与判别方法两类。生成方法是根据输入数据和输出数据之间的联合概率分布确定条件概率分布 $P(Y|X)$，这种方法表示了输入 X 与输出 Y 之间的生成关系；判别方法则直接学习条件概率分布 $P(Y|X)$ 或决策函数 $f(X)$，这种方法表示了根据输入 X 得出输出 Y 的预测方法。两相对比，生成方法具有更快的收敛速度和更广的应用范围，判别方法则具有更高的准确率和更简单的使用方式。

3.1.4 机器学习应用场景

展望未来，出现在《终结者》等系列电影上的场景终将成为现实，并将在未来的人类世界中频频上演。

目前人类已经进入与高智能机器共同参与战争的新时代。据美国《航空周刊与空间技术》报道，X-47B 验证机已经完成首飞。这款由诺斯罗普·格鲁曼公司为美国海军研制、外形极似 B-2 战略轰炸机的飞机，是世界上第一架完全由计算机控制的"无尾翼、喷气式无人驾驶飞机"。它意味着在未来的海空战场，将会出现无人机先出动，打击对方的防空阵地、雷达、机场等重要目标，而有人机编队则在战场外，负责拦截对方空中支援的战斗机的作战模式。这将彻底改变人类战争的方式。未来人类在机器学习研究领域的发展将会进一步推动机器人军队在战场上的应用。

此外，智能机器已经深入人类的生活、工作中。在民用领域，能从医疗记录中学习的机器将会出现，它们能分析和获取治疗新疾病最有效的方法；智能家居高速发展，分析住户的用电模式、居住习惯后，打造动态家居，从而降低能源消耗、提高居住舒适度；个人智能助理跟踪分析用户的职业和生活细节，协助用户高效完成工作和享受健康生活。所有这些都将有智能机器的功劳。

人类也许该思考：在未来的世界里，机器人将充当什么样的角色？会不会代替人类呢？人类与智能机器之间应如何相处？

人类开始着手研究，如何才能更好地实现下面三大准则：

第一，机器人不可伤害人；

第二，机器人必须服从人的命令；

第三，机器人可以在不违背上述原则的情况下保护自己。

机器学习应用广泛，无论是在军事领域还是民用领域，都有机器学习算法大显身手的机会。

3.1.4.1　数据分析与挖掘

"数据挖掘"和"数据分析"通常被相提并论，并在许多场合被认为是可以相互替代的术语。关于数据挖掘，现在已有多种文字不同但含义接近的定义，例如"识别出巨量数据中有效的、新颖的、潜在有用的、最终可理解的模式的非平凡过程"；百度百科认为"数据分析是指用适当的统计方法对收集来的大量第一手资料和第二手资料进行分析，以求最大化地开发数据资料的功能，发挥数据的作用，它是为了提取有用信息和形成结论而对数据加以详细研究和概括总结的过程"。无论是数据分析还是数据挖掘，都是帮助人们收集、分析数据，使之成为信息，并做出判断，因此可以将这两项合称为"数据分析与挖掘"。

数据分析与挖掘技术是机器学习算法和数据存取技术的结合，利用机器学习提供的统计分析、知识发现等手段分析海量数据，同时利用数据存取机制实现数据的高效读写。机器学习在数据分析与挖掘领域中拥有无可取代的地位，2012 年 Hadoop 进军机器学习领域就是一个很好的例子。Hadoop 和便宜的硬件使得大数据分析更加容易，随着硬盘和 CPU 越来越便宜，以及开源数据库和计算框架的成熟，创业公司甚至个人都可以进行 TB 级以上的复杂计算。

2012 年，Cloudera 收购 Myrrix 共创 Big Learning，从此，机器学习俱乐部多了一名新会员。Myrrix 从 Apache Mahout 项目演变而来，是一个基于机器学习的实时可扩展的集群和推荐系统。

Myrrix 创始人 Owen 在其文章中提到：机器学习已经是一个有几十年历史的领域了，为什么大家现在这么热衷于这项技术？因为大数据环境下，更多的数据使机器学习算法表现得更好，机器学习算法能从数据海洋提取更多有用的信息；Hadoop 使收集和分析数据的成本降低，学习的价值提高。Myrrix 与 Hadoop 的结合是机器学习、分布式计算和数据分析与挖掘的联姻，这三大技术的结合让机器学习应用场景呈爆炸式的增长，这对机器学习来说是一个千载难逢的好机会。

3.1.4.2　模式识别

模式识别起源于工程领域，而机器学习起源于计算机科学，这两个不同学科的结合带来了模式识别领域的调整和发展。模式识别研究主要集中在两个方面：一是研究生物体（包括人）是如何感知对象的，属于认识科学的范畴；二是在给定的任务下，如何用计算机实现模式识别的理论和方法。这些是机器学习的长项，也是机器学习研究的内容之一。

模式识别的应用领域广泛，包括计算机视觉、医学图像分析、光学文字识别、自然语言处理、语音识别、手写识别、生物特征识别、文件分类、搜索引擎等，而这些领域也正是机器学习大展身手的舞台，因此模式识别与机器学习的关系越来越密切，以至于国外很多书籍把模式识别与机器学习综合在一本书里讲述。

3.1.4.3　其他领域

目前，国外的 IT 巨头正在深入研究和应用机器学习，他们把目标定位于全面模仿人类大脑，试图创造出拥有人类智慧的机器大脑。

2012 年，Google 在人工智能领域发布了一个划时代的产品——人脑模拟软件，这个软件具备自我学习功能，模拟脑细胞的相互交流，可以通过看 YouTube 视频学习识别猫、人以及其他事物。当有数据被送达这个神经网络的时候，不同神经元之间的关系就会发生改变，而这也使得神经网络能够得到对某些特定数据的反应机制。据悉这个网络现在已经学到了一些东西，Google 将有望在多个领域使用这一新技术，最先获益的可能是语音识别。

与此同时，Google 研制的自动驾驶汽车于 2012 年 5 月获得了美国首个自动驾驶车辆许可证，2015 年至 2017 年进入市场销售，如图 3-10 所示。

图 3-10 Google 研制的自动驾驶汽车

自动驾驶汽车依靠人工智能、视觉计算、雷达、监控装置和全球定位系统协同合作，可以在没有任何人类主动操作的情况下，通过计算机自动安全地操作机动车辆。Google 认为：这将是一种"比人更聪明"的汽车，不仅能预防交通事故，还能节省行驶时间、降低碳排放量。

2013 年，Microsoft CEO 高级顾问 Craig Mundie 在北京航空航天大学学术交流厅发表"科技改变未来"的主题演讲，并在演讲中谈到了当今 IT 科技的三大挑战：大数据、人工智能和人机互动。他认为随着大数据时代的到来，人们的各种互动、设备、社交网络和传感器正在生成海量的数据，而机器学习可以更好地处理这些数据，挖掘其中的潜在价值。与此同时，他展示了微软研究院在机器学习方面的新产品——英语转汉语实时拟原声翻译。研究过计算语言学的朋友都知道自然语言理解与处理属于机器学习的问题，让计算机理解人类语言可以视同创造出一个机器，该机器拥有与人类一样的智慧。

机器学习在军事上的应用更加广泛，智能无人机、智能无人舰艇、智能无人潜艇陆续研究成功或已投放战场。其他军事领域也有机器学习研究成果的应用，例如：美国国防部高级研究计划局的电子战专家正在尝试推出利用机器学习技术对抗敌方的无线自适应通信威胁，其发布了一份概括性机构通告（DARPA-BAA-10-79），内容为"自适应电子战行为学习"计划（BLADE），以研发确保美国电子战系统能够在战场上学习自动干扰新式射频威胁的算法和技术。

3.2 预备知识

有5个基本步骤用于执行机器学习任务：

①收集数据：无论是来自Excel、Access还是文本文件等的原始数据，这一步（收集过去的数据）构成了未来学习的基础。相关数据的种类、密度和数量越多，机器的学习前景就越好。

②准备数据：任何分析过程都会依赖于使用的数据质量如何。人们需要花时间确定数据质量，然后采取措施解决诸如缺失的数据和异常值的处理等问题。探索性分析可能是一种详细研究数据细微差别的方法，从而使数据的质量迅速提高。

③训练模型：此步骤涉及以模型的形式选择适当的算法和数据表示。清理后的数据分为两部分——训练和测试（比例视前提确定）：第一部分（训练数据）用于开发模型，第二部分（测试数据）用作参考依据。

④评估模型：为了测试准确性，使用数据的第二部分（保持/测试数据）。此步骤根据结果确定算法选择的精度。检查模型准确性的更好测试是查看其在模型构建期间根本未使用的数据的性能。

⑤提高性能：此步骤可能涉及选择完全不同的模型或引入更多变量来提高效率。这就是为什么需要花费大量时间进行数据收集和准备的原因。

无论任何模型，这5个步骤都可用于构建技术，当我们讨论算法时，将发现这5个步骤出现在每个模型中。

下面详细介绍一下机器学习所需的一些基础知识。

3.2.1 线性代数

数据通常以矩阵的形式进行存储。既然是以矩阵的形式，那么自然少不了矩阵的运算。在处理数据时，运用矩阵的运算可以有效地避免编写多层嵌套循环，从而加快程序的运行速度。如果大家用 TensorFlow 架设过神经网络，或是从头编写过算法，一定曾被矩阵相乘的顺序、矩阵的形状、矩阵元素间的运算等问题困扰，往往对一个小问题的忽略，会让我们花费几个小时来调试程序。

因此，如果我们有非常扎实的线性代数功底，在编写程序的每一步都能完全搞清楚运算矩阵的形状和运算后的结果，编写算法的效率一定会大大提升。

至于线性代数的掌握程度，如果将矩阵的运算、转置、逆矩阵等掌握好，基本就够用了。

3.2.2 概率论

机器学习算法，或者再说细一点儿——模式识别和分类，核心就是贝叶斯理论（Bayes Theory）。贝叶斯理论提供了计算决策边界（Decision Boundary）的方式，而决策边界在分类当中自然是核心所在，正是这个边界决定了模型会将数据分在 A 类还是 B 类（或者还有更多类别，C 类，D 类……）。

除此之外，与机器学习难以分家的就是统计学习。传统的统计分析和机器学习所用的算法几乎是同一套算法，不同点在于：统计分析更侧重于利用模型帮助决策者做出决策，因此其更注重于模型的可解释性（例如风险分析、信用卡欺诈分析）；而机器学习建模往往更侧重于结果，对可解释性并不是很在意（例如利用声音分辨性别）。而在统计分析里，无论是假设验证还是推论，都要大量使用到概率论的内容，例如正态分布的分析、z-test、t-test、卡方分布、F 分布等。至于概率论的掌握程度，学到大学课本里的程度已经完全够用。

3.2.3 机器学习算法

机器学习算法自然是机器学习的核心所在，算法的学习一般又分为理论知识和算法实现两部分。

理论知识即每种算法的数学原理，包括基本原理、参数的含义、正则化（Regularization）等，学习这些没有太好的办法，只能是看书或者是看一些技术博客。

算法实现即用代码实现算法，在实际中我们通常会调用函数库，有时候可能需要自己编写一些损失函数、筛选规则等。不过一般情况下，掌握 Scikit-Learn 里边的内容基本已经够用；需要用到深度学习的同学则要有针对性地学习一下 TensorFlow、Keras、PyTorch

这些，推荐从 Keras 学起，之后 TensorFlow 和 PyTorch 二选一深入学习。学习方法方面，由于这些函数库均是开源项目，更新较快，因此不是特别推荐看书，最好的方法就是去看官方网站的介绍。但是对于英文不太好的同学，可能看官网也不是太现实，那么可以挑一些近一年内出版的书籍，如果是 2017 年以前出版的则基本可以不予考虑。

常用的机器学习算法有：逻辑回归（Logistic Regression）；SVM（Support Vector Machine）；决策树（Decision Tree）；随机森林（Random Forest）；XGBoost；朴素贝叶斯（Naive Bayes）；神经网络（Neural Network）；KMeans；数据清洗及处理。

根据公司业务设置及人员架构的不同，机器学习工程师或是数据挖掘工程师往往需要自己清洗及处理数据，这里常用的工具有 SQL 和 Pandas 函数库。SQL 通常运用于从数据库中直接提取数据，或是整理体量较大的数据（往往会搭配 Spark 使用）；而 Pandas 则可以很方便的利用其 DataFrame 的结构来整理数据。

在处理数据时，通常需要进行缺失值处理、字符数据数字化处理、特征预筛选处理、归一化及标准化处理等操作。一份高质量的数据可以说是建立高质量机器学习模型的基础。

3.2.4 特征工程

特征工程是一个比较难定义的部分，它包含的内容实在太多。通常来讲，特征工程包括特征提取及特征选择，同时包含特征组合。

特征抽取通常通过 PCA、LDA 等方式，一般用于减少特征的数量，降低数据的维度，由于经过特征提取之后，特征不再具有原本的意义，因此当需要对模型结果进行解释时，不能使用该方法。特征选择通常指通过相应算法，一般指随机森林的特征重要性排序和特征聚类筛选等，减少建模需要使用的特征数量，降低数据的维度。该方法选择出的特征仍然具有原特征的意义，因此模型结果仍然具有可解释性。特征组合指通过相应的变换，在现有特征的基础上创建新的特征。具体的操作往往要通过数据的可视化来实现，但更重要的应该是对背景知识的了解。例如在处理保险行业的数据时，如果对保险业务没有深入的了解，则很难创建出有效的特征。因此，特征组合固然有一部分的技巧，但更重要的是对相关领域的了解程度。这方面往往需要与业务部门的同事配合，或者与客户进行深层次的沟通，对业务的了解多一分，创建出有效特征的可能性也就多一分。

3.3　小试牛刀

在 Python 数据科学领域，Numpy 是用得最广泛的工具包之一，基本上所有任务都能看到它的影子。一般而言，数据都可以转换成矩阵，行就是每一条样本数据，列就是其每个字段特征。Numpy 在矩阵计算上非常高效，可以快速处理数据并进行数值计算。本节从实战的角度介绍 Numpy 工具包的核心模块与常用函数的使用方法。

3.3.1　Numpy 的基本操作

在使用 Numpy 工具包之前，必须先将其导入进来，如图 3-11 所示：

In	import numpy as np

图 3-11　导入 Numpy 工具包

Anaconda 中已经安装了 Numpy 工具包，直接拿来使用即可。

执行完这一行代码之后，若没有报错，就说明 Numpy 工具包已经安装好，并且已导入运行环境中。为了操作方便，给 Numpy 起了一个别名 "np"，接下来就可以使用 "np" 来代替 "Numpy" 了。

3.3.2　array 数组

假设按照 Python 的常规方式定义一个数组 array = [1，2，3，4，5]，并对数组中的每一个元素都执行 +1 操作，那么，可以直接执行吗？

如图 3-12 所示，输出结果显示此处创建的是一个 list 结构，无法执行上述操作。这里需要大家注意的就是数据类型，不同格式的数据，其执行操作后的结果也是完全不同的。如果引入 Numpy 工具包，其结果如何呢？在 Numpy 中可以使用 array（）函数创建数组，这是常用的方法。

In	array = [1, 2, 3, 4, 5] array + 1
Out	TypeError Traceback (most recent call last) <ipython-input-2-c54161e3da40> in <module>() 1 array = [1, 2, 3, 4, 5] ----> 2 array + 1 TypeError: can only concatenate list (not "int") to list

图 3-12　定义数组

如图 3-13 所示，输出结果显示数据类型是 ndarray，也就是 Numpy 中的底层数据类型，后续要进行各种矩阵操作的基本对象就是它了。

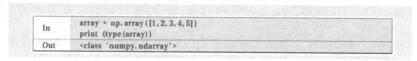

In	array = np.array([1, 2, 3, 4, 5]) print (type(array))
Out	<class 'numpy.ndarray'>

图 3-13　输出结果

再来看看这回能不能完成刚才的任务。如图 3-14 所示，程序并没有像之前那样报错，而是将数组中各个元素都执行了 +1 操作。在 Numpy 中如果对数组执行一个四则运算，就相当于要对其中每一元素做相同的操作。如果数组操作的对象和它的规模一样，则其结果就是对应位置进行计算，如图 3-15 所示：

In	array2 = array + 1 array2
Out	Array([2, 3, 4, 5, 6])

图 3-14　执行 +1 操作，定义数组

In	array2 +array
Out	array([3, 5, 7, 9, 11])
In	array2 * array
Out	array([2, 6, 12, 20, 30])

图 3-15　执行运算

可以看到 Numpy 的计算方式很灵活，所以处理复杂任务的时候，最好每执行完一步操作就打印出来看看结果，以保证每一步都是正确的，然后继续进行下一步。

3.3.3 "缸中之脑"

大脑本质上是一个由神经连接的黑箱，这些神经负责在大脑和身体之间传递信号。一组特定的输入信号会产生特定的输出，例如当感觉到手指就要碰到滚烫的火炉时，其他神经就会向你的肌肉发出指令来收回手指。

另外一个需要注意的重点是大脑还存在一种内部状态。想想当你突然听到一声号角，你的反应不仅取决于号角声的刺激，同时取决于你在何时何地听到这声号角——在观看一场电影中途听到一声号角，与在你穿过熙熙攘攘的大街时听到一声号角会引起截然不同的反应。所处的环境会为你的大脑设定一个特定的内部状态，从而使大脑对不同情境产生不同的反应。

接受刺激的顺序同样也很重要。有一种常见的游戏就是闭上眼睛，尝试只通过触觉识物。你并不能在抓住物体的第一时间获取到足够的信息来判断它是什么，而需要通过不断移动手指感受其形状，才能得到足够的信息勾勒出这个物体的图景，从而判断它的类别。

可以把人脑视为具有一系列输入/输出信号的黑箱。神经给我们提供了对世界的全部认知，它们本身也是大脑的输入信号，并且对于正常的大脑来说是一个数量有限的输入。

同样，我们与真实世界交互的唯一渠道就是那些从神经到肌肉的输出信号。人脑的输出实际上是一个关于输入信号和大脑内部状态的函数。对应于任何输入信号，人脑都会相应调整它的内部状态同时产生输出信号，并且输入信号的顺序影响或大或小，都取决于当时大脑的内部状态。

假如我们与真实世界的唯一交互渠道是从感受器获得的输入和通过运动神经作用的输出，那么"真实"究竟是什么？你的大脑既可以与你的身体耦合，也可以像电影《黑客帝国》中的场景一样，跟一个仿真装置耦合。假如大脑的输出能够产生预期的输入反馈，那么你又应当如何区别真实与虚幻？

以上来自一个著名的哲学思想实验——"缸中之脑"。图 3-16 形象地阐释了这个思想实验。图中的大脑认为他的身体正在遛狗，可实际上这个大脑真的有身体吗？甚至这条狗存在吗？"存在"这个词本身又意味着什么呢？我们所知的一切都不过来自神经系统的信号传递。

图 3-16　"缸中之脑"

这个思想实验假想某人的大脑可以脱离身体依靠维生系统保持活性。大脑的神经连接到一台可以用电脉冲完全仿真大脑实际接收信号的超级计算机上，之后这台超级计算机将通过对大脑的输出信号产生相应的响应，模拟真实世界。这样一来，这个离体的大脑将依旧保持对外部"真实世界"完全正常的认知体验，甚至确实有哲学理论认为人类生活在一个仿真的世界里。

3.3.4 神经网络

一种尝试对人脑直接建模的算法就是"神经网络"。神经网络是人工智能研究的一个小分支，而它又与你将在本书中学到的很多算法惊人地一致。

基于计算机的神经网络不同于人脑，因为它们不具有通用性。现有的神经网络都只能解决特定的问题，应用范围有限。人工智能算法会基于算法内部状态和当前接收到的输入产生输出信号，并以此来认知现实。因此，算法的"现实"常常会随着研究人员实验的进行而变化。无论你是在为一个机器人还是为一个股民编写人工智能的程序，输入数据、输出数据和内部状态构成的模型适用于大多数人工智能算法——之所以说"大多数"，是因为当然也存在更加复杂的算法。

如果你从来没有使用过机器学习，你会想，"这不就是编程吗？"或者"机器学习到底是什么？"首先，确实是使用编程语言来实现机器学习模型，与计算机其他领域一样，使用同样的编程语言和硬件。但不是每个程序都涉及机器学习。对于第二个问题，精确定义机器学习就像定义什么是数学一样难，但本书试图提供一些直观的解释。

例如：日常交互的大部分计算机程序，都可以使用最基本的命令来实现。当你把一个商品加进购物车时，就触发了电商的电子商务程序，程序会把一个商品 ID 和你的用户 ID 插入一个叫作购物车的数据库表格中。你可以在没有见到任何真正客户前，用最基本的程序指令来实现这个功能。如果你发现可以这么做，那么这时就不需要使用机器学习。

3.3.5 唤醒词

对于机器学习科学家来说，幸运的是大部分应用没有那么简单。回到前面那个例子，想象下如何写一个程序来回应唤醒词，例如"Okay，Google""Siri"和"Alexa"。

如果在一个只有你自己和代码编辑器的房间里，仅使用最基本的指令编写这个程序，你该怎么做？不妨思考一下……这个问题非常困难。你可能想象下面的程序：

if input_command ＝＝＝ 'Okey, Google'：run_voice_assistant( )

但实际上，你能拿到的只有麦克风里采集到的原始语音信号，可能是每秒 44000 个样本点。怎样的规则才能把这些样本点转成一个字符串呢？或者简单点，判断这些信号中是否包含唤醒词。如果你被这个问题难住了，不用担心。这就是我们为什么需要机器学习。虽然我们不知道怎么告诉机器去把语音信号转成对应的字符串，但我们自己可以。换句话说，就算你不清楚怎么编写程序，好让机器识别出唤醒词"Alexa"，你自己完全能够识别出"Alexa"这个词。由此，我们可以收集一个巨大的数据集（Data Set），里面包含大量语音信号，以及每个语音信号是否对应我们需要的唤醒词。使用机器学习的解决方式，我们并非直接设计一个系统去准确地辨别唤醒词，而是写一个灵活的程序，并带有大量的参数（Parameters）。通过调整这些参数，我们能够改变程序的行为。我们将这样的程序称为模型（Models）。总体上看，我们的模型仅仅是一个机器，通过某种方式，将输入转换为输出。在图 3-17 所示的例子中，这个模型的输入（Input）是一段语音信号，它的输出则是一个回答 {yes,no}，告诉我们这段语音信号是否包含唤醒词。

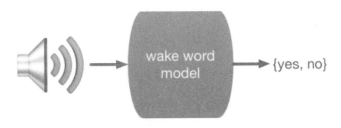

图 3-17　唤醒词模型

如果我们选择了正确的模型，必然有一组参数设定，每当它听见"Alexa"时，都能触发 yes 的回答；也会有另一组参数，针对"Apricot"触发 yes。我们希望这个模型既可以辨别"Alexa"，也可以辨别"Apricot"，因为它们是类似的任务。不过，如果是本质上完全不同的输入和输出，例如输入图片、输出文本；或者输入英文、输出中文，这时我们则需要另一个模型来完成这些转换。这时候你大概能猜到了，如果我们随机地设定这些参数，模型可能无法辨别"Alexa""Apricot"，甚至任何英文单词。在而大多数的深度学习中，学习（Learning）就是指在训练过程（Training Period）中更新模型的行为（通过调整参数）。

换言之，我们需要用数据训练机器学习模型（见图3-18），其过程通常如下：①初始化一个几乎什么也不能做的模型；②抓一些有标注的数据集（例如音频段落及其是否为唤醒词的标注）；③修改模型使得它在抓取的数据集上能够更准确执行任务（例如使得它在判断这些抓取的音频段落是否为唤醒词上判断更准确）；④重复步骤②和③，直到模型看起来不错。总而言之，我们并非直接去写一个唤醒词辨别器，而是一个程序，当提供一个巨大的有标注的数据集时，它能学习如何辨别唤醒词。你可以认为这种方式是利用数据编程。

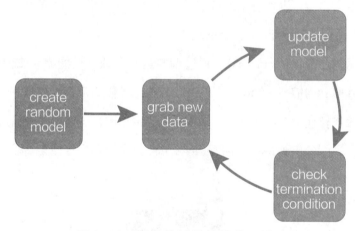

图3-18　用数据训练机器学习模型

如果给我们的机器学习系统提供足够多猫和狗的图片，我们可以"编写"一个喵星人辨别器：如果是一只猫，辨别器会给出一个非常大的正数；如果是一只狗，会给出一个非常大的负数；如果不能确定的话，数字则接近于零。这仅仅是一个机器学习应用的粗浅例子。

3.3.6 机器学习的应用

眼花缭乱的机器学习应用，机器学习背后的核心思想是设计程序使得它可以在执行的时候提升它在某任务上的能力，而非直接编写程序的固定行为。机器学习包括多种问题的定义，提供很多不同的算法，能解决不同领域的各种问题。

正因为机器学习提供多种工具，可以利用数据来解决简单规则无法或者难以解决的问题，它被广泛应用在了搜索引擎、无人驾驶、机器翻译、医疗诊断、垃圾邮件过滤、玩游戏（国际象棋、围棋）、人脸识别、数据匹配、信用评级和给图片加滤镜等任务中。

虽然这些问题各式各样，但它们有着共同的模式，都可以使用机器学习模型解决。我们无法直接编程解决这些问题，但我们能够使用配合数据编程来解决。最常见的描述这些问题的方法是通过数学，但不像其他机器学习和神经网络的书那样，本书会主要关注真实数据和代码。下面我们来看点数据和代码。

用代码编程和用数据编程，这个例子灵感来自 Joel Grus 的一次应聘面试，面试官让他写个程序来玩 Fizz Buzz，这是一个小孩子常玩的游戏。玩家从 1 数到 100，如果数字能被 3 整除则称为 fizz，如果能被 5 整除则称为 buzz，如果两个条件都满足则称为fizzbuzz，不然就直接说数字。这个游戏玩起来就像是：

1 2 fizz 4 buzz fizz 7 8 fizz buzz 11 fizz 13 14 fizzbuzz 16

传统的实现是这样的：In [1]：

res = [ ] for i in range(1,101)：if i % 15 ══ 0：res. append（'fizzbuzz'）elif i % 3 ══ 0：res. append（'fizz'）elif i % 5 ══ res. append（'buzz'）else：res. append（str（i））print（' '. join（res））

1 2 fizz 4 buzz fizz 7 8 fizz buzz 11 fizz 13 14 fizzbuzz 16 17 fizz 19 buzz fizz 22 23 fizz buzz 26 fizz 28 29 fizzbuzz 31 32 fizz 34 buzz fizz 37 38 fizz buzz 41 fizz 43 44 fizzbuzz 46 47 fizz 49 buzz fizz 52 53 fizz buzz 56 fizz 58 59 fizzbuzz 61 62 fizz 64 buzz fizz 67 68 fizz buzz 71 fizz 73 74 fizzbuzz 76 77 fizz 79 buzz fizz 82 83 fizz buzz 86 fizz 88 89 fizzbuzz 91 92 fizz 94 buzz fizz 97 98 fizz buzz

对于经验丰富的程序员来说这个非常简单。所以 Joel 尝试用机器学习来实现这个。为了让程序能学，他需要准备下面这个数据集：

数据 X [1，2，3，4，……] 和标注 Y ['fizz'，'buzz'，'fizzbuzz'，identity]。

训练数据，也就是系统输入输出的实例。例如：[（2，2），（6，fizz），（15，fizzbuzz），（23，23），（40，buzz）]。

从输入数据中抽取的特征，例如 x - > [（x%3），（x%5），（x%15）]。

有了这些，Jeol 利用 TensorFlow 写了一个分类器。对于不按常理出牌的 Jeol，面试官一脸黑线。而且这个分类器不总是对的。

显而易见，这么解决问题十分愚蠢。为什么要用复杂和容易出错的东西替代几行 Python 代码呢？但是，很多情况下，这么一个简单的 Python 脚本并不存在。这时候，机器学习就该上场了。

本章小结

本章介绍了机器学习领域的一些基础知识。在本章中，你可以学会如何将问题建模为机器学习算法——机器学习算法与生物过程颇有一些相似之处，但人工智能的目标并非完全模拟人脑的工作机制，而是要超越简单的流程化作业程序，制造出具有一定智能的机器。

机器学习算法和人脑的相似之处在于都有输入、输出和不显于外的内部状态，其中输入和内部状态决定了输出。内部状态可以视作影响输出的短期记忆。还有一种被称作"长期记忆"的属性，明确指定了给定输入和内部状态之后，机器学习算法的输出。训练就是一个通过调整长期记忆来使算法获得预期输出的过程。

机器学习作为一门多领域交叉学科，主要研究对象是人工智能，专门研究计算机怎样模拟或实现人类的学习行为，以获取新的知识或技能，重新组织已有的知识结构，使之不断改善自身的性能，它是人工智能的核心，是使计算机具有智能的根本途径。

近年来，机器学习的研究与应用在国内外越来越受重视。机器学习已经广泛应用于语音识别、图像识别、数据挖掘等领域。大数据时代的到来，使机器学习有了新的应用领域，从设备维护、借贷申请、金融交易、医疗记录、广告点击、用户消费、客户网络行为等数据中发现有价值的信息已经成为研究与应用的热点。

机器学习算法通常被分为两个大类：回归算法和分类算法。回归算法根据给定的一至多个输入，返回一个数值输出，本质上是一个多输入的多元函数，其输出可能为单值，也可能是多值。分类算法接收一至多个输入，返回一个类别实例，由算法基于输入进行决策。例如：可以用分类算法将求职者分为优先组、备选组和否决组。本章说明了机器学习算法的输入是一个数值型向量。要想用算法处理问题，明白如何用数值向量的形式表达问题至关重要。

（1）机器学习与人类的学习有什么异同？人类的学习过程中，是否存在类似机器学习的监督学习、无监督学习、强化学习的情景？

（2）机器学习与深度学习是什么关系？

阅读延展

第 4 章

神经网络与深度学习

学习目标

通过本章的学习，了解神经网络与深度学习的基本概念；理解神经网络工作原理；熟悉神经网络与深度学习在现实生活中的应用；通过TensorFlow游乐场掌握神经网络模型设计、模型训练与预测。

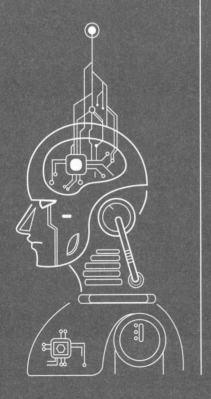

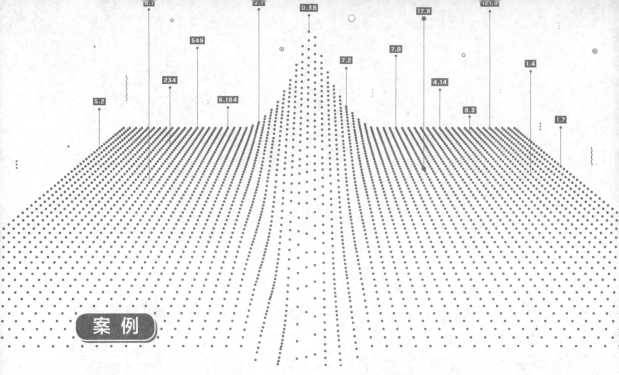

　　躺在家中网购已成为现今大多数人的购物方式,越来越多的包裹走在回家的路上。如何在规定的时间内实现包裹的分拣和信息录入,成为快递行业的一大难题。单纯依靠人工难以胜任如此庞大的任务,不仅成本随之增加,准确率也无法得到保障。因此智能分拣设备不断出现,以达到机器代替人工、降费增效的目的。而如何实现用工业摄像头代替人眼,有效地提取快递面单上的信息,如三段码。收件地址等,成为亟待解决的问题(见图4-1)。

图 4-1　文字识别图

AI 通用文字识别（高精度含位置版）技术能够快速提取快递面单重要信息，与系统数据进行匹配，实现自动分拣。与原来人工操作相比，耗时缩短近 1/4，人工成本节省 70%。在降低企业成本的同时，也做到了本地集中的数据存储，便于后期的优化管理。

那么这种基于 AI 通用文字识别的包裹自动分拣技术是怎么实现的呢？

第一步：通过采集系统完成包裹信息的拍摄、搜索裁剪面单，将三段码、目的地、单号等单面信息转化为图片信息；

第二步：通过百度通用文字识别（高精度含位置版）技术，将三段码、目的地、单号等图片信息转化为文字信息并录入系统；

第三步：提取的文字信息进入分析系统，与后台数据进行匹配（三段码中区域信息与目的地信息匹配）；

第四步：数据匹配正确进入自动分拣设备；信息不全或者不正确的由人工补码系统处理后，进入自动分拣设备。

4.1 神经网络与深度学习技术原理

近年来，以机器学习、知识图谱为代表的人工智能技术逐渐普及。从车牌识别、人脸识别、语音识别、智能助手、推荐系统到自动驾驶，人们在日常生活中都可能有意无意地用到了人工智能技术。这些技术的背后都离不开人工智能领域研究者的长期努力。特别是最近几年，得益于数据的增多、计算能力的增强、学习算法的成熟以及应用场景的丰富，越来越多的人开始关注这个"崭新"的研究领域——深度学习。

深度学习以神经网络为主要模型，一开始用来解决机器学习中的表示学习问题。但是由于其强大的能力，深度学习越来越多地用来解决一些通用人工智能问题，例如推理、决策等。目前，深度学习技术在学术界和工业界取得了广泛的成功，受到高度重视，并掀起新一轮的人工智能热潮。

现实中，我们的大脑接收眼睛或耳朵传递来的数据后，会通过一层层的神经元去解析数据，然后得到我们对于所见的判断。然而我们对这个分析过程的了解以及脑部的研究较浅，无法得知其脑部工作的原理。但是，我们可以对其进行部分抽象，如图4-2所示。

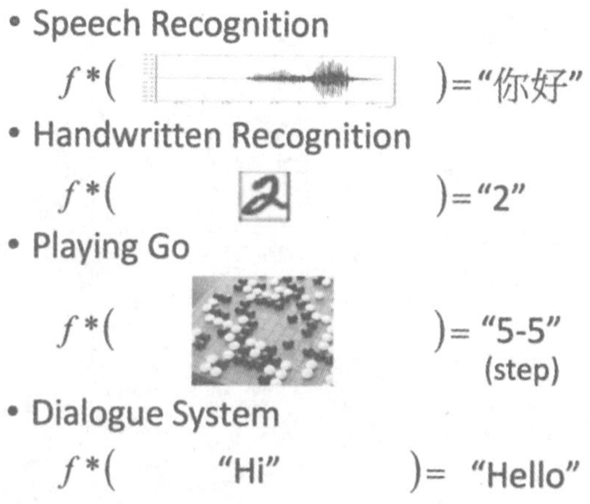

- Speech Recognition

$$f*(\quad \text{〜〜〜}\quad) = \text{"你好"}$$

- Handwritten Recognition

$$f*(\quad \text{❷}\quad) = \text{"2"}$$

- Playing Go

$$f*(\quad \text{▦}\quad) = \text{"5-5"}$$
$$\text{(step)}$$

- Dialogue System

$$f*(\quad \text{"Hi"}\quad) = \text{"Hello"}$$

图4-2　识别信息抽象化

脑部在接收一系列数据的时候进行了一个函数式（Function）的抽象，得到了认知。综上，我们的神经网络就是模拟这个过程，将输入信号、神经元的函数式处理，以及输出都数字化。

4.1.1　生物神经元

神经系统的基本结构和功能单位是神经细胞，即神经元（Neurons）。无脊椎动物和脊椎动物的神经元形态相似，都是由细胞体和从细胞延伸的突起所组成，如图 4-3 所示。

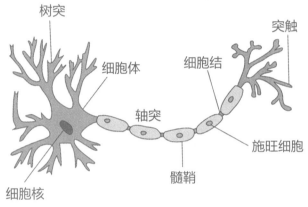

图 4-3　生物神经元结构

①树突和轴突。神经元伸出的突起分两种，即树突和轴突。树突短而多分支，每支可再分支，树突和细胞体的表膜都有接受刺激的功能。轴突和树突在形态和功能上都不相同，每一个神经元一般只有一个轴突，从细胞体的一个凸出部分伸出。

②突触。轴突的末端分为许多小支，各小支的末端膨大成小球。小球和另一神经元的树突或细胞体的表膜相连处即突触（Synapse）。神经冲动有兴奋性的，也有抑制性的。抑制是神经冲动在到达突触时受到阻碍，不能通过或是很难通过所致。

③神经递质。神经元之间通过突触传递信息，其中化学突触的突触前膜释放的是神经递质（Neurotransimitters），它进入突触间隙后，运动至突触后膜，与特异性受体结合引起突触后神经元的兴奋或抑制。因此，神经递质起着神经调节的作用，它是神经元合成的化学物质，起着传导信息的作用。通过神经递质的作用，使神经冲动通过突触而传导到另一神经元。

简单而言，轴突负责细胞核到其他神经元的输出连接，树突负责接收其他神经元到细胞核的输入。来自神经元（突触）的电化学信号聚集在细胞核中，如果聚合超过突触阈值，那么电化学尖峰（突触）就会沿着轴突向下传播到其他神经元的树突上。

情感是复杂多样的，有喜欢、讨厌、喜悦、悲伤、恐惧、愤怒等。这些丰富的感情和心理状态受神经递质的影响很大。神经递质的种类和数量决定了感情和心理状态的不同。神经递质分为兴奋性和抑制性两种，它们之间的平衡使人保持正常心情。

4.1.2 人工神经网络

人工神经网络（ANN）旨在以一种抽象的方式模拟神经元处理新刺激的过程，但是规模变得更小、更简单。ANN 由互连神经元的层构成，这种互连神经元可以接收一组输入和一组权重，然后进行数学操作，并将结果以"激活码"的方式输出，这与生物神经元中的突触十分相似。如图 4-4、图 4-5、图 4-6 所示：

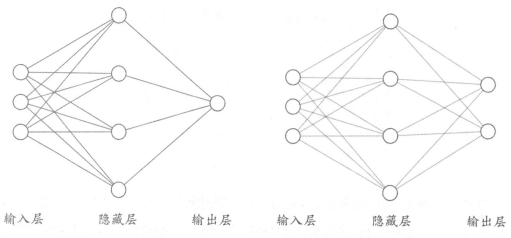

输入层　　　　隐藏层　　　　输出层　　　　输入层　　　　隐藏层　　　　输出层

图 4-4　三层神经网络（输出层 1 个节点）　图 4-5　三层神经网络（输出层 2 个节点）

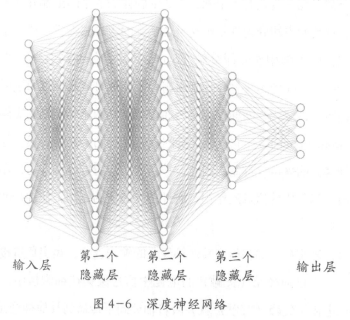

输入层　　第一个　　第二个　　第三个　　　　输出层
　　　　隐藏层　　隐藏层　　隐藏层

图 4-6　深度神经网络

图 4-6 中最左边的圆圈叫"输入层",最右边的圆圈叫"输出层",中间不管有多少层都称为"隐藏层"。每个圆圈,都代表一个神经元,也叫节点(Node)。

输出层可以有多个节点,多节点输出常常用于分类问题。

隐藏层的层数和节点数根据需要而定,没有明确的理论推导来说明到底多少层合适,在测试的过程中也可以不断调整层数和节点数以取得最佳效果。

4.1.3　深度学习

先简单区别几个概念:人工智能、机器学习、深度学习、神经网络。这几个词出现最为频繁,但是它们有什么区别呢?

人工智能、机器学习、深度学习、神经网络相互关联,如图 4-7 所示。

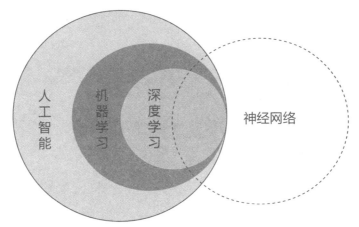

图 4-7　人工智能、机器学习、深度学习、神经网络相互关联示意图

①人工智能:人类通过直觉可以解决的问题,例如自然语言理解、图像识别、语音识别等,计算机很难解决,而人工智能就是要解决这类问题。

②机器学习:机器学习是一种能够赋予机器学习的能力以此让它完成直接编程无法完成的功能的方法。但从实践的意义上来说,机器学习是一种通过利用数据,训练出模型,然后使用模型预测的一种方法。

③神经网络:最初是一个生物学的概念,一般是指大脑神经元、触点、细胞等组成的网络,用于产生意识,帮助生物思考和行动,后来人工智能受神经网络的启发,发展出了人工神经网络。

④深度学习:深度学习模型,可以看作具有很多隐藏层的神经网络,包括处理时间序列的循环神经网络(RNN)、处理图像识别的卷积神经网络(CNN)、处理图像分类

的深度信念网络（DBN）。其核心就是自动将简单的特征组合成更加复杂的特征，并用这些特征解决问题。

如图 4-8 所示，传统机器学习和深度学习算法的主要区别在于特征。在传统的机器学习算法中，我们需要手工编码特征。相比之下，在深度学习算法中，特征由算法自动完成，这个过程不仅耗时，也必须依靠海量数据才能得到表现优异的模型。

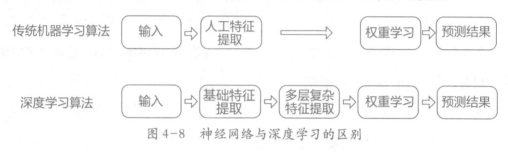

图 4-8　神经网络与深度学习的区别

4.1.4　神经网络与深度学习的发展历程

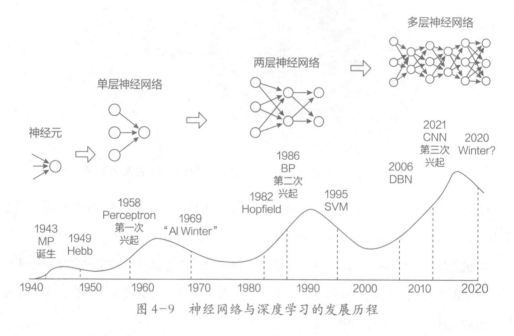

图 4-9　神经网络与深度学习的发展历程

1943 年，数理逻辑学家 Pitts 和 McCulloch 建立 MP 模型。MP 模型只是单个神经元的形式化数学描述，具有执行逻辑运算的功能。开创了人工神经网络的时代。

1949 年，Hebb 提出了神经网络学习的思想。

1958 年，Rosenblatt 提出了感知器模型（Perceptron）及其学习算法。

20 世纪 70 年代出现了衰退，因为单层感知器不能解决异或问题。

20 世纪 80 年代迎来了复苏，1986 年出现了反向传播算法（也称为 Back Propagation 算法或者 BP 算法）。

20 世纪 90 年代出现了支持向量机（SVM），它是基于统计学习理论的一种机器学习方法，在线性分类的问题上取得了当时最好的成绩。这个时期浅层人工神经网络反而相对沉寂。

2006 年，深度学习的理念正式被提出，Hinton 在 *Science* 等相关期刊上发表了论文，首次提出了"深度信念网络"的概念。

2012 年，Hinton 课题组首次参加 ImageNet 图像识别比赛，AlexNet 夺得冠军，并碾压了第二名（SVM）的分类性能。

2016 年，AlphaGo 的出现把深度学习推向一个新的高度。

4.1.5 神经网络与深度学习的应用场景

经过几十年的发展，神经网络理论在模式识别、自动控制、信号处理、辅助决策、人工智能等众多研究领域取得了广泛的成功。下面介绍神经网络在一些领域中的应用现状。

4.1.5.1 人工神经网络在信息领域的应用

在处理许多问题时，信息来源既不完整，又包含假象，决策规则有时相互矛盾，有时无章可循，这给传统的信息处理方式带来了很大的困难，而神经网络却能很好地处理这些问题，并给出合理的识别与判断。

（1）信息处理

现代信息处理要解决的问题是很复杂的，人工神经网络具有模仿或代替与人的思维有关的功能，可以实现自动诊断、问题求解，解决传统方法所不能或难以解决的问题。人工神经网络系统具有很高的容错性、健壮性及自组织性，即使连接线遭到很大程度的破坏，它仍能处在优化工作状态，这点在军事系统电子设备中得到广泛的应用。现有的智能信息系统有智能仪器、自动跟踪监测仪器系统、自动控制制导系统、自动故障诊断和报警系统等。

（2）模式识别

模式识别是对表征事物或现象的各种形式的信息进行处理和分析，对事物或现象进行描述、辨认、分类和解释的过程。该技术以贝叶斯概率论和香农的信息论为理论基础，对信息的处理过程更接近人类大脑的逻辑思维过程。现在有两种基本的模式识别方法，即统计模式识别方法和结构模式识别方法。人工神经网络是模式识别中的常用方法，近年来发展起来的人工神经网络模式的识别方法正逐渐取代传统的模式识别方法。经过多年的研究和发展，模式识别已成为当前比较先进的技术，被广泛应用到文字识别、语音识别、指纹识别、遥感图像识别、人脸识别、手写体字符的识别、工业故障检测、精确制导等方面。

4.1.5.2 人工神经网络在医学领域的应用

由于人体和疾病的复杂性、不可预测性，在生物信号与信息的表现形式、变化规律（自身变化与医学干预后变化）上，对其进行检测与信号表达，获取的数据及信息的分析、决策等诸多方面都存在非常复杂的非线性联系，适合人工神经网络的应用。目前的研究几乎涉及从基础医学到临床医学的各个方面，主要应用于生物信号的检测与自动分析、医学专家系统等。

（1）生物信号的检测与分析

大部分医学检测设备都是以连续波形的方式输出数据的，这些波形是诊断的依据。人工神经网络是由大量的简单处理单元连接而成的自适应动力学系统，具有巨量并行性、分布式存贮、自适应学习的自组织等功能，可以用它来解决生物医学信号分析处理中常规方法难以解决或无法解决的问题。神经网络在生物医学信号检测与处理中的应用主要集中在对脑电信号的分析、听觉诱发电位信号的提取、肌电和胃肠电等信号的识别、心电信号的压缩、医学图像的识别和处理等。

（2）医学专家系统

传统的专家系统，是把专家的经验和知识以规则的形式存储在计算机中，建立知识库，用逻辑推理的方式进行医疗诊断。但是在实际应用中，随着数据库规模的增大，将导致知识"爆炸"，在知识获取途径中也存在"瓶颈"问题，致使工作效率很低。以非线性并行处理为基础的神经网络为专家系统的研究指明了新的发展方向，解决了专家系统以上的问题，并提高了知识的推理、自组织、自学习能力，因此在医学专家系统中得到广泛的应用和发展。

在麻醉与危重医学等相关领域的研究中，涉及多生理变量的分析与预测，在临床数据中存在的一些尚未发现或无确切证据的关系与现象，信号的处理，干扰信号的自动区分检测，各种临床状况的预测等，都可以应用人工神经网络技术。

4.1.5.3　人工神经网络在经济领域的应用

（1）市场价格预测

对商品价格变动的分析，可归结为对影响市场供求关系的诸多因素的综合分析。传统的统计经济学方法因其固有的局限性，难以对价格变动做出科学的预测，而人工神经网络容易处理不完整、模糊不确定或规律性不明显的数据，所以用人工神经网络进行价格预测有传统方法无法相比的优势。从市场价格的确定机制出发，依据影响商品价格的家庭户数、人均可支配收入、贷款利率、城市化水平等复杂多变的因素，建立较为准确可靠的模型。该模型可以对商品价格的变动趋势进行科学预测，并得到准确客观的评价结果。

（2）风险评估

风险是指在从事某项特定活动的过程中，因其存在的不确定性而产生经济或财务上的损失、自然破坏或损伤的可能性。防范风险的最佳办法就是事先对风险做出科学的预测和评估。应用人工神经网络的预测思想是根据具体现实的风险来源，构造出适合实际情况的信用风险模型的结构和算法，得到风险评价系数，然后确定实际问题的解决方案。利用该模型进行实证分析能够弥补主观评估的不足，并取得满意效果。

4.1.5.4　人工神经网络在交通领域的应用

近年来，人们对神经网络在交通运输系统中的应用开始了深入的研究。交通运输问题是高度非线性的，可获得的数据通常是大量的、复杂的，用神经网络处理相关问题有巨大的优越性。应用范围涉及汽车驾驶员行为的模拟、参数估计、路面维护、车辆检测与分类、交通模式分析、货物运营管理、交通流量预测、运输策略与经济、交通环保、空中运输、船舶的自动导航及船只的辨认、地铁运营及交通控制等领域，并已经取得了很好的效果。

4.1.5.5　人工神经网络在心理学领域的应用

从神经网络模型的形成开始，它就与心理学就有着密不可分的联系。神经网络抽象于神经元的信息处理功能，神经网络的训练则反映了感觉、记忆、学习等认知过程。人们通过不断研究，改变着人工神经网络的结构模型和学习规则，从不同角度探讨着神经网络的认知功能，为其在心理学的研究中奠定了坚实的基础。近年来，人工神经网络模型已经成为探讨社会认知、记忆、学习等高级心理过程机制的不可或缺的工具。人工神经网络模型还可以对脑损伤病人的认知缺陷进行研究，对传统的认知定位机制提出了挑战。

虽然人工神经网络已经取得了一定的进步，但是还存在许多缺陷，例如：应用的面不够宽广、结果不够精确；现有模型算法的训练速度不够快；算法的集成度不够高。同时，人们希望在理论上寻找新的突破点，建立新的通用模型和算法，并且进一步对生物神经元系统进行研究，从而不断丰富对人脑神经的认识。

4.2 预备知识

4.2.1 感知机模型

感知机模型是神经网络最基本的构成部分，图 4-10 是典型的 MP 神经元模型，其中包括 n 个输入，每个输入有各自的连接权重，计算输入与连接权重乘积的和与阈值的差值，作为激活函数的输入，得到输出。

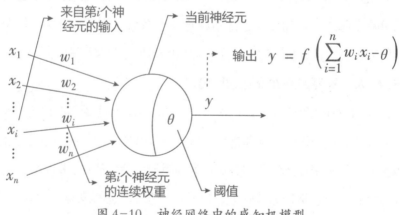

图 4-10　神经网络中的感知机模型

图中，$x_1, x_2, \cdots, x_n$ 是从其他神经元传入的输入信号，$w_1, w_2, \cdots, w_n$ 分别是传入信号的权重，即参数，是特征的缩放倍数，θ 表示一个阈值，或称为偏置（Bias）。神经元综合的输入信号和偏置相加或相减之后，产生当前神经元最终的处理信号 $net = \sum_{i=1}^{n} w_i x_i - \theta$，该信号作为上图中 $f(*)$ 函数的输入，即 $f(net)$，f 称为激活函数或激励函数（Activation Function）。激活函数的主要作用是加入非线性因素，解决线性模型的表达、分类能力不足的问题。

4.2.1.1 常见的激活函数

常见的激活函数有 Sigmoid 函数、tanh 函数、ReLU 函数。

（1）Sigmoid 函数

Sigmoid 函数的特点是将取值为（−∞，+∞）的数映射到（0,1）之间，如果是非常大的负数，输出就是 0，如果是非常大的正数，输出就是 1，这样使得数据在传递过程中不容易发散。

Sigmoid 函数的公式以及图形如图 4−11 所示：

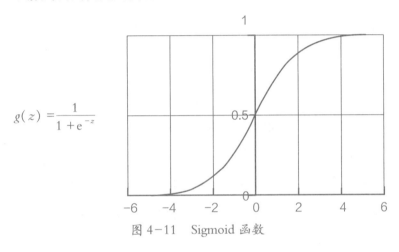

图 4−11　Sigmoid 函数

（2）tanh 函数

tanh 函数是 Sigmoid 函数的变形，该函数是将（−∞，∞）的数映射到（−1,1）之间，在实际应用中有比 Sigmoid 更好的效果。其公式与图形如图 4−12 所示：

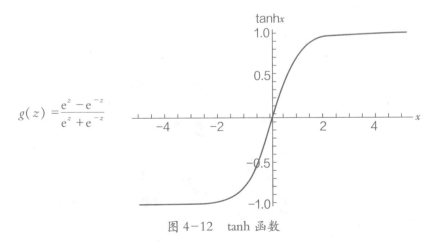

图 4−12　tanh 函数

（3）ReLU 函数

ReLU 称为修正线性单元（Rectified Linear Unit），是一种分段线性函数，也是近来比较流行的激活函数。当输入信号小于 0 时，输出为 0；当输入信号大于 0 时，输出等于输入，其弥补了 Sigmoid 函数以及 tanh 函数的梯度消失问题。

ReLU 函数的公式以及图形如图 4-13 所示：

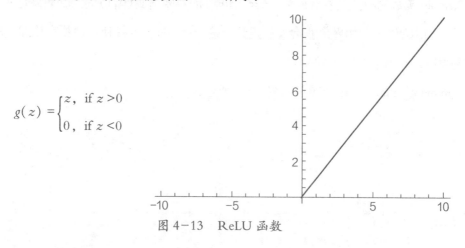

$$g(z) = \begin{cases} z, & \text{if } z > 0 \\ 0, & \text{if } z < 0 \end{cases}$$

图 4-13　ReLU 函数

ReLU 函数的优点：

①ReLU 函数是部分线性的，并且不会出现过饱和的现象，使用 ReLU 函数得到的随机梯度下降法（SGD）的收敛速度比 Sigmoid 函数和 tanh 函数都快。

②ReLU 函数只需要一个阈值就可以得到激活值，不需要像 Sigmoid 函数一样需要复杂的指数运算。

4.2.1.2 感知机模型实现分类

（1）分类模型

现在我们有一个简单的任务，需要将下面三角形和圆形进行分类，如图 4-14 所示：

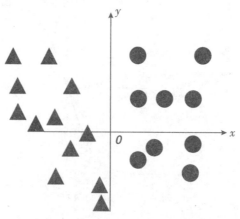

图 4-14　需要分类的图形散点分布情况

利用上面感知机模型训练可以得到一条直线，去线性分开这些数据点。

直线方程如下：

$$w_1 x_1 + w_2 x_2 + b = 0$$

求解出 w_1、w_2 和 b，我们就可以得到图 4-15 中类似的直线，去线性分割好两种不同类型的数据点。

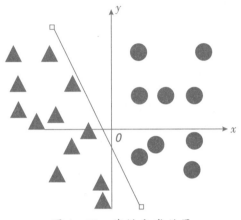

图 4-15　线性分类效果

那么这条边界找到了，这个边界是方程 $w_1 x_1 + w_2 x_2 + b = 0$，感知机模型则使用函数值 $w_1 x_1 + w_2 x_2 + b$ 作为激活函数 Sigmoid 的输入。激活函数将这个输入映射到 $(0,1)$ 的范围内，那么可以增加一个维度来表示激活函数的输出。

我们假设 $g(x) > 0.5$ 就为正类（这里指圆形），$g(x) < 0.5$ 就为负类（这里指三角形类）。得到的三维图如图 4-16 所示：第三维 z 可以看成是一种类别（例如圆形就是 +1、三角形就是 -1）！

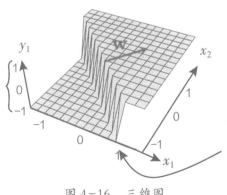

图 4-16　三维图

右边输出为 1 的部分就是说 $w_1x_1+w_2x_2+b>0$，导致激活函数输出 >0.5，从而分为正类（圆形类）；

左边输出为 -1 的部分就是说 $w_1x_1+w_2x_2+b<0$，导致激活函数输出 <0.5，从而分为负类（三角形类）。

（2）参数 w 权重的作用

w 参数是决定那个分割平面的方向所在，分割平面的投影就是直线：

$$w_1x_1+w_2x_2+b=0$$

简单解释如下：已知二元输入 x_1、x_2，需要求解系数 $w=[w_1,w_2]$，令方程 $w_1x_1+w_2x_2+b=0$，那么该直线的斜率就是 $-w_1/w_2$。随着 w_1、w_2 的变动，直线的方向也在改变，那么分割平面的方向也在改变。

（3）参数 b 偏置的作用

参数 b 决定竖直平面沿着垂直于直线方向移动的距离，当 $b>0$ 的时候，直线往左边移动，当 $b<0$ 的时候，直线往右边移动。

假设图像如图 4-17、图 4-18 所示：

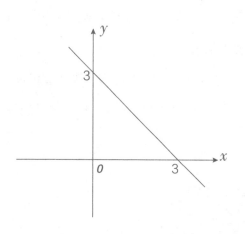

图 4-17　$b=-3$，直线
方程 $x_1+x_2-3=0$

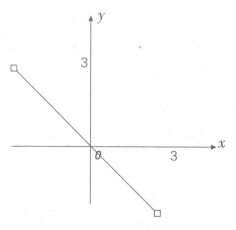

图 4-18　将 b 减小到 0，直线
方程 $x_1+x_2=0$

从上面图像中很容易得到结论：

当 $b>0$ 的时候，直线往左边移动；

当 $b<0$ 的时候，直线往右边移动；

当 $b = 0$ 时候，分割线都是经过原点的。

到这个时候，我想我们已经明白了，如果没有偏置的话，我们所有的分割线都是经过原点的，但是现实问题并不会那么如我们所愿都是能够是经过原点线性可分的。

4.2.2 深度神经网络

神经元可以看作一个计算与存储单元，计算是神经元对其输入进行计算，存储是神经元暂存计算结果，并传递到下一层，如图 4-19 所示。

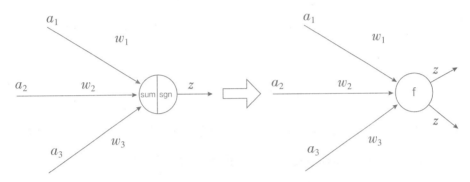

图 4-19　感知机模型计算及信号传递

三层神经网络结构，除包含一个输入层和一个输出层以外，还增加了一个中间隐藏层，此时，中间隐藏层和输出层都是计算层。如图 4-20 所示，$a_x^{(y)}$ 代表第 y 层的第 x 个节点，z_1、z_2 变成了 $a_1^{(2)}$、$a_2^{(2)}$。

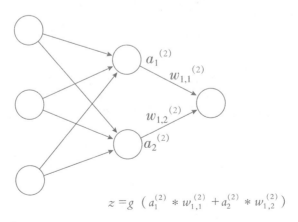

$$z = g \left(a_1^{(2)} * w_{1,1}^{(2)} + a_2^{(2)} * w_{1,2}^{(2)} \right)$$

图 4-20　隐藏层到输出层信号传递计算

延续简单神经网络的方式设计一个多层神经网络，即继续添加层次，结果如图4-21所示：

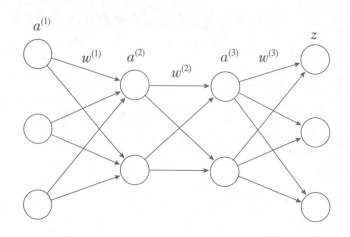

图4-21 多层神经网络

多层神经网络中，输出也是按照一层一层的方式来计算。从最外面的层开始，算出所有单元的值以后，再继续计算更深一层。只有当前层所有单元的值都计算完毕以后，才会算下一层。有点像计算不断向前推进的感觉，所以这个过程称为"前向传播"，如图4-22所示。

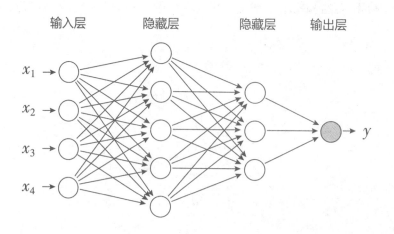

图4-22 神经网络前向传播

接下来讨论多层神经网络中的参数，如图 4-23 所示，每一层的神经元和下一层神经元的连接权重，分别使用向量 a 和矩阵 w 表示。

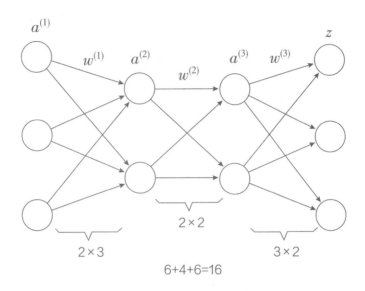

图 4-23 神经网络的节点与参数计算

其中，$a^{(1)}$，$a^{(2)}$，$w^{(3)}$ 分别表示向量和矩阵：

$$a^{(1)} = (a_1^{(1)}, a_2^{(1)}, a_3^{(1)})^T$$

$$a^{(2)} = (a_1^{(2)}, a_2^{(2)})^T$$

$$w^{(1)} = \begin{pmatrix} w_{11}, w_{12}, w_{13} \\ w_{21}, w_{22}, w_{23} \end{pmatrix}$$

$$a_1^{(1)} = f(w_{11} a_1^{(1)} + w_{13} a_3^{(1)} + b_1)$$

$$a_1^{(2)} = f(w_{21} a_1^{(1)} + w_{22} a_2^{(1)} + b_2)$$

可以看出 $w^{(1)}$ 中有 6 个参数，表示输输入层与隐藏层 6 条边的权重，$w^{(2)}$ 中有 4 个参数，$w^{(3)}$ 中有 6 个参数，所以整个神经网络中的参数有 16 个（这里不考虑偏置节点）。

假设将中间层的节点数做一下调整。第一个中间隐藏层改为 3 个单元，第二个中间隐藏层改为 4 个单元。经过调整以后，整个网络的参数变成了 33 个，如图 4-24 所示。

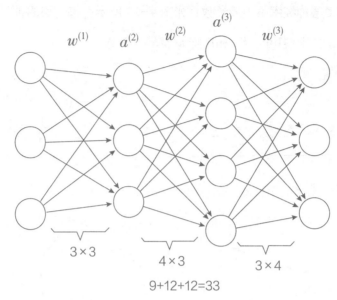

图 4-24　神经网络增加节点与参数量

　　虽然层数保持不变，但是图 4-24 神经网络的参数数量却是图 4-23 神经网络的两倍之多，从而带来了更好的表示（Representation）能力。表示能力是多层神经网络的一个重要性质。

　　在参数一致的情况下，也可以获得一个"更深"的网络。图 4-25 中，虽然参数数量仍然是 33，但却有 4 个中间层，是原来层数的接近两倍。这意味着一样的参数数量，可以用更深的层次去表达。

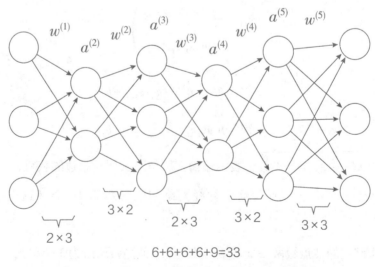

图 4-25　神经网络参数量不变增加网络层数

与简单神经网络不同，多层神经网络中的层数增加了很多。增加更多的层数有什么好处？那就是更深入的表示特征，以及更强的函数模拟能力。

更深入的表示特征可以这样理解，随着网络的层数增加，每一层对于前一层的抽象表示更深入。在神经网络中，每一层神经元学习到的是前一层神经元的更抽象的表示。

例如第一个隐藏层学习到的是"边缘"的特征，第二个隐藏层学习到的是由"边缘"组成的"形状"的特征，第三个隐藏层学习到的是由"形状"组成的"图案"的特征，最后的隐藏层学习到的是由"图案"组成的"目标"的特征。通过抽取更抽象的特征来对事物进行区分，从而获得更好的区分与分类能力。

4.2.3 反向传播算法

反向传播算法是深度学习的最重要的基础，本章不会详细介绍其原理和细节，但可以通过 4.3.1 节 TensorFlow 游乐场观察反向传播的效果。这里主要讨论反向传播算法中的一个小细节：为什么要"反向"？通过计算误差 E_1、E_2（误差表示数据真实的类别与神经网络预测的类别之差），反向更新权重 w，使得在下一轮前向传播预测结果更加接近真实值，如图 4-26 所示。

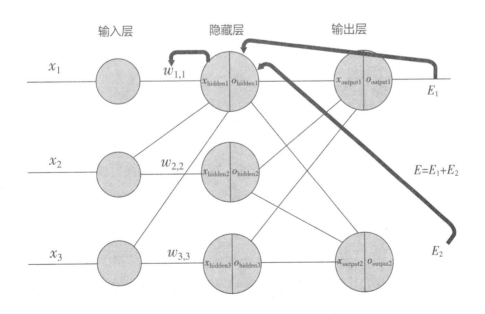

图 4-26　神经网络反向传播

在机器学习中，很多算法最后都会转化为求一个目标损失函数（Loss Function）的最小值。这个损失函数往往很复杂，难以求出最值的解析表达式，而梯度下降法正是为了解决这类问题，如图 4-27 所示。

图 4-27　梯度下降法下山

直观地说一下这个方法的思想：把求解损失函数最小值的过程看成"站在山坡某处去寻找山坡的最低点"。我们并不知道最低点的确切位置，"梯度下降"的策略是每次向"下坡路"的方向走一小步，经过长时间地走"下坡路"，最后停留的位置也大概率在最低点附近。我们选这个"下坡路的方向"为梯度方向的负方向，因为每个点的梯度负方向是在该点处函数下坡最陡的方向，如图 4-28 所示。

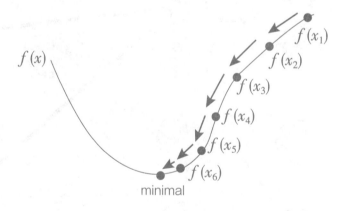

图 4-28　梯度下降法

在神经网络模型中，反向传播算法的作用就是求出这个梯度值，从而后续用梯度下降去更新模型参数。反向传播算法从模型的输出层开始，利用函数求导的链式法则，逐层从后向前求出模型梯度，沿着梯度下降方向更新权重。

4.3 小试牛刀

4.3.1 TensorFlow 游乐场

TensorFlow 是 Google 推出的深度学习开源框架，并且发布了 TensorFlow 游乐场。而有了 TensorFlow 游乐场，我们在浏览器中就可以训练自己的神经网络，还有酷酷的图像让我们更直观地了解神经网络的主要功能以及计算流程。

TensorFlow 游乐场（http://playground.tensorflow.org）是一个通过网页浏览器就可以训练简单神经网络并实现可视化训练过程的工具。一打开网站，就可以看见上面的标语，如图 4-29 所示：

图 4-29　TensorFlow 游乐场标语

下面我们通过图 4-30 了解 TensorFlow 游乐场基本功能。

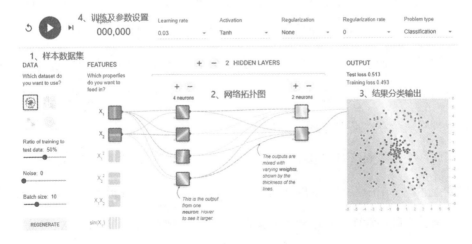

图 4-30　TensorFlow 默认设置

4.3.1.1　数据集

从图 4-30 中我们可以看到，TensorFlow 游乐场可以从四个部分来理解，分别为样本数据集、网络拓扑图、结果分类输出和训练及参数设置。

TensorFlow 游乐场的左侧提供了 4 个不同的数据集（如图 4-31 所示）来测试神经网络。每组数据，都是不同形态分布的一群点，分别为圆形（Circle）、异或（XOR）、高斯分布（Gaussian）、螺旋形（Spiral）。每一个点都自带 2 个特征：X_1 和 X_2，表示点的坐标位置。而数据中的点有 2 类：橙色和蓝色。神经网络的目标，就是通过训练，知道哪些位置的点是橙色，哪些位置的点是蓝色。

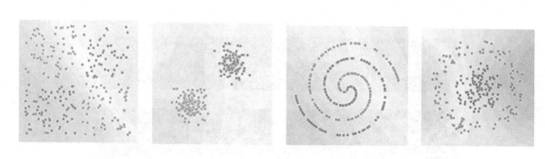

图 4-31　数据集

4.3.1.2　OUTPUT

被选中的数据也会显示在图 4-30 中最右边的"OUTPUT"栏下。在这个数据中，可以看到一个二维平面上有蓝色或者橙色的点，每一个小点代表了一个样例，而点的颜色代表了样例的标签。因为点的颜色只有两种，所以这是一个二分类的问题。

在这里举一个例子来说明这个数据可以代表的实际问题。假设需要判断某工厂生产的零件是否合格，那么蓝色的点可以表示所有合格的零件而橙色的点表示不合格的零件，这样判断一个零件是否合格就变成了区分点的颜色。

为了将一个实际问题对应到平面上不同颜色点的划分，还需要将实际问题中的实体，例如上述例子中的零件，变成平面上的一个点，这就是特征提取解决的问题。还是以零件为例，可以用零件的长度和质量来大致描述一个零件，可以认为 X_1 代表一个零件的长度，而 X_2 代表该零件的质量，如图 4-32 和图 4-33 所示。

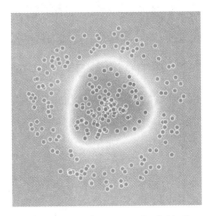

图 4-32　样本与特征提取　　　　　图 4-33　神经网络分类结果

备注：在 TensorFlow 游乐场中，y 轴左侧为黄色，右侧为蓝色。

这样，一个物理意义上的零件就可以被转化成长度和质量这两个数字。在机器学习中，所有用于描述实体的数字的组合就是一个实体的特征向量（Feature Vector）。通过特征提取，就可以将实际问题中的实体转化为空间中的点。假设使用长度和质量作为一个零件的特征向量，那么每个零件就是二维平面上的一个点，TensorFlow 游乐场中 FEATURES 一栏对应了特征向量。

除此之外，由这两个特征还可以衍生出许多其他特征，如图 4-34 所示：

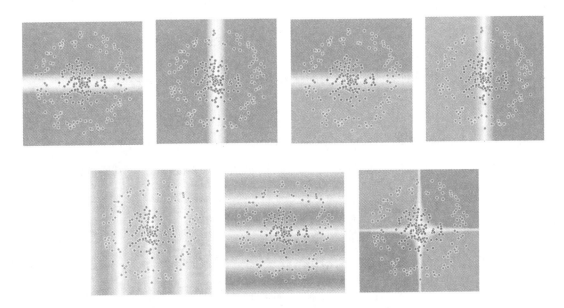

图 4-34　TensorFlow 游乐场 7 种数据特征

4.3.1.3　神经网络结构

如图 4-35 所示，TensorFlow 默认设置了两个隐藏层，每个隐藏层节点数分别为 4
和 2。在 TensorFlow 游乐场中可以通过点击 " + " 或 " - " 来增加或减少神经网络隐
藏层的数量，也可以增加或删除每一层节点数，效果如图 4-36 所示。

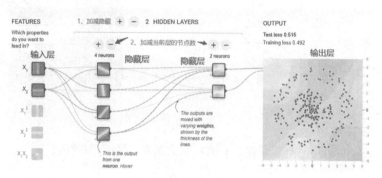

图 4-35　TensorFlow 网络拓扑图

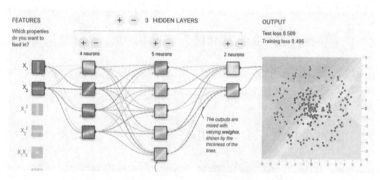

图 4-36　TensorFlow 深度神经网络结构图

OUTPUT 为神经网络训练后分类的结果，在启动训练之前，好坏零件都堆积一起，
没有正确划分。

4.3.1.4　模型训练

如图 4-37 所示，白色三角形图标即为启动神经网络训练的按钮，点击可启动和暂停。

图 4-37　TensorFlow 游乐场启动按钮

其中，Epoch 含义：1 个 Epoch 等于使用训练集中的全部样本训练一次，即完成一次 Forword 运算以及一次 BP 运算。在神经网络训练过程中，往往需要进行多轮训练才能达到分类效果。

学习率、激活函数、分类和回归的设置分别如图 4-38、图 4-39、图 4-40 所示。

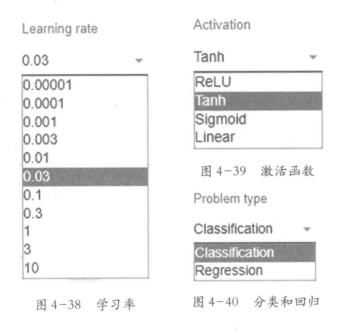

图 4-38　学习率　　　图 4-40　分类和回归

图 4-39　激活函数

Learning rate：神经网络的学习率。控制一个移动步长，学习率设置太低，训练会进展得很慢，学习率设置太高，会出现剧烈波动，带来不理想的后果，如图 4-41 所示。

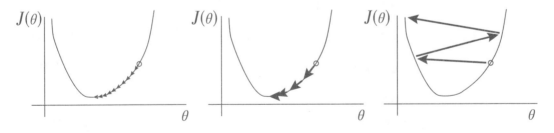

图 4-41　不同学习率设置的后果

Activation：激活函数，上文 4.2.1 节已经解释，这里增加线性激活函数（Linear 函数）。

Problem type：分类和回归。

4.3.2 神经网络的训练和预测

本次训练，直接使用 TensorFlow 游乐场默认的设置。当所有配置都选好之后，可以通过左上角的开始按钮来训练神经网络，训练过程中可暂停。迭代训练 47 轮

（Epoch）之后，分类效果还不是很好，但是运行到 57 轮，观察发现，基本能够把两类数据正确划分，如图 4-42 所示。

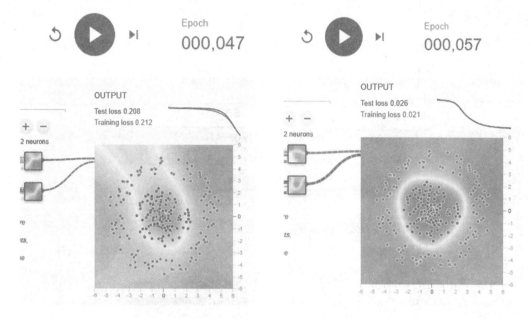

图 4-42　TensorFlow 第 47 轮和 57 轮训练效果对比

　　继续解读 TensorFlow 游乐场的训练结果。在图 4-43 中，一个小格子代表神经网络中的一个节点，而边代表节点之间的连接。每一个节点和边都被涂上了或深或浅的颜色，但边上的颜色和格子中的颜色含义有略微的区别。每一条边代表神经网络中的一个参数（权重），它可以是任意实数，如图 4-44 所示。

　　神经网络就是通过对参数的合理设置来解决分类或者回归问题的。边上的颜色体现了这个参数的取值，当边的颜色越深时，这个参数取值的绝对值越大；当边的颜色接近白色时，这个参数的取值接近于 0。

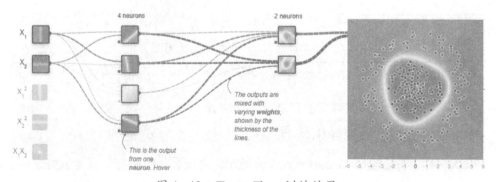

图 4-43　TensorFlow 训练结果

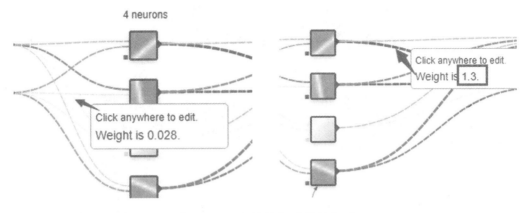

图 4-44　编辑神经网络的权重

在 TensorFlow 游乐场网站上，边的颜色有黄色和蓝色的区别，黄色越深表示负得越大，蓝色越深表示正得越大。

抽象而言，深度学习分类器其实是在试图画一条或多条线。如果我们能够 100% 正确地区分蓝色和橙色的点，蓝色的点会在线的一边，橙色的点会在另一边。

 ## 本章小结

神经网络最大的魔力，在于根本不需要想出各种各样的特征以输入机器学习系统，这样的特征提取，其实往往是机器学习应用中最难的部分。好在有神经网络，它能够帮我们完成大部分的任务，我们只需要输入最基本的特征 X_1、X_2，只要给予足够多层的神经网络和神经元，神经网络会自己组合出最有用的特征。

综上所述，使用神经网络解决分类问题主要可以分为以下 4 个步骤。

（1）提取问题中实体的特征向量作为神经网络的输入，不同的实体可以提取不同的特征向量。假设本章示例中作为神经网络输入的特征向量可以直接从数据集中获取。

（2）定义神经网络的结构，并定义如何从神经网络的输入得到输出。这个过程就是神经网络的前向传播算法。

（3）通过训练数据来调整神经网络中参数的取值，这就是训练神经网络的过程。

（4）使用训练好的神经网络来预测未知的数据。

训练神经网络模型就是设置神经网络参数的过程，而只有经过有效训练的神经网络模型才可以真正解决分类或者回归问题。

在神经网络优化算法中，最常用的方法是反向传播算法。图4-45为神经网络训练流程图，其中，反向传播算法实现了一个迭代的过程。

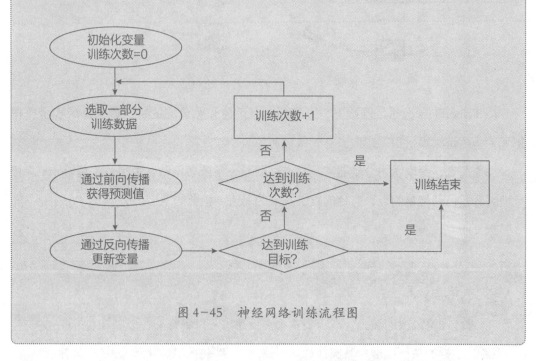

图4-45　神经网络训练流程图

（1）在TensorFlow游乐场中分别选择异或、高斯分布和螺旋形数据，来试试这个神经网络的表现。

（2）TensorFlow提供了7种数据特征，可供选择作为输入层，如果将所有能够想到的7个特征都输入系统，结合简单的三层神经网络结构，观察是否可以完美地分离出橙色点和蓝色点。

（3）采用较少的特征，但增加网络层数和网络节点数，观察是否可以完美地分离出橙色点和蓝色点。

第 5 章

智能
语音

学习目标

　　通过本章的学习，了解智能语音的发展历程；熟悉智能语音在现实生活中的应用；理解智能语音技术工作原理及其使用的算法；能够使用计算机编程语言或工具实现简单的智能语音功能。

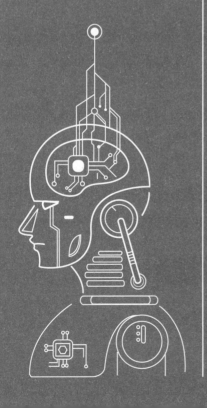

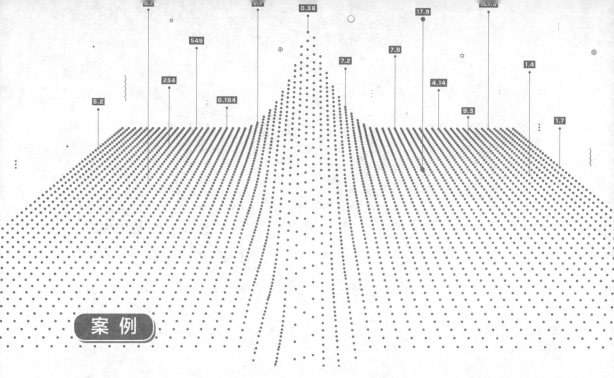

案例

　　《创新中国》是由中央电视台联合深圳市委宣传部于 2018 年 1 月 22 日推出的一部纪录片，该片主要讲述了最新科技成就和创新精神，用鲜活的故事记录中国伟大的创新实践。这部聚焦前沿科学突破与科技热点，以鲜活故事记录当下中国创新实践的纪录片，还以一种特殊的方式联结科技与人文：利用智能语音和人工智能技术，让已逝的著名配音艺术家李易老师的声音重现荧幕，完成了整部纪录片的配音。这也是全球第一部全篇采用人工智能配音的纪录片。

　　语音，是人类呱呱坠地后最早使用的沟通方式，也是现代人际交流最基本的方式，更是未来人机交互最重要的方式。人工智能跌宕起伏发展 60 多年，智能语音是发展到今天最为成熟、最为重要的板块之一。

　　语音，开启万物互联时代的大门。在互联网发展的下半场，我们将进入万物互联的新时代。随着越来越多的设备在无屏、移动、远程状态下被使用，作为人类最自然、最便捷的沟通方式，语音将会成为所有设备至关重要的入口。未来，我们将迎来以语音交互为主、键盘触摸为辅的全新的人机交互时代，人和机器之间的沟通，可能完全是基于自然语言的，你不需要去学习如何使用机器，只要对机器说出你的需求即可。

　　例如在导航软件中，你能听到各种明星的合成声音，可以用他们的声音为你指路；在电视上，你能看到虚拟主播播报的多语种新闻，不仅相似度高，而且 24 小时无休；在居家生活中，你能通过语音控制音乐、灯光、温度，实现智慧家居；甚至在医院里、社区里，你能用语音调动机器人帮你办理事项，节省时间……人工智能已经在为我们的日常生活服务，智能生活的大门正缓缓打开。语音，让时代更具人性温度。

　　智能语音是通向万物互联时代的必经之路，它的存在让交互方式拥有无限的可能，也让这个时代更具人性的温度。

5.1 智能语音技术原理

广义上来讲，智能语音技术有各种各样的定义，图 5-1 中是常见的一些热门的场景。本章重点介绍语音识别技术（ASR）。

图 5-1　智能语音技术广义内涵

5.1.1 智能语音的基本概念

我们平时接触到的与语音相关的应用，不管展现形式是什么，其核心是自动语音识别（Automatic Speech Recognition，ASR），很多时候再加上和其他技术的整合应用。由于声音文件无法直接处理，因此通过 ASR 将声音转成文字之后再处理，例如语音输入法、自动语音应答、语音搜索。

自动语音识别是指让机器识别人说出的话，即将语音转换成相应的文本内容，然后根据内容信息执行人的某种意图。自动语音识别又称自动言语识别，这项任务涉及将输入声学信号与存储在计算机内存的词表（语音、音节、词等）相匹配，而匹配个别语词的标准技术则要用输入信号与预存的波形（或波形特征/参数）相比较（模型匹配）。计算机需要一段训练期，其间它接受一个或多个说话人提供的一批口语例词，将其平均后得出典型的波形。同时，还需要考虑输入时的可变语速，大多采用动态时间调整技术，将输入信号的音段与模板中的音段匹配起来。ASR 更富挑战性的目标是处理连续言语（即连续语音识别），这种处理需要向计算机提供语音和音素切分的典型模式的信息，以及形态和句法信息。

语音识别是电子工程专业的一个分支学科，它与语言语音学、生理学、心理学、计算机科学和人工智能等学科存在千丝万缕的联系。俄罗斯学者将自动语音识别归属于言语控制论的研究范围，并且指出无限制的连续言语识别问题是语音识别研究中最困难的任务。毋庸置疑，利用先进计算技术、信号处理技术和声学技术而研制的语音识别系统能够满足众多领域的现实需要。

近年来，语音识别技术在交通运输、航空航天、公共安全、国防安全等诸多领域，尤其是在计算机、信息处理、通信与电子系统、自动控制等领域有着广泛的应用。随着相关技术的不断进步和应用需求的拓展，语音识别研究已扩展至多语种，并且识别的准确率也在不断提升。例如现在利用智能手机的语音助手不仅可以通话、发信息，还能够查询各类生活信息，甚至可以进行语音聊天等。

语音识别根据不同的方式有不同的分类方法：

①根据词汇量的大小，可分为小、中和大词汇量。小词汇量定义为 100 个词以下，中词汇量定义为 100～500 个词，大词汇量定义为 500 个词以上。词汇量越大，语音识别的难度越大。

②根据发音的方式，可分为孤立词、连接词和连续语音识别。孤立词识别不考虑上下文之间的关系，只识别孤立的词。连续语音识别要考虑上下文之间的相互影响，识别的对象是连续的、没有间断的语音流。连接词识别介于孤立词识别和连续语音识别之间，音与音之间有一定的停顿。

③根据说话人的不同，可分为非特定人识别和特定人识别。非特定人识别强调只识别其发音，不确定某个人；而特定人识别指仅识别某个特定的人，有确定的意图。

语音识别的实现难度最小的是特定人、小词汇量、孤立词的识别，而非特定人、大词汇量、连续语音识别的实现难度最大。

5.1.2　智能语音的发展历程

语音识别技术的研究起始于 20 世纪 50 年代，由于受到当时计算能力的限制，直到

20 世纪 70 年代才出现了一些实验性研究成果。自 21 世纪以来，语音识别技术取得了许多突破，并得到了广泛的应用。当前，尽管语音识别技术相对成熟，但在大规模语音语料的实时采集与精准标注、特定语种的音素集设计与优化、语音识别的健壮性增强等方面依然面临诸多难题。尤其是在多语言网络环境下，语音识别的多语种拓展成为亟待研究的时代课题。

1952 年，美国贝尔实验室的 Davis 等人率先研制出了一个针对特定人的独立数字识别系统，该系统能够成功识别 10 个英语数字。1956 年，Olson 和 Belar 开发出的系统能够识别 10 个不同音节。1959 年，Fry 和 Denes 开发的识别系统能够识别 9 个辅音和 4 个元音，他们利用模板匹配技术和谱分析技术进一步改善了音素的识别精度。同期，在美国麻省理工学院林肯实验室设计的 Forgie and Forgie 元音识别系统利用带通滤波器能够针对非特定人识别 10 个元音。

20 世纪 60 年代初，Faut 和 Stevens 等人对语音生成的理论方法进行了探索性研究。1962 年，东京大学的 Doshita 和 Sakai 通过分析语音的过零率识别不同的音素，设计开发了一种硬件实现的音素识别系统，同期，他们推出了对近 30 年来的语音识别技术产生了巨大影响的三个研究项目。RCA 实验室的研究人员 Martin 提出了基于语音信号端点检测的时间归一化方法和能够解决语音信号非匀速问题的实用方法；Reddy 在连续语音识别领域进行的开创性研究在连续语音识别系统领域至今仍处于领先地位。

20 世纪 70 年代，语音识别研究领域又取得了一系列重大突破，孤立词的识别已经成为可能。模板匹配思想和动态规划方法在语音识别中得到了应用，Itakura 将低比特率条件下的语音编码的 LPC 技术应用扩展到了语音识别领域，AT&T 贝尔实验室开展了针对非特定人语音识别的实验，生成非特定人模型的技术得到了普遍认同与广泛应用。

20 世纪 80 年代的标志性成果是统计建模方法，研究重点由模板匹配方法逐步向统计建模方法转变，特别是 HMM 被广泛应用到语音识别研究中。20 世纪 80 年代中期，HMM 模型被世界各国的语音识别研究者所熟悉和采纳，神经网络也成为一个新的研究方向，该时期对神经网络技术的优点和局限性以及该技术与经典的信号分类方法之间的关系有了深刻的理解，由此促进了神经网络技术在语音识别领域的应用。20 世纪 80 年代后期，人们开始研制大词汇量连续语音识别系统，主要研究成果多得益于美国 DAPRA 的支持，研究机构主要有 CMU、林肯实验室、SRI、MIT 和 AT&T 贝尔实验室。

进入 20 世纪 90 年代，语音识别研究的成果开始走出实验室，并且达到了商用目的。这一时期的研究热点包括鲁棒的语音识别、基于语音段的建模方法、声学语音学统计模型、隐马尔科夫模型与人工神经网络的结合等，而研究重点集中在听觉模型、讲者自适应、快速搜索识别算法及语言模型。同期，最大似然线性回归（MLLR）、最大后验概率准则估计（MAP）、以决策树状态聚类等算法被提出和应用，进一步提升了系统的性能，由此催生了一批商用语音识别系统，例如 Dragon System 公司的 Naturally Speaking、IBM 公司的 ViaVoice、微软公司的 Whisper、Nuance 公司的 Nuance Voice Platform 语音平台、Sun 公司的 VoiceTone 等。在美国 DARPA 和 NIST 研究计划的推动下，更多新的语音识别任务被不断尝试并取得了更优的识别性能，当前国外的相关应用系统以苹果公司推出的 Siri 为龙头。

21 世纪以来，语音识别在技术突破和应用研究两方面不断深入。在置信度和句子确认方面提出了针对口语的健壮性语音识别，这些技术对处理复杂的病句非常有效。利用区分性训练技术训练声学模型也取得了显著的效果。在实际应用方面，语音搜索、综合音频和视频的多模态语音识别技术受到广泛关注。

随着计算机技术和信号处理技术的快速发展，健壮性语音识别已达到真正意义上的应用，能够实现自由的人机交互。当前，作为人机交互接口的关键技术，自动语音识别已成为信息技术领域最为关注的技术之一，并逐渐形成一个颇具竞争性的新兴高技术产业，自动语音识别系统的实用化水平将成为未来的研究重点。

在最近的时代发展中，每十年左右，人与技术的互动方式就会有一个根本性的转变。数十亿美元的财富会"恭候"那些定义了新的时代范式的公司，而落伍者将破产倒闭。在计算机的大型机时代，IBM 是主宰者；微软公司是桌面时代的王者；谷歌公司靠搜索引领了互联网时代；苹果公司和 Facebook 公司则在移动互联网时代一飞冲天。

最近的一次范式转移正在进行，最新的平台之战已经打响，最新的技术颠覆正在发生，无论是其规模还是重要性，都可能是世人前所未见的。我们正在迈入智能语音时代。

语音正在变成影响现实的通用遥控器，成为几乎能控制任何一种技术装置的手段。语音能够让我们指挥各种数字产品助理——"行政助理""门房""主妇""管家""顾问""保姆""图书管理员""演艺人员"等。语音打破了世界上一些最有价值的公司的商业模式，为新的应用创造了机会。语音把对人工智能的控制权交给了用户。很久之前科幻作品就预言过这样的关系模式，在这样的关系模式中，拟人化的人工智能成为我们的"助手""看门人""预言者""朋友"。

智能语音时代的到来是人类历史的转折，因为运用语音是人类这个物种的特质——这一能力把我们和其他物种区分开来。人类的内部意识的中心不在肺部的空气里，也不在血管的血液中，而是在大脑的语言区里。语言调整着我们的关系，它能塑造思想、表达感受、沟通需求；它能发起变革、挽救生命、激起爱恨情仇；它把我们所知道的一切记录下来。

5.1.3　智能语音的应用场景

智能语音技术是最早落地的人工智能技术，也是市场上众多人工智能产品中应用最为广泛的。

伴随着人工智能的快速发展，中国在智能语音技术的专利数量持续增长，利用庞大的用户群基础以及互联网系统明显优势，国内智能语音公司已经占据一席之地。智能语音应用的场景非常丰富，并已经成熟地应用在众多领域中，其中发展前景最大的应用场景为以下六大场景：

①智能家居：智能家居是以住宅为平台，利用综合布线技术、网络通信技术、安全防范技术、自动控制技术、音视频技术将与家居生活有关的设施集成，构建高效的住宅设施与家庭日程事务的管理系统，提升家居安全性、便利性、舒适性、艺术性，并实现环保节能的居住环境。

②智能车载：智能车载系统让汽车变得更智能，可以实时更新地图，通过语音识别技术方便导航，以及实现娱乐功能；实现手机远程控制，让手机和汽车之间无缝对接。

③智能客服：智能客服是在大规模知识处理基础上发展起来的一项面向行业的应用，它具有行业通用性，不仅为企业提供了细粒度知识管理技术，还为企业与海量用户之间的沟通建立了一种基于自然语言的快捷有效的技术手段，同时能够为企业提供精细化管理所需的统计分析信息。

④智能金融：智能金融即人工智能与金融的全面融合，以人工智能、大数据、云计算、区块链等高新科技为核心要素，全面赋能金融机构，提升金融机构的服务效率，拓展金融服务的广度和深度，使得全社会都能获得平等、高效、专业的金融服务，实现金融服务的智能化、个性化、定制化。

⑤智能教育：智能教育是指国家实施《新一代人工智能发展规划》《中国教育现代化2035》《高等学校人工智能创新行动计划》等人工智能多层次教育体系的人工智能教育。

⑥智能医疗：智能医疗是通过打造健康档案区域医疗信息平台，利用最先进的物联网技术，实现患者与医务人员、医疗机构、医疗设备之间的互动，逐步达到信息化。

随着人工智能产业的持续火热和大量资本的进入，国际智能语音市场上诞生了一批明星公司。据统计数据显示，2017年全球智能语音市场规模达到110.3亿美元，同比增长30%。随着移动互联网、智能家居、汽车、医疗、教育等领域的应用带动智能语音产业规模持续快速增长，据相关数据显示，2018年中国智能语音市场规模突破100亿元。中国智能语音市场的飞速发展除了国家政策的大力支持外，还有智能家居带动、更多品牌加入及智能本身的交互便利性。

语音交互能够创造全新的"伴随式"场景。相比其他图像、双手操控，语音入口确实有种种超越的优势，空间越复杂，越能发挥优势。某种程度上，它能解放我们的双手，解放我们的眼睛，当然也能解放我们的双脚，特别适合在某些双手不方便的场景中使用。从计算机时代的鼠标＋键盘，到互联网时代的触屏技术，再到人工智能时代的语音交互技术，每一次科技的进步都给我们的生活和工作带来了便利。未来，随着智能语音技术的逐渐成熟，其应用前景将会更加广泛，也会给我们带来更多的惊喜。

5.2　预备知识

5.2.1　语音识别的工作原理

语音是一个连续的音频流，它是由大部分的稳定态和部分动态改变的状态混合而成的。

一个单词的发声（波形）实际上取决于很多因素，而不仅是音素，例如上下文、说话者、语音风格等。

协同发音（指的是一个音受前后相邻音的影响而发生变化，从发生机理上看是人的发生器官在一个音转向另一个音时其特性只能渐变，从而使得后一个音的频谱与其他条件下的频谱产生差异）的存在使得音素的感知与标准不一样，所以我们需要根据上下文来辨别音素。将一个音素划分为几个亚音素单元。例如：数字"three"，音素的第一部分与在它之前的音素存在关联，中间部分是稳定的部分，而最后一部分则与下一个音素存在关联，这就是为什么在用 HMM 模型做语音识别时，选择音素的三状态 HMM 模型（上下文相关建模方法在建模时考虑了这一影响，从而使模型能更准确地描述语音，只考虑前一音的影响称为 Bi-Phone，考虑前一音和后一音的影响称为 Tri-Phone）。

音素（Phones）构成亚单词单元，也就是音节（Syllables）。音节是一个比较稳定的实体，因为当语音变得比较快的时候，音素往往发生改变，但是音节不变。音节与节奏语调的轮廓有关。音节经常在词汇语音识别中使用。

亚单词单元（音节）构成单词。单词在语音识别中很重要，因为单词约束了音素的组合。假如共有 40 个音素，然后每个单词平均有 7 个音素，那么就会存在 40^7 个单词，但幸运的是就算一个受过优等教育的人也很少使用过 20000 个单词，这就使识别变得可行。

单词和一些非语言学声音构成了话语（Utterances），我们把非语言学声音称为填充物（Fillers），例如呼吸、um、uh、咳嗽等，它们在音频中是以停顿做分离的，所以它们更多只是语义上面的概念，不算是一个句子。

语音识别的一般方法是：录制语音波形，再把波形通过静音（Sliences）分割为多个 Utterances，然后识别每个 Utterances 所表达的意思。为了达到这个目的，我们需要用单词的所有可能组合去匹配这段音频，然后选择匹配度最高的。

语言学字典（Phonetic Dictionary）：字典包含从单词（Words）到音素（Phones）之间的映射。字典并不是描述单词到音素之间的映射的唯一方法。可以通过运用机器学习算法去学习一些复杂的函数完成映射功能。

语言模型（Language Model）：语言模型是用来约束单词搜索的。它定义了那哪些词能跟在上一个已经识别的词后面，这样就可以为匹配过程排除一些不可能的单词。大部分语言模型都使用 N-Gram 模型，它包含单词序列的统计。另外，还有有限状态模型，它通过有限状态机来定义语音序列。

特征、模型和搜索算法三部分构成了一个语音识别系统，如图 5-2 所示。如果你需要识别不同的语言，那么就需要修改这三部分。很多语言，都已经存在声学模型、字典甚至大词汇量语言模型可供下载。

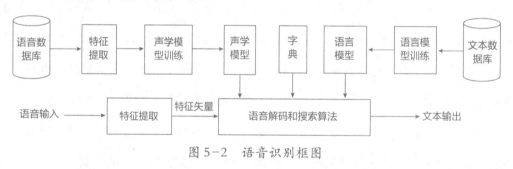

图 5-2　语音识别框图

语音识别系统的模型通常由声学模型和语言模型两部分组成，分别对应于语音到音节概率的计算和音节到字概率的计算。

5.2.2 语音识别系统的实现

一个连续语音识别系统大致可分为四个部分：特征提取、声学模型训练、语言模型训练和解码器。

5.2.2.1 预处理模块

对输入的原始语音信号进行处理，滤除掉其中不重要的信息以及背景噪声，并进行语音信号的端点检测（找出语音信号的始末）、语音分帧（近似认为在 10～30ms 内，语音信号是短时平稳的，将语音信号分割为一段一段进行分析）以及预加重（提升高频部分）等处理。

5.2.2.2　特征提取

提取特征的方法很多，大多是由频谱衍生出来。Mel 频率倒谱系数（MFCC）参数因其良好的抗噪性和健壮性而被广泛应用。MFCC 的计算首先用 FFT 将时域小信号转化为频域，之后对其对数能量谱依照 Mel 刻度分布的三角滤波器组进行卷积，最后对各个滤波器的输出构成的向量进行离散余弦变换（DCT），取前 N 个系数。在 Sphinx 中，用帧（Frames）去分割语音波形，每帧大概 10ms，然后每帧提取可以代表该帧语音的 39 个数字，这 39 个数字也是该帧语音的 MFCC 特征，用特征向量来表示。

5.2.2.3　声学模型训练

根据训练语音库的特征参数训练出声学模型参数。在识别时可以将待识别的语音的特征参数同声学模型进行匹配，得到识别结果。

目前的主流语音识别系统多采用隐马尔科夫模型（HMM）进行声学模型建模。声学模型的建模单元，可以是音素、音节、词等各个层次。对于小词汇量的语音识别系统，可以直接采用音节进行建模；而对于词汇量偏大的识别系统，一般选取音素，即声母、韵母进行建模。识别规模越大，识别单元选取的越小。

HMM 是对语音信号的时间序列结构建立统计模型，将其看作一个数学上的双重随机过程：一个使用具有有限状态数的马尔科夫链来模拟语音信号统计特性变化的隐含（马尔科夫模型的内部状态外界不可变）的随机过程，另一个使用与马尔科夫链的每一个状态相关联的外界可见的观测序列（通常就是从各个帧计算而得的声学特征）的随机过程。

人的言语过程实际上就是一个双重随机过程，语音信号本身是一个可观测的时变序列，是由大脑根据语法知识和言语需要（不可观测的状态）发出的音素的参数流（发出的声音）。HMM 合理地模仿了这一过程，是较为理想的一种语音模型。用 HMM 刻画语音信号需做出两个假设，一是内部状态的转移只与上一状态有关，二是输出值只与当前状态（或当前的状态转移）有关，这两个假设大大降低了模型的复杂度。

语音识别中使用 HMM 通常是用从左向右单向、带自环、带跨越的拓扑结构来对识别基元建模，一个音素就是一个三至五状态的 HMM，一个词就是构成词的多个音素的 HMM 串行起来构成的 HMM，连续语音识别的整个模型就是词和静音组合起来的 HMM。

5.2.2.4 语言模型训练

语言模型是用来计算一个句子出现概率的概率模型。它主要用于决定哪个词序列的可能性更大，或者在出现几个词的情况下预测下一个即将出现的词语的内容。换言之，语言模型是用来约束单词搜索的。它定义了哪些词能跟在上一个已经识别的词的后面（匹配是一个顺序的处理过程），这样就可以为匹配过程排除一些不可能的单词。

语言模型能够有效地结合汉语语法和语义的知识，描述词之间的内在关系，从而提高识别率，缩小搜索范围。语言模型分为三个层次：字典知识、语法知识、句法知识。

对训练文本数据库进行语法、语义分析，经过基于统计模型训练而得到语言模型。语言建模方法主要有基于规则和基于统计模型两种方法。统计语言模型是用概率统计的方法来揭示语言单位内在的统计规律，其中 N-Gram 模型简单有效。

N-Gram 模型基于这样一种假设，第 N 个词的出现只与前面 N−1 个词相关，而与其他任何词都不相关，整句的概率就是各个词出现概率的乘积。这些概率可以直接从语料中统计 N 个词同时出现的次数得到。常用的是二元的 Bi-Gram 和三元的 Tri-Gram。

5.2.2.5 语音解码和搜索算法

解码器：指语音识别技术中的识别过程。针对输入的语音信号，根据已经训练好的 HMM 声学模型、语言模型及字典建立一个识别网络，根据搜索算法在该网络中寻找一条最佳的路径，这个路径就是能够以最大概率输出该语音信号的词串，这样就能确定这个语音样本所包含的文字了。所以，解码操作即搜索算法，指在解码段通过搜索技术寻找最优词串的方法。

"帮我打开微信"如果以音节（对汉语来说就是一个字的发音）为语音基元的话，那么电脑就是一个字一个字地学习，例如"帮"字，也就是电脑接收一个"帮"字的语音波形，分割为很多帧，用 MFCC 提取特征，得到了一系列的系数，大概是四五十个，Sphinx 中是 39 个数字，组成了特征向量。不同的语音帧就有不同的 39 个数字的组合，用混合高斯分布来表示 39 个数字的分布，混合高斯分布存在两个参数——均值和方差，那么实际上每一帧的语音就对应着一组均值和方差的参数。这样"帮"字的语音波形中的一帧就对应了一组均值和方差（HMM 模型中的观察序列），那么我们只需要确定"帮"字（HMM 模型中的隐含序列）也对应于这一组均值和方差就可以了。声学模型用 HMM 来建模，也就是对于每一个建模的语音单元，我们需要找到一组 HMM 模型参数。

这样，一个字的声学模型就建立了。那对于同音字呢？则就需要语言模型了，语言模型 N-Gram 判断哪个出现概率最大，增加识别的准确率。

5.3　小试牛刀

5.3.1　讯飞输入法

①在应用商店下载并安装讯飞输入法，如图 5-3 所示；

②手机上打开便签应用或其他支持文本输入的应用；

③按照图 5-4 所示，单击麦克风图标，开始语音输入，还支持方言；

④观察语音转文字的准确率如何。

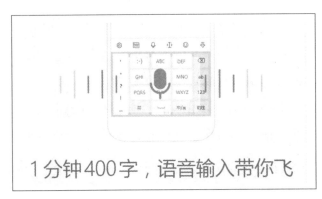

图 5-3　讯飞输入法宣传图　　　　　图 5-4　讯飞输入法界面

5.3.2 编写 Python 程序实现语音识别和语音合成

执行步骤：

① 下载 speech 语言包，利用 pip install speech 来简易安装，截图如图 5-5 所示：

图 5-5 下载并安装 speech 语言包截图

② 打开 Jupyter Notebook 编辑器，编写如图 5-6 所示代码段；

③ 运行程序，计算机可接收你的语音，并将语音转换后的文字阅读出来。

```
import speech

while True:
    say = speech.input()  # 接收语音
    speech.say("you said:"+say)  #说话

    if say == "你好":
        speech.say("How are you?")
    elif say == "天气":
        speech.say("今天阳光明媚!")
```

图 5-6 运算结果截图

本章小结

本章介绍了智能语音技术的概念、发展历程、技术原理，大家应该对智能语音有了一定的了解。但当前，语音识别技术发展迅速，衡量语音识别系统优劣的最直观标准就是识别率，而决定识别率的因素有很多，例如声学模型、语言模型、发音词典、声学模型训练语料的规模、语言模型训练语料的规模及纯净度、字音转换的效率、语音语料的采集环境、发音词典的规模、文本语料的采集领域、识别应用的环境等。本章主要针对其中的关键问题进行研究，例如声学模型的建立、语言模型的建立、模型训练语料的预处理、英语语音识别原型系统的建立等。

（1）在讯飞输入法中说古诗、说文言文、说当下流行语，观察识别率如何。

（2）从声学模型和语言模型角度思考，语音识别准确率与哪些因素相关。

（3）在使用讯飞输入法进行语音输入时，距离手机麦克风远近、周围环境安静程度对语音识别率有多大影响？除此，还有哪些外在环境因素影响识别率？

（4）讯飞输入法支持的方言里，有没有你家乡的方言？若增加一种方言，你认为可能要做哪些工作？

阅读延展

第6章

计算机
视觉

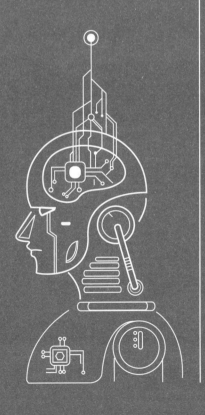

学习目标

通过本章的学习，了解计算机视觉的基本概念；理解卷积神经网络工作原理；熟悉计算机视觉技术在现实生活中的应用；通过CNN Explainer掌握卷积神经网络模型设计、模型训练与预测。

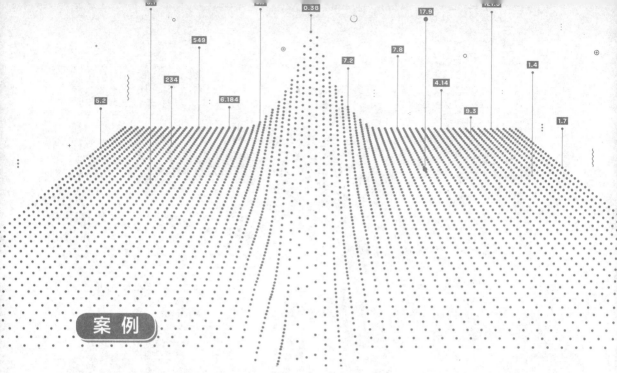

案 例

请扫描以下二维码：

测试：重温五四，你最像哪位文艺青年？

扫描成功后如图6-1所示，点击"进入测试"并完成测试，如图6-2至图6-4所示。

图6-1　进入测试

图6-2　测试说明

图 6-3　开始匹配　　　　　　　　　图 6-4　匹配结果

　　这个小程序是由《人民日报》联合环球网出品的。进入首页，映入眼帘的是几位明星与相似的优秀青年的展示，然后点击"进入测试"后跳到细则页面上，下一页选择性别，并上传照片，点击"开始匹配"，很快将会匹配出与用户最相似的一个有为青年。

　　设计上，以白色为背景，红蓝色调交叉，表达出五四青年节的主题。体验上，使用图片识别的技术，识别与用户上传的照片相似的有为青年，是一个很有意思的创意活动。技术上，通过人脸检测与分析技术和人脸检索技术，将用户上传的照片与特定形象进行脸部层面的检索对比，通过匹配分析找出数据库中外貌特征与用户最为相似的一张照片，该创意为后续人工智能娱乐产品设计提供了参考。

6.1 计算机视觉技术原理

目前，计算机视觉技术是深度学习领域最热门的研究领域之一。计算机视觉技术实际上是一个跨领域的交叉学科，包括计算机科学（图形、算法、理论、系统、体系结构），数学（信息检索、机器学习），工程学（机器人、语音、自然语言处理、图像处理），物理学（光学），生物学（神经科学）和心理学（认知科学）等。许多科学家认为，计算机视觉技术为人工智能的发展开拓了道路。

那么，什么是计算机视觉技术呢？这里给出了几个比较严谨的定义：

"对图像中的客观对象构建明确而有意义的描述。"（Ballard & Brown,1982）

"从一个或多个数字图像中计算三维世界的特性。"（Trucco & Verri,1998）

"基于感知图像做出对客观对象和场景有用的决策。"（Sockman & Shapiro,2001）

首先，简单概述计算机视觉技术中的三个概念：

计算机视觉技术：指对图像进行数据采集后提取出图像的特征，一般处理的图像的数据量很大，偏软件层。

机器视觉技术：处理的图像一般不大，采集图像数据后仅进行较低数据流的计算，偏硬件层，多用于工业机器人、工业检测等。

图像处理技术：对图像数据进行转换变形，方式包括降噪、傅立叶变换、小波分析等，图像处理技术的主要内容包括图像压缩，增强和复原，匹配、描述和识别3个部分。

为什么要学习计算机视觉技术？

计算机视觉技术是人工智能的一种形式，计算机可以"看到"世界，分析视觉数据，然后做出决定。这个研究领域已经衍生出一大批快速成长的、有实际作用的应用，例如：

人脸识别：Snapchat 和 Facebook 使用人脸检测算法来识别人脸。

图像检索：Google Images 使用基于内容的查询来搜索相关图片，通过算法分析查询图像中的内容并根据最佳匹配内容返回结果。

　　游戏和控制：使用立体视觉较为成功的游戏应用产品——微软 Kinect。

　　监测：用于监测可疑行为的监视摄像头遍布于各大公共场所中。

　　生物识别技术：指纹、虹膜和人脸匹配仍然是生物识别领域的一些常用方法。

　　智能汽车：计算机视觉仍然是检测交通标志、灯光和其他视觉特征的主要信息来源。

6.1.1　计算机视觉技术分类

　　视觉识别是计算机视觉技术的关键组成部分，如图像分类、定位和检测。神经网络和深度学习的最新进展极大地推动了这些最先进的视觉识别系统的发展。这里主要介绍 4 种常用的计算机视觉技术。

6.1.1.1　图像分类

　　图像分类是根据各自在图像信息中所反映的不同特征，把不同类别的目标区分开来的图像处理方法。它利用计算机对图像进行定量分析，把图像或图像中的每个像元或区域划归为若干个类别中的某一种，以代替人的视觉判读。

　　Cifar-10 数据集由 10 类组成，共 60000 张彩色（RGB）图像，包括飞机、汽车、鸟、猫、鹿、狗、青蛙、马、船和卡车，如图 6-5 所示。

图 6-5　Cifar-10 数据集

例如给定一组各自被标记为单一类别的图像，对一组新的测试图像的类别进行预测，并测量预测的准确性结果，这就是图像分类问题。

计算机视觉技术研究人员提出了一种基于数据驱动的方法，可以按照以下步骤分解：

①输入由 N 个图像组成的训练集，共有 K 个类别，每个图像都被标记为其中一个类别。

②使用该训练集训练一个分类器，来学习每个类别的外部特征。

③预测一组新图像的类标签，评估分类器的性能，用分类器预测的类别标签与其真实的类别标签进行比较。

目前较为流行的图像分类架构是卷积神经网络（CNN），如图 6-6 所示。

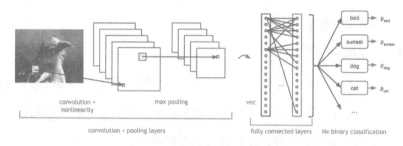

图 6-6　卷积神经网络模型

6.1.1.2　对象检测

识别图像中的对象这一任务，通常会涉及为各个对象输出边界框和标签。不同于分类/定位任务仅仅对单个主体对象进行分类和定位，对象检测（Object Detection）是对很多对象进行分类和定位。在多对象检测中，你必须使用边界框检测所给定图像中的所有目标（如图 6-7 中的汽车、自行车、行人）。

图 6-7　对象检测

在生活中，我们经常会遇到这样一种情况：上班要出门的时候，突然找不到一件东西了，如钥匙、手机或者手表等。当我们翻遍各个角落也寻找不到时，突然一拍脑袋，想到它就在某一个地方。在整个过程中，我们有时候是很着急的，并且越着急越找不到，真是令人沮丧。

但是，如果一个简单的计算机算法可以在几毫秒内就找到你要找的物品，你的感受如何？这就是对象检测的力量。

神经网络研究人员建议使用区域（Region）这一概念，这样就会找到可能包含对象的"斑点"图像区域，使得运行速度大大提高。R-CNN（基于区域的卷积神经网络）是将卷积神经网络（CNN）引入目标检测的开山之作。R-CNN 算法分为 4 个步骤，如图 6-8 所示：

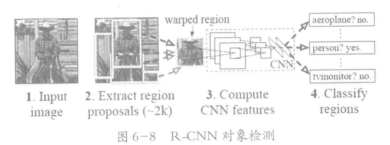

图 6-8　R-CNN 对象检测

候选区域生成：一张图像生成 1000～2000 个候选区域。

特征提取：对每个候选区域，使用深度卷积网络提取特征。

类别判断：特征送入每一类的 SVM 分类器，判别是否属于该类。

位置精修：使用回归器精细修正候选框位置。

近年来，主要的目标检测算法已经转向更快、更高效的检测系统。这种趋势在 You Only Look Once（YOLO），Single Shot MultiBox Detector（SSD）和基于区域的全卷积网络（R-FCN）算法中尤为明显。

6.1.1.3　目标跟踪

目标跟踪是计算机视觉中的一个重要研究方向，有着广泛的应用，如视频监控、人机交互、无人驾驶等。过去二三十年，目标跟踪技术取得了长足的进步，特别是近两年，利用深度学习的目标跟踪方法取得了令人满意的效果，使目标跟踪技术获得了突破性的进展。图 6-9 是目标跟踪在特定场景跟踪一个或多个特定感兴趣对象的过程。

图 6-9　目标跟踪

接下来简单分析视觉目标跟踪基本流程与框架。

视觉目标（单目标）跟踪任务就是在给定某视频序列初始帧的目标大小与位置的情况下，预测后续帧中该目标的大小与位置。这一基本任务流程可以按图 6 - 10 所示框架划分：

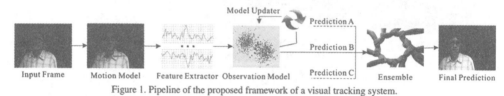

图 6-10　目标跟踪任务流程

输入初始化目标框，在下一帧中产生众多候选框（Motion Model），提取这些候选框的特征（Feature Extractor），然后对这些候选框评分（Observation Model），最后在这些评分中找一个得分最高的候选框作为预测的目标（Prediction A），或者对多个预测值进行融合（Ensemble）得到更优的预测目标。我们可以把目标跟踪划分为 5 项主要的研究内容。

运动模型：如何产生众多的候选样本。

特征提取：利用何种特征表示目标。

观测模型：如何为众多候选样本进行评分。

模型更新：如何更新观测模型使其适应目标的变化。

集成方法：如何融合多个决策获得一个更优的决策结果。

除此之外，主动目标跟踪是指智能体根据视觉观测信息主动控制相机的移动，从而实现对目标物体的跟踪（与目标保持特定距离）。主动视觉跟踪在很多真实机器人任务中都有需求，例如用无人机跟拍目标拍摄视频、智能跟随旅行箱等。

近年来，深度学习研究人员尝试使用了不同的方法来适应视觉跟踪任务的特征，并且已经探索了很多方法：应用到诸如循环神经网络（RNN）和深度信念网络（DBN）等其他网络模型；设计网络结构来适应视频处理和端到端学习，优化流程、结构和参数；或者将深度学习与传统的计算机视觉或其他领域的方法（如语言处理和语音识别）相结合。

6.1.1.4　语义分割

语义分割是计算机视觉中十分重要的领域，它是指像素级识别图像，即标注出图像中每个像素所属的对象类别。图 6-11 为语义分割的一个实例，其目标是预测出图像中每一个像素的类标签。

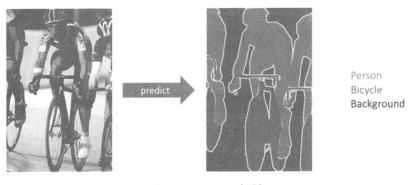

图 6-11　语义分割

简单而言，分割的目标一般是将一张 RGB 图像（高度×宽度×三通道 RGB）或是灰度图（高度×宽度×单通道 1）作为输入，输出的是分割图，如图 6-12 所示。为了清晰起见，使用了低分辨率的预测图，但实际上分割图的分辨率应与原始输入的分辨率相匹配。

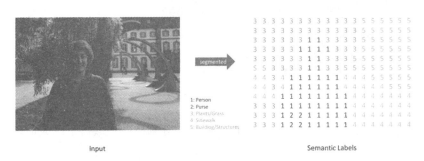

图 6-12　图像及对象类别

其中，与处理标准分类值的方式类似，使用 one-hot 编码对类标签进行处理，实质上是为每个可能的类创建相应的输出通道，如图 6-13 所示。

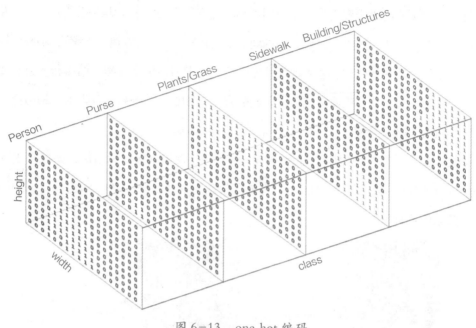

图 6-13　one-hot 编码

one-hot 编码，在图 6-13 中，例如人（Person），用 1 表示人像覆盖区域，0 表示非人像区域；再例如钱包（Purse）所在区域用 1 表示，0 表示非钱包区域。

最后，可以通过 argmax 函数将每个深度方向像素矢量折叠成分割图，我们可以将它覆盖在原图上，它会照亮图像中存在特定类的区域，以便观测（Mask），如图 6-14 所示。

0: Background/Unknown
1: Person
2: Purse
3: Plants/Grass
4: Sidewalk
5: Building/Structures

图 6-14　语义分割原理图

与其他计算机视觉任务一样，卷积神经网络在分割任务上取得了巨大成功。最流行的原始方法之一是通过滑动窗口进行块分类，利用每个像素周围的图像块，对每个像素分别进行分类，但是其计算效率非常低，因为我们不能在重叠块之间重用共享特征。加州大学伯克利分校提出的全卷积网络（FCN），是一种端到端的卷积神经网络体系结构，在没有任何全连接层的情况下进行密集预测。目前的语义分割研究都依赖于全卷积网络，例如空洞卷积（Dilated Convolutions）、DeepLab 和 RefineNet。

6.1.2　计算机视觉技术发展历程

"看"是人类与生俱来的能力。刚出生的婴儿只需要几天的时间就能学会模仿父母的表情，人们能从复杂结构的图片中找到关注重点，在昏暗的环境下认出熟人。随着人工智能的发展，机器视觉技术也试图在这项能力上匹敌甚至超越人类，那么你对计算机视觉的发展历史了解吗？知道它是如何应用于图像检测、缺陷检测等领域的吗？

6.1.2.1　5.4 亿前——寒武纪生命大爆发

5.4 亿年前，生物很简单，漂浮着，等待食物漂过嘴边。然后物种大爆发，产生了更加复杂高级的生物。一种说法是，因为有的生物进化出了眼睛，才促使了大爆发。所以，视觉的诞生促进了生命大爆发。

6.1.2.2　照相暗盒——为了复制我们看到的世界

达·芬奇在植物学、物理、数学、建筑等诸多领域都有很多贡献。这些发明创造被后人编辑成册，称为《大西洋古抄本》。其中就描述了一个被称为暗盒的装置，它就是照相机的前身（通过小孔成像原理将外部的景象投影在暗盒的另一侧，再透过一个镜面反射到上面的玻璃上，就可以进行临摹。很多艺术家通过它来进行全景图的绘制），如图 6-15 所示。

图 6-15　照相暗盒

6.1.2.3 计算机视觉技术萌芽——现代机器视觉技术的产生

1966 年，人工智能学家明斯基在给学生布置的作业中，要求学生通过编写一个程序让计算机告诉我们它通过摄像头看到了什么，这也被认为是计算机视觉最早的任务描述。

20 世纪 70 年代后期，David Marr 撰写了一本非常有影响力的书，他认为我们认知事物不是看整体的框架，而是看事物的边缘和线条。其中，重要的领悟是，视觉是分层的，如图 6-16 所示：

1D：从线条开始识别

2D：边缘草图

2.5D：遮挡问题

3D：空间感

图 6-16　视觉分层

20 世纪七八十年代，随着现代电子计算机的出现，计算机视觉技术也初步萌芽。人们开始尝试让计算机回答它看到了什么东西，于是首先想到的是从人类看东西的方法中获得借鉴。

借鉴之一是当时人们普遍认为，人类能看到并理解事物，是因为人类通过两只眼睛可以立体地观察事物。因此要想让计算机理解它所看到的图像，必须先将事物的三维结构从二维的图像中恢复出来，这就是"三维重构"的方法。

借鉴之二是人们认为人之所以能识别出一个苹果，是因为人们已经知道了苹果的先验知识，例如苹果是红色的、圆的、表面光滑的，如果给机器也建立一个这样的知识库，让机器将看到的图像与库里的储备知识进行匹配，是否可以让机器识别乃至理解它所看到的东西呢？这是"先验知识库"的方法。这一阶段的应用主要是一些光学字符识别、工件识别、显微/航空图片的识别等。

20 世纪 90 年代，计算机视觉技术取得了更大的发展，也开始广泛应用于工业领域。一方面是 CPU、DSP 等图像处理硬件技术有了飞速进步；另一方面是人们开始尝试不同的算法，包括统计方法和局部特征描述符的引入。

6.1.2.4 人工智能的眼睛——计算机视觉技术

进入 21 世纪，得益于互联网兴起和数码相机出现带来的海量数据，加之机器学习方法的广泛应用，计算机视觉技术发展迅速。以往许多基于规则的处理方式，都被机器学习所替代，自动从海量数据中总结归纳物体的特征，然后进行识别和判断。这一阶段涌现出了非常多的应用，包括典型的相机人脸检测、安防人脸识别、车牌识别等。

2010 年以后，借助于深度学习的力量，计算机视觉技术得到了爆发增长和产业化。通过深度神经网络，各类视觉相关任务的识别精度都得到了大幅提升。

在全球最权威的计算机视觉竞赛 ILSVRC（ImageNet Large Scale Visual Recognition Competition）上，千类物体识别 Top-5 错误率在 2010 年和 2011 年时分别为 28.2% 和 25.8%，从 2012 年引入深度学习之后，后续 4 年分别为 16.4%、11.7%、6.7%、3.7%，出现了显著突破，如表 6-1 和图 6-17 所示。

表 6-1 ILSVRC 表

简称	ILSVRC
全称	ImageNet Large Scale Visual Recognition Competition
举办单位	ImageNet
首届	2010
里程碑	2012（AlexNet 夺冠）
终届	2017（SENet 夺冠）

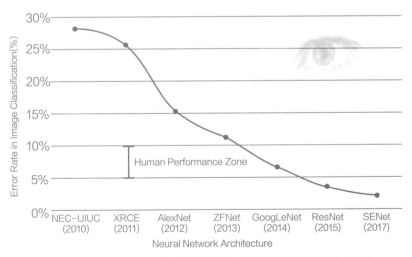

图 6-17 ILSVRC 历届冠军所采用的深度神经网络模型

由于深度学习技术的日益发展，机器视觉在 ILSVRC 的比赛成绩屡创佳绩，其错误率已经低于人类视觉，若再继续举办类似比赛已无意义，因此大家对计算机视觉技术的期待由相当成熟的图像识别（Image Identification）转向尚待开发的图像理解（Image Understanding）。

2018 年起，由 WebVision 竞赛（Challenge on Visual Understanding by Learning from Web Data）来接棒。WebVision 所使用的数据集抓取自浩瀚的网络，不经过人工处理与贴标签，难度大大提高，但也更加贴近实际运用场景。

正是因为 ILSVRC 2012 挑战赛上的 AlexNet 横空出世，使得全球范围内掀起了一波深度学习热潮。这一年也被称作"深度学习元年"。此后，ILSVRC 挑战赛的名次一直是衡量一个研究机构或企业技术水平的重要标尺。因此，即使 ILSVRC 挑战赛停办了，但其对深度学习的深远影响和巨大贡献，将永载史册。

6.1.3 计算机视觉技术应用场景

随着人工智能相关技术的快速发展，计算机视觉技术的应用场景也快速扩展，除了在比较成熟的安防领域应用外，也有应用在金融领域的人脸识别身份验证、电商领域的商品拍照搜索、医疗领域的智能影像诊断、机器人/无人车上作为视觉输入系统等，包括许多有意思的场景：照片自动分类（图像识别＋分类）、图像描述生成（图像识别＋理解）等。近年来，基于计算机视觉的智能视频监控和身份识别等市场逐渐成熟扩大，机器视觉的技术和应用趋于成熟，广泛应用于制造、安检、图像检索、医疗影像分析、人机交互等领域。

本部分简单分析计算机视觉应用的七个典型案例：

（1）自主车辆

自动驾驶汽车需要计算机视觉。特斯拉（Tesla）、宝马（BMW）、沃尔沃（Volvo）和奥迪（Audi）等汽车制造商使用多个摄像头、激光雷达、雷达和超声波传感器从环境中获取图像，这样它们的自动驾驶汽车就能探测目标、车道标记、标志和交通信号，从而实现安全驾驶。

（2）谷歌翻译软件

你所需要做的就是把手机摄像头对准这些单词，谷歌翻译应用程序几乎会立刻告诉你它的意思。通过光学字符识别来查看图像并通过增强现实来叠加一个精确的翻译，这是一个使用计算机视觉的方便工具。

（3）面部识别

中国在使用人脸识别技术方面无疑处于领先地位，普遍用于警察工作、支付识别、机场安检，甚至在北京天坛公园用于分发厕纸、防止厕纸被盗，以及其他许多应用。

（4）医疗保健

90% 的医疗数据都是基于图像的，因此医学中的计算机视觉有很多用途，从启用新的医疗诊断方法到分析 X 射线，乳房 X 光检查和其他扫描，以及监测患者以为便更早发现问题并协助手术。期望医疗机构、专业人员和患者能从计算机视觉中受益，并且将来在医疗保健领域推出更多应用。

（5）实时运动跟踪

在体育电视节目中，对足球和冰球的跟踪已经很常见了，但计算机视觉还有助于比赛和策略分析、球员表现和评级，以及跟踪体育节目中品牌赞助的可见性。

（6）农业

约翰迪尔（John Deere）公司在 2019 年国际消费电子展（CES 2019）上展示了一种半自动联合收割机，它利用人工智能和计算机视觉来分析收获时的粮食品质，并找出穿过作物的最佳路径。计算机视觉识别杂草的潜力也很大，这样除草剂就可以直接喷洒在杂草上，而不是作物上，从而有望将所需除草剂的数量减少 90% 。

（7）制造业

计算机视觉正以各种方式帮助制造商更安全、更智能、更有效地运行。预测性维护只是一个例子，在设备故障导致昂贵的停机之前，用计算机视觉对设备进行监控，以便进行干预。对包装和产品质量进行监控，并通过计算机视觉减少不合格品。

计算机视觉在现实世界中已经有了大量的应用，而且这项技术还很年轻。随着人类和机器继续合作，人类的劳动力将被解放出来，专注于具有更高价值的任务，机器的自动处理依赖于图像识别的过程。

6.2　预备知识

6.2.1　计算机视觉成像

　　试想一下，很多游客同时在不同角度拍摄埃菲尔铁塔（Eiffel Tower），该如何用数学的方法来描述这一过程呢？首先要解决的问题是定位，或者说坐标选定的问题。埃菲尔铁塔只有一座，如果按经、纬度来刻画，它的坐标是唯一确定的，但游客显然不关心这一点，他只按自己的喜好选择角度和位置。因此，物体（景物）有物体的坐标系统，相机有相机的坐标系统，即便同一个相机，当调整参数时，在同样的位置、相同的角度，也可能得到不同的图像。为了统一描述，有必要引入世界坐标（或物体坐标）、相机坐标和像平面坐标，如图 6-18、图 6-19 所示。

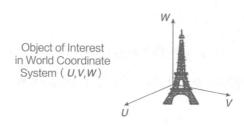

图 6-18　世界坐标系

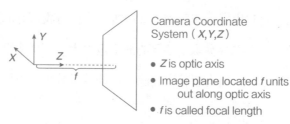

图 6-19　相机坐标系

　　中学物理告诉我们，物体与像是倒的关系，但作为数学分析，我们采用虚像，像平面用 *xoy* 记，如图 6-20 所示。

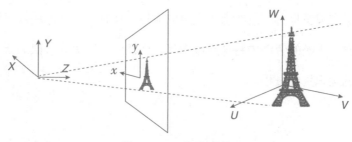

图 6-20　物体成像

而数字图像用（u,v）来表示，不要混淆像平面和数字图像这两个概念，同一个像通过平移、拉伸等，可以得到不同的数字图像（u,v），如图 6-21 所示。

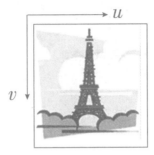

图 6-21 数字图像

总体来看，视觉成像原理如图 6-22 所示：

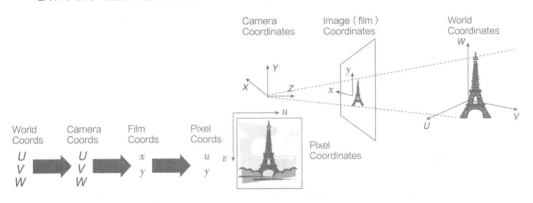

图 6-22 视觉成像原理图

按照功能和来源划分，计算机视觉成像图像类型包括：RGB-alpha 图像、深度图、医疗图像、遥感图像、红外热成像、雷达成像、X 光和 CT 等。

6.2.2 数字图像

首先，区分几个基本概念。

图像：图像可以定义为一个二维函数 $f(x,y)$，其中 x 和 y 是空间坐标，而 f 在任意坐标 (x,y) 处的幅度称为图像在该点处的亮度（图像的明亮程度）或者灰度。

数字图像：指图像 $f(x,y)$ 在空间坐标和亮度的数字化，数字图像由有限的元素组成，每一个元素都有一个特定的位置和幅值，这些元素称为图片元素、图像元素或像素。

数字图像处理：指借用数字计算机处理数字图像，既包括输入输出都是图像的处理，也包括从图像中提取特征的过程。

如果图像是黑白的（即灰度），图像是高度×宽度的像素矩阵。每个像素可以由 0～255 之间的个数字表示（0 为黑色、255 为白色），如图 6-23 所示。

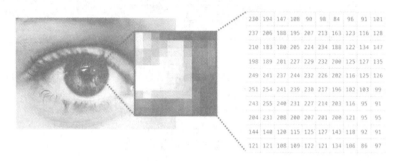

图 6-23　灰度图像

如果图像是 RGB 彩色图像，则每个像素由三个数字表示，分别为高×宽×通道数，通道数即 RGB 三个分量的数值 0、1、2，如图 6-24 所示。

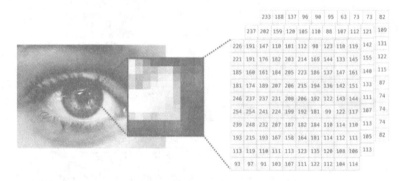

图 6-24　彩色图像

其次，简单了解颜色空间的概念。颜色空间通常用三个相对独立的属性来描述，三个独立的变量综合作用，自然构成一个空间坐标，这就是颜色空间（颜色模型）。而颜色可以由不同的角度，用三个不同属性加以描述，就产生了不同的颜色空间。但被描述的颜色对象本身是客观的，不同颜色空间只是从不同的角度去衡量同一个对象。

RGB：是最常见的面向硬件设备的彩色模型，它是与人的视觉系统密切相连的模型，根据人眼结构，所有的颜色都可以看成由 3 种基本颜色——红（r）、绿（g）、蓝（b）按不同比例的组合，如图 6-25 所示。

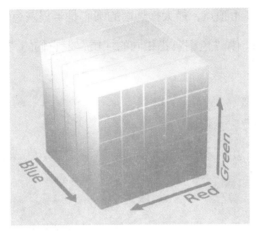

图 6-25 RGB 颜色空间

HSV：HSV 颜色空间是孟塞尔彩色空间的简化形式，是一种基于感知的颜色模型。它将彩色信号分为 3 种属性：色相（Hue，H），饱和度（Saturation，S），亮度（Value，V）。色相表示从一个物体反射过来的或透过物体的光波长，也就是说，色相是由颜色的名称来辨别的，如红、黄、蓝；亮度是颜色的明暗程度；饱和度是颜色的深浅，如深红、浅红。

HSL：HSV 和 HSL 二者都把颜色描述在圆柱坐标系内的点，这个圆柱的中心轴取值为自底部的黑色到顶部的白色，而在它们中间的是灰色，绕这个轴的角度对应于"色相"，到这个轴的距离对应于"饱和度"，而沿着这个轴的高度对应于"亮度"或"明度（Lightness，L）"。

HSV 和 HSL 颜色空间如图 6-26 所示。

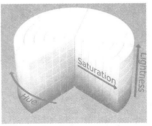

图 6-26 HSV 和 HSL 颜色空间

这两种表示在目的上类似，但在方法上有区别。二者在数学上都是圆柱，但 HSV（色相、饱和度、亮度）在概念上可以被认为是颜色的倒圆锥体（黑点在下顶点，白色在上底面圆心），HSL（色相、饱和度、明度）在概念上表示了一个双圆锥体和圆球体

（白色在上顶点，黑色在下顶点，最大横切面的圆心是半程灰色），如图 6-27 所示。注意，尽管在 HSV 和 HSL 中"色相"指相同的性质，但它们的"饱和度"的定义是明显不同的。

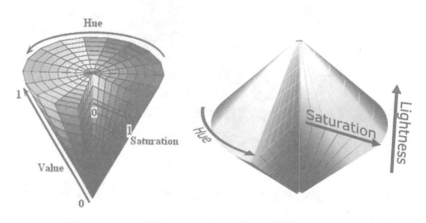

图 6-27　HSV 和 HSL 的差异

　　YUV：在彩色电视中，用 Y、C1、C2 彩色表示法分别表示亮度信号和两个色差信号，C1、C2 的含义与具体的应用有关。在 NTSC 彩色电视制中，C1、C2 分别表示 I、Q 两个色差信号；在 PAL 彩色电视制中，C1、C2 分别表示 U、V 两个色差信号；在 CCIR601 数字电视标准中，C1、C2 分别表示 Cr、Cb 两个色差信号。色差是指基色信号中的三个分量信号（即 R、G、B）与亮度信号之差。YUV 格式示例如图 6-28 所示。

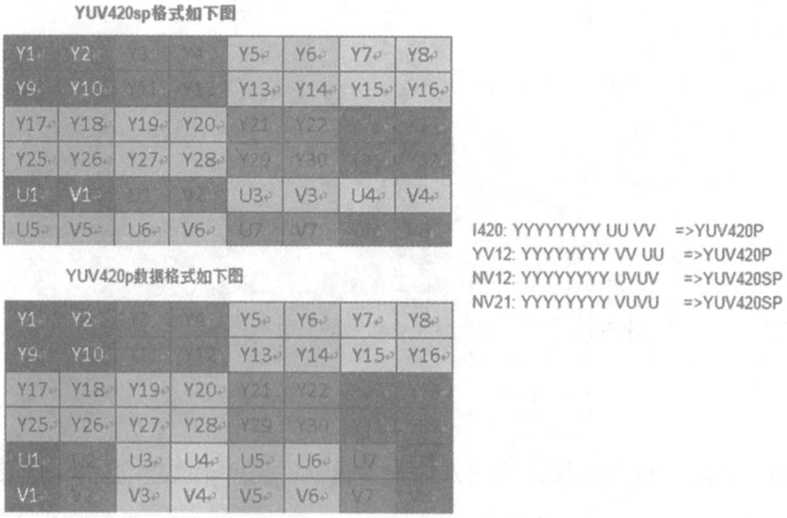

图 6-28　YUV 格式示例

YUV 与 RGB 的转换如下：

$$\begin{cases} Y = 0.299 * R + 0.587 * G + 0.114 * B \\ U = -0.147 * R - 0.289 * G + 0.436 * B \\ V = 0.615 * R - 0.515 * G - 0.100 * B \end{cases}$$

$$\begin{cases} R = Y + 1.14 * V \\ G = Y - 0.39 * U - 0.58 * V \\ B = Y + 2.03 * U \end{cases}$$

6.2.3 图像处理技术

本部分以开源项目 EasyPR 车牌识别为例，介绍计算机视觉技术处理流程。一个完整的 EasyPR 的处理流程如图 6-29 所示：

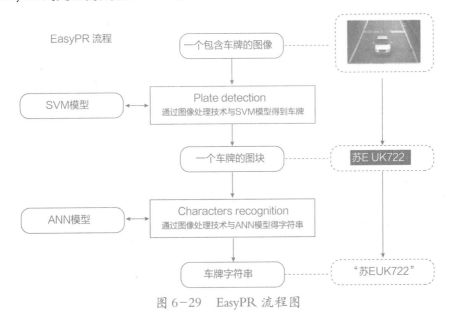

图 6-29　EasyPR 流程图

从上图可以看到，车牌识别系统主要包含包括两个部分：车牌检测和字符识别。

车牌检测（Plate Detection）：对一个包含车牌的图像进行分析，最终截取出只包含车牌的一个图块。这个步骤的主要目的是降低在车牌识别过程中的计算量。如果直接对原始的图像进行车牌识别，会非常慢，因此需要检测的过程。在 EasyPR 中，使用支持向量机（SVM）这个机器学习算法去判别截取的图块是否是真的"车牌"。

字符识别（Characters Recognition）：也称为车牌识别（Plate Recognition）。这个步骤的主要目的是对从上一个步骤中获取到的车牌图像，进行光学字符识别（OCR），其中用到的机器学习算法是著名的人工神经网络（ANN）模型。

车牌检测包括车牌定位、SVM 训练、车牌判断三个过程，如图 6-30 所示：

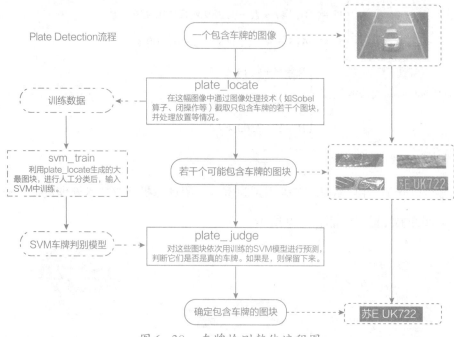

图 6-30 车牌检测整体流程图

车牌定位的总体识别思路是：如果车牌没有大的旋转或变形，那么其中必然包括很多垂直边缘（这些垂直边缘往往缘由车牌中的字符），如果能够找到一个包含很多垂直边缘的矩形块，那么有很大的可能性它就是车牌。依照这个思路可以设计一个车牌定位的流程，主要用到 OpenCV 图像处理技术，主要处理流程如图 6-31 所示：

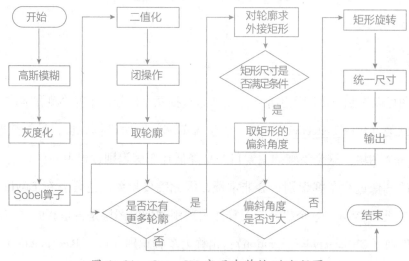

图 6-31 OpenCV 实现车牌检测流程图

下面一步一步参照图 6-31 中的流程，给出每个步骤的图像处理效果图。详情请扫描二维码。

这些"车牌"有两个作用：一是积累下来作为支持向量机（SVM）模型的训练集，以此训练出一个车牌判断模型；二是在实际的车牌检测过程中，将这些候选"车牌"交由训练好的车牌判断模型进行判断。如果车牌判断模型认为这是车牌的话就进入下一步即字符识别过程，如果不是，则舍弃。

车牌图像效果处理图

车牌检测过程结束后，将获得一个图片中我们真正关心的部分——车牌。下一步就是根据这个车牌图片，生成一个车牌号字符串的过程，也就是字符识别（Characters Recognition）的过程。字符识别包括字符分割、ANN 训练、字符识别三个过程，具体如图 6-32 所示：

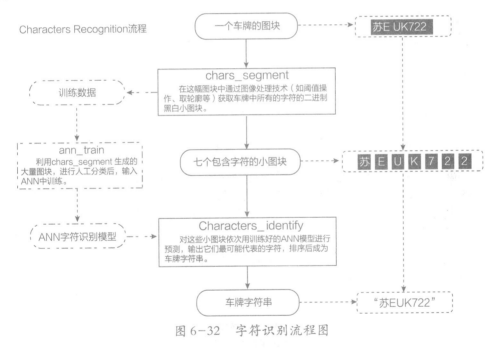

图 6-32　字符识别流程图

在字符识别过程中，一个车牌图块首先会进行灰度化、二值化，然后使用一系列算法获取到车牌的每个字符的分割图块，这部分仍然是应用 OpenCV 图像处理技术。获得海量字符图块后，就可以送入神经网络模型中进行训练。

随着计算机性能的不断提升和卷积神经网络的广泛应用，车牌检测过程结束后，也可以不进行字符分割，而直接对车牌图片进行建模训练。

6.2.4 卷积神经网络

卷积神经网络（Convolutional Neural Network，CNN）属于神经网络的范畴，已经在诸如图像识别和分类的领域证明了其高效的能力。卷积神经网络可以成功识别人脸、物体和交通信号，从而为机器人和自动驾驶汽车提供视力。

首先介绍 CNN 存在的意义：解放人类。在传统的机器学习任务中，算法的性能好坏很大程度上取决于特征工程做得好不好，而特征工程恰恰是最耗费时间和人力的，所以在图像、语言、视频处理中就显得更加困难。CNN 可以做到从原始数据出发，避免前期的数据处理（特征抽取），在数据中找出规律，进而完成任务，这也就是端到端的含义。

从图 6-33 可以看到，深度学习图像识别技术，不再有人工特征抽取部分，而是使用多层卷积层来得到更深层次的特征图。

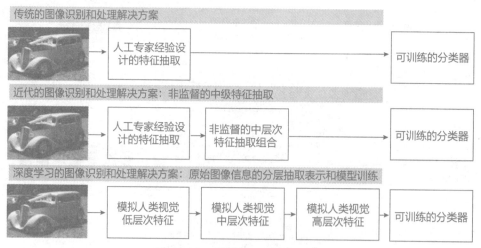

图 6-33　图像处理解决方案

卷积神经网络提取特征效果详见二维码：

卷积神经网络特征提取

6.2.4.1　卷积神经网络的组成

卷积神经网络（CNN）由输入层、卷积层、激活函数、池化层、全连接层组成，即INPUT（输入层）、CONV（卷积层）、RELU（激活函数）、POOL（池化层）、FC（全连接层）。

输入层是原始图像，激活函数 RELU 已在前文（第四章）进行介绍，这里不再阐述。

卷积神经网络组成

全连接层，即第四章已经介绍的人工神经网络结构，在卷积神经网络中可用也可不用。卷积取的是局部特征，全连接是把以前的局部特征重新通过权值矩阵组装成完整的图。因为最后进行预测时用到了所有的局部特征，所以叫全连接。

下面举例说明卷积层与全连接层的作用：

①卷积网络在形式上有一点点像"选举制度"。卷积核的个数相当于候选人，图像中不同的特征会激活不同的"候选人"（卷积核）。全连接相当于"代表普选"。所有被各个区域选出的代表，对最终结果进行"投票"，全连接保证了观察识别是整个图像，即图像中各个部分（所有代表），都有对最终结果施加影响的权利。

②例如假设你是一只小蚂蚁，你的任务是找小面包。你的视野还比较窄，只能看到很小一片区域。当你找到一片小面包之后，你不知道找到的是不是全部的小面包，所以你们全部的蚂蚁开了个会，把所有的小面包都拿出来分享了，全连接层就是这个蚂蚁大会。

③再例如现在的任务是去辨别一张图片是不是猫，卷积层会把猫的特征提取出来，如图 6-34 所示。

图 6-34　猫及其局部特征

④全连接层的作用主要就是实现分类（Classification），如图6-35所示。

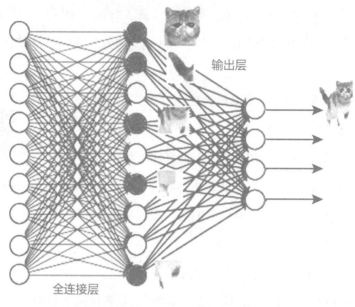

图6-35   全连接层

图6-35中实心的神经元表示这个特征被找到了（激活了），同一层的其他神经元，要么猫的特征不明显，要么没找到，当把这些找到的特征组合在一起，发现最符合要求的是猫，所以认为这是猫了。

假如只给你猫头的图像（见图6-36），或者猫的身体被遮挡了，卷积神经网络是否仍然上可以有效识别呢？

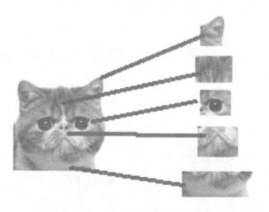

图6-36   猫头及其局部特征

猫头有很多特征，于是下一步的任务是把猫头的子特征找到，例如眼睛、耳朵等。道理和区辨猫一样，当找到这些特征，神经元就被激活了（如图6-37中实心圆圈）。

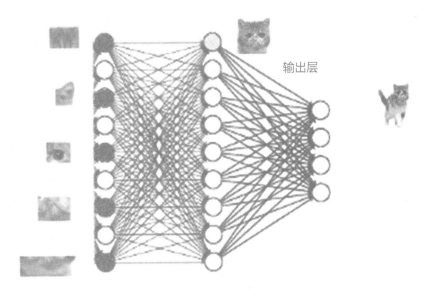

图 6-37　全连接层输出

6.2.4.2 卷积层

卷积层是卷积网络的核心,大多数计算都是在卷积层中进行的。

卷积网络的参数是由一系列可以学习的滤波器集合构成的,每个滤波器在宽度和高度上都比较小,但是深度输入和数据保持一致。当滤波器沿着图像的宽和高滑动时,会生成一个二维的激活图。例如要识别图像中的某种特定曲线,也就是说,这个滤波器要对这种曲线有很高的输出,对其他形状则输出很低,这也就像是神经元的激活。

图 6-38 左侧是一张 5×5 的图片,用数字矩阵的形式表示,每个格子代表一个像素点。中间的 3×3 的矩阵称为滤波器,也可以称为卷积核。星号代表的是卷积运算,用滤波器对左侧的图片做卷积运算,得出 3×3 的矩阵。

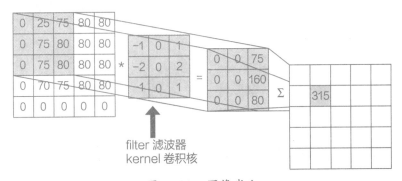

图 6-38　图像卷积

具体怎么算呢？先说结果的第一个元素：就是用滤波器，覆盖在图片的左上角，对应的每格元素相乘，得到 9 个数字，最后把这 9 个数字相加，就得到了第一个元素。滤波器在图片上左移一格，再计算就得到了第二个元素，之后的元素同理。

6.2.4.3 池化层

池化层也称为下采样层，夹在连续的卷积层中间，用于压缩数据和参数的量，减小过拟合。简而言之，池化层的主要作用是压缩图像。

池化层具体操作与卷积层的操作基本相同，只不过池化层的卷积核为只取对应位置的最大值、平均值（最大池化、平均池化），即矩阵之间的运算规律不一样。具体情况可扫描二维码查阅。

池化层操作

总而言之，池化层操作主要有两个作用：

①不变性，这种不变性包括平移（Translation）、旋转（Rotation）、尺度（Scale）。例如图像缩放，平时一张狗的图像被缩小了一半，我们还能认出这是一张狗的照片，这说明这张图像中仍保留着狗最重要的特征，我们一看就能判断图像中是一只狗。图像压缩时去掉的信息只是一些无关紧要的信息，而留下的信息则是具有尺度不变性的特征。

②保留主要的特征同时减少参数（降维，效果类似 PCA）和计算量，防止过拟合，提高模型泛化能力。一幅图像含有的信息是很大的，特征也很多，但是有些信息对于做图像任务没有太多用处或者有重复，我们可以把这类冗余信息去除，把最重要的特征抽取出来，这也是池化层操作的一大作用。

最后，把输入层、卷积层、激活函数、池化层以及全连接层连接在一起，即可得到一个卷积神经网络模型，如图 6-39 所示。

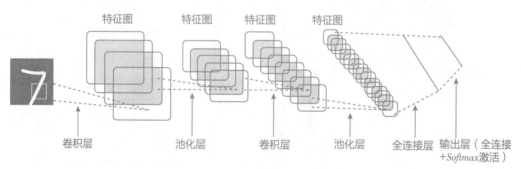

图 6-39　卷积神经网络模型

6.3 小试牛刀

6.3.1 卷积神经网络解释器

CNN 解释器（CNN Explainer）：在线交互可视化工具。

来自佐治亚理工学院与俄勒冈州立大学的研究者们，考虑初学者和非专业人士的学习痛点，合作开发出了一款卷积神经网络交互式可视化工具——CNN 解释器。这个解释器展示了一个 10 层的神经网络，包含卷积层、激活函数、池化层等多个 CNN 初学者无论如何也绕不开的概念。

它用 TensorFlow.js 加载了一个 10 层的预训练模型，相当于在你的浏览器上跑一个 CNN 模型，并且实现交互，只要点击其中任何一个格子——就是 CNN 中的"神经元"，就能显示它的输入是哪些、经过了怎样细微的变化，就能了解 CNN 究竟是怎么回事，为什么可以辨识物品。CNN 解释器网络结构如图 6-40 所示。

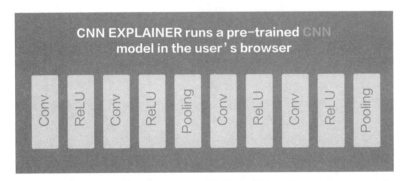

CNN 解释器

图 6-40　CNN 解释器网络结构

如二维码中内容所示，我们按照标记顺序 1 至 7 进行阐述。

6.3.2 卷积神经网络解释器应用分析

（1）默认 10 类图片

CNN 解释器默认的 10 类图片如图 6-41 的所示。

图 6-41　CNN 解释器图像数据

我们可以选择任何一类图片作为输入，让 CNN 模型分类识别，也可点击"＋"添加图片。

（2）输入层

输入的图片经过裁剪，大小为 64×64，Red、Green、Blue 分别为彩色图像的三个通道，用三个神经元表示，如二维码所示。

输入层

（3）第一个卷积层和激活层

卷积层为 conv_1_1（62，62，10），其中 62×62 为图像大小，10 表示有 10 个神经元。因为这里设置了 10 个不同的卷积核，分别对输入图像提取特征，结果就得到 10 个特征图（10 个神经元），点击第一个特征图，看看 CNN 是如何完成特征提取的，如图 6-42、图 6-43 所示。

第一个卷积层

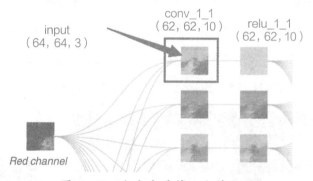

图 6-42　点击查看第一个特征图

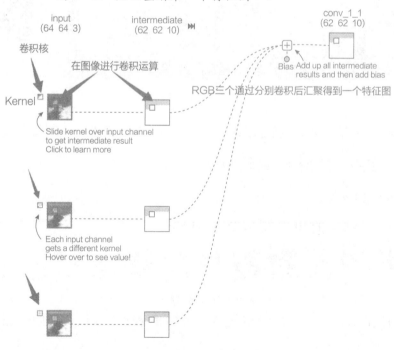

图 6-43　卷积运算特征提取

输入图像为（64，64，3），卷积核为（3，3，3），因为输入图像有 RGB 三个通道，所以卷积核也有三个通道，并且大小设置为3×3。点击如图6-44所示的箭头指向的卷积运算，就可以观察到该通道进行卷积的过程，请注意卷积核在不断滑动中。

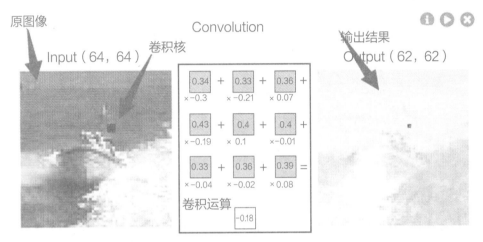

图 6-44　卷积运算可视化

此时大家可能有个疑问，为什么输入图像大小是64×64×3，输入特征图大小62×62×10？因为我们设定了10个卷积核提取10个特征图，当然你可以修改这个数值，例如20个卷积核，那么输出就是62×62×20，注意观察图6-45特征图的计算。但是大小怎么计算呢？把网页往下拖动，找到"了解超参数"（Understanding Hyperparameters），如图6-46所示。

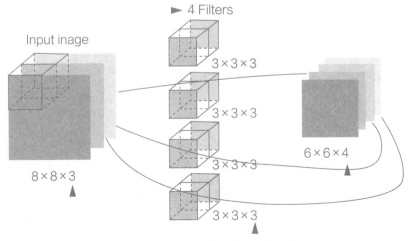

图 6-45　卷积结果特征图计算

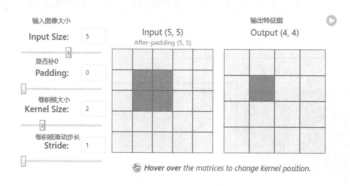

图 6-46　了解超参数

超参数指的是补 0（Paddding）、卷积核大小（Kernel Size）和卷积核滑动步长（Stride），这三个数值需要我们进行人为设置。在图 6-46 中，默认情况下，输入图像大小为 5×5，经过卷积后大小为 4×4。如果想要得到与输入图像一样大小的特征图，我们可以设置 Padding =1，Kernel Size =3，可以看到 5×5 的输入图像经过 Padding 之后多了一圈 0，效果如图 6-47 所示。

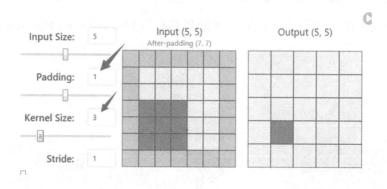

图 6-47　卷积中的 Padding

那么问题来了，怎么把 64×64 变成 62×62 呢？先看简单的设置，把图 6-47 的 Stride 改为 2，我们可以看到，输出特征图大小为 3×3，比原来的 5 小了 2，效果如图 6-48 所示。

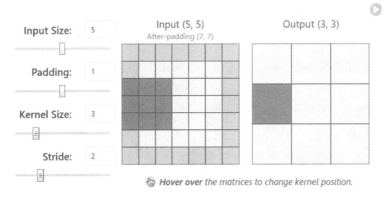

图 6-48　卷积中的 Stride

当然也可以这样设置：Padding =0，Kernel Size =3，Strdie =1，效果一样，如图 6-49所示。

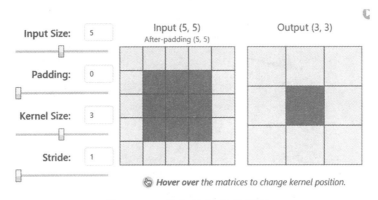

图 6-49　卷积核超参数设置

此时，我们再把 Input Size 设置为64，就可以将特征图大小变成62×62，如图 6-50 所示。

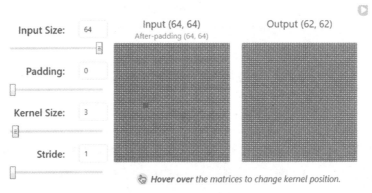

图 6-50　卷积中的 Input Size

接下来回到网页最开始的部分，继续分析激活函数。

激活函数层为 relu_ 1_ 1（62，62，10），表示对卷积结果 conv_ 1_ 1（62，62，10）输出的 10 张特征图进行激活，同样点击第一个 ReLU 神经元，如图 6-51 所示。

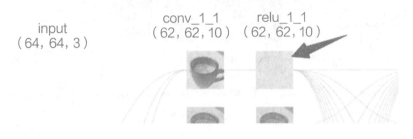

图 6-51　激活层

观察任意两个像素点，有正有负，经过 ReLU 激活效果如图 6-52 所示。

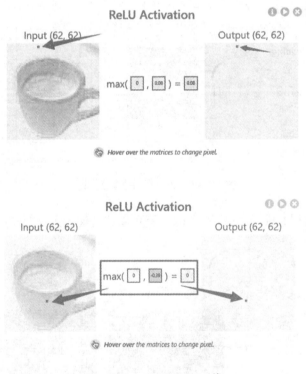

图 6-52　激活函数运算

这里，对照一下 ReLU 函数的原型和可视化图形，如图 6-53 所示，相信你应该明白怎么激活了吧。

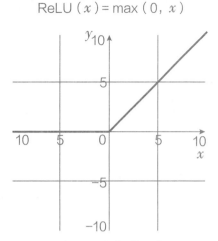

图 6-53　激活函数数学公式及可视化

（4）第二个卷积层、激活层和最大池化层

卷积层和激活层，大家可以参考上一步（3）的思路和流程进行分析，这里不再阐述，我们重点分析最大池化层，如图 6-54 所示。

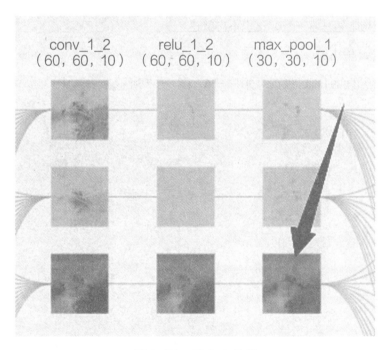

图 6-54　最大池化层

这里选择 max_ pool_ x 中的第三个特征图，其实仔细观察本层图像的灰度效果，第一个特征图对 lifeboat 特征提取效果不明显，如果点击 max_ pool_ x 中的第一个特征图，

就会发现，大多数像素点都是 0，所以我们选择第三个特征图进行分析，效果如图 6-55
所示：

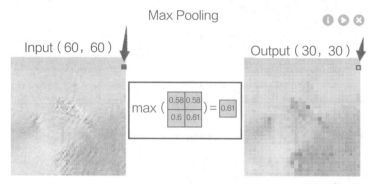

图 6-55　最大池化

（5）第三个卷积层和激活层

这个过程与上述基本一致。这里不再赘述。

（6）第三个卷积层、激活层和最大池化层

这个过程与上述基本一致，这里不再赘述。

（7）Output 输出层

点击输出层的 lifeboat 图标，如图 6-56、图 6-57 所示。

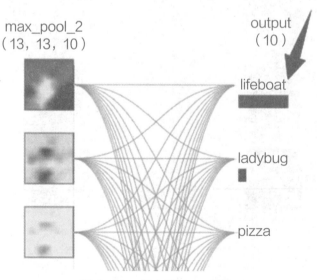

图 6-56　点击 lifeboat 图标

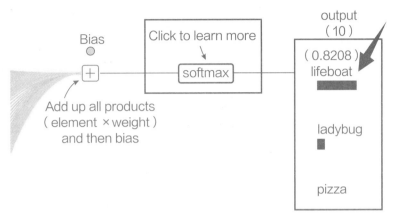

图 6-57　输出层 softmax 函数与类别概率

在输入层，我们选择输入的图像就是 lifeboat，所以输出类别为 lifeboat 的概率为 0.8208（与灰度方块的长度一致），继续点击 ladybug 和 pizza，可以观察到卷积神经网络模型预测输入图像为 ladybug 和 pizza 的概率分别是 0.1235、0.0023，其他类别的概率也可通过这种方式观察到。

实际上，卷积神经网络的输出层就是通过 softmax 函数分别输出 10 个类别的概率，然后选择概率最大值对应的类别作为预测断结果。通过图 6-58 大概了解 softmax 函数的作用。

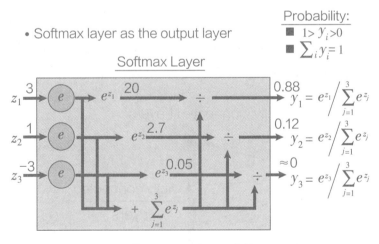

图 6-58　softmax 函数

接下来我们分析输出层的前半部分，如图 6-59 所示，全连接层把上一层 10 个特征图进行统一汇总，其中颜色较深表明某个特征比较明显，最后交给 softmax 函数进行分类预测。

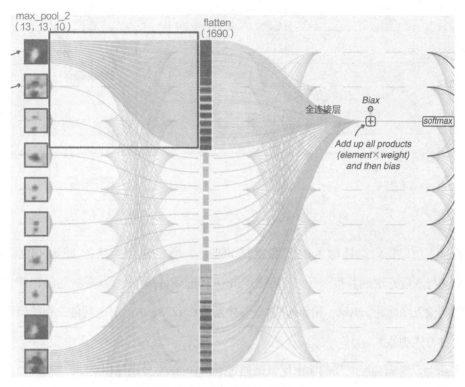

图 6-59　扁平化与全连接

在上一层最大池化层 max_ pool_ 2 和全连接层之间，还有一个 Flatten 操作，称之为扁平化。特征图 Feature Maps 是前一层输出的结果，这里一共有 4 个 Feature Maps，也称图像的深度为 4，此时每一个 Feature Map 是一个二维的图像，需要把二维的图像数组拉长为一维的数组，效果如图 6-60 所示。

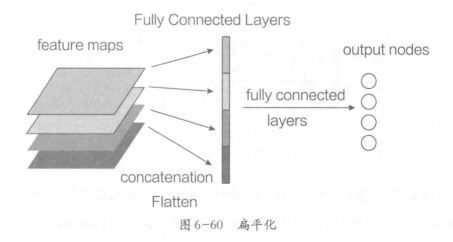

图 6-60　扁平化

本章小结

　　根据 2016 年嵌入式视觉联盟进行的嵌入式视觉开发者调查，77% 的受访者表示目前正在或计划利用神经网络来处理分类工作。卷积神经网络并不是一个最近才出现的新概念。但是随着机器视觉的发展，卷积神经网络的应用也变得越发重要了。

　　越来越多的视觉领域问题引入 CNN 得以良好解决，其算法展现出具有竞争力的结果。然而 CNN 也存在一些不足，例如训练、计算时间长，针对不同目的、场景，需要单独训练等问题。CNN 作为目前典型的深度学习算法之一，也可以在建模问题和工程问题上做进一步的加强。相信在新一代先进的硬件设施面世后，基于深度模型架构通用性和统一性的视觉识别框架将会是机器视觉领域一致要求，深度卷积神经网络在机器视觉领域的舞台上定会发挥出更大的作用。

 讨论

　　（1）CNN 解释器默认有 10 张图片，选择不同的图片进行 CNN 分类，观察输出类别的概率。

　　（2）增加自定义图片，上传图片之后，进行 CNN 分类。

 阅读延展

第7章

自然语言处理

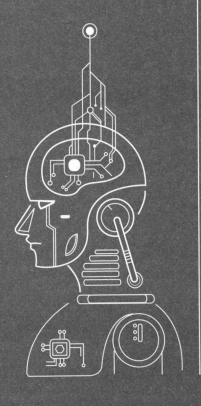

学习目标

 通过本章的学习，了解自然语言处理的发展历程；理解自然语言处理工作原理；能够使用计算机编程语言或工具完成简单的自然语言处理相关操作或功能。

案 例

　　1913 年，俄国数学家安德烈·安德烈耶维奇·马尔科夫（Andrey Andreyevich Markov）坐在他圣彼得堡的书房里，手里拿着当时的文学巨著——普希金（Alexander Pushkin）在 19 世纪创作的诗歌小说《尤金·奥涅金》。但是马尔科夫并没有真地在读这本书，而是拿起了一支笔和一张草稿纸，去掉了这本书的前 2 万个字母中所有的标点符号和空格，记成了一长串字母。然后，他又把这些字母放进了 200 个网格中（每个网格有 10×10 个字符），并对每行每列中元音的数量进行统计，然后将这些结果进行了整理。

　　对于不知情的旁观者来说，马尔科夫的举止略显诡异。为什么有人会以这种方式解构一部文学天才的作品，而且解构成这种无法被理解的形式？事实上，马尔科夫读这本书并不是为了学习与生活和人性有关的知识，而是在寻找文本中更基本的数学结构。

7.1 自然语言处理技术原理

7.1.1 自然语言处理技术的基本概念

简单而言，自然语言处理（Natural Language Processing，NLP）就是用计算机来处理、理解以及运用人类语言（如中文、英文等），它属于人工智能的一个分支，是计算机科学与语言学的交叉学科，又常被称为计算语言学。由于自然语言是人类区别于其他动物的根本标志，没有语言，人类的思维也就无从谈起，因此语言智能是人工智能皇冠上的明珠，体现了人工智能的最高任务与境界。

从研究内容来看，自然语言处理包括语法分析、语义分析、篇章理解等。从应用角度来看，自然语言处理具有广泛的应用前景。特别是在信息时代，自然语言处理的应用包罗万象，例如：机器翻译、手写体和印刷体字符识别、语音识别及文语转换、信息检索、信息抽取与过滤、文本分类与聚类、舆情分析和观点挖掘等。它涉及与语言处理相关的数据挖掘、机器学习、知识获取、知识工程、人工智能研究和与语言计算相关的语言学研究等。

自然语言处理不是一个独立的技术，它受云计算、大数据、机器学习、知识图谱等各个方面的支撑。以下是自然语言处理的框架图，如图 7-1 所示。

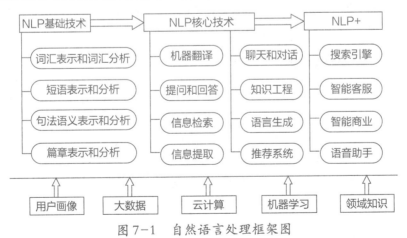

图 7-1 自然语言处理框架图

7.1.1.1 分词

通常，处理的自由文本有中文、英文等。词为文本最基本的单位，分词是进行自然语言处理中最基本的步骤。分词算法分为词典方法和统计方法。其中，基于词典和人工规则的方法是按照一定的策略将待分析词与词典中的词条进行匹配（正向匹配、逆向匹配、最大匹配）。统计方法是基本字符串在语料库中出现的统计频率，典型的算法有 HMM、CRF 等。

英文以空格为分割符，因此不需要进行分词的操作（这是片面的，对于一些特殊情况，依旧需要分词的操作，例如 it's 等。另外，对于英文中复合词的情况，也需要进行一定的识别，因此在进行关键词识别的时候会运用到分词的一些技术）。中文的分词工具有很多，近年来常用的是 jieba 和 Stanford CoreNLP 等。

7.1.1.2 词性标注

在进行词性标注时，需先定义出词性的类别：名词、动词、形容词、连词、副词、标点符号等。词性标注是语音识别、句法分析、信息抽取技术的基础技术之一，词性标注是标注问题，可以采用最大熵、HMM 或 CRF 等具体算法进行模型的训练。自动问答系统中，为了提高用户问题匹配后端知识库的召回率，对一些关键词进行了过滤，包括连词、副词。对于全文检索系统，理论上可以通过对用户输入的查询条件进行词性过滤，但由于全文检索是基于词袋模型的机械匹配，并且采用 IDF 作为特征值之一，因此词性标注的效果不好。

7.1.1.3 句法分析

句法分析的目的是确定句子的句法结构，包括主谓宾、动宾、定中、动补等。在问答系统和信息检索领域有重要的作用。

7.1.1.4 命名实体识别

命名实体识别是定位句子中出现的人名、地名、机构名、专有名词等。命名实体属于标注问题，因此可以采用 HMM/CRF 等进行模型的训练。基于统计的命名实体识别需要基于分词、词性标注等技术。命名实体定义了四大类型：设施（FAC）/地理政治实体（GPE）/位置（LOC）/人物（PER）。在实际应用中，可以根据自己的业务需求，定义实体类别，并进行模型训练。

这里通过一个例子介绍以上四个基本任务。

如图 7-2 所示，输入给定中文句子"我爱自然语言处理"：

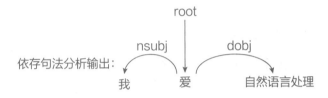

句子输入：　我爱自然语言处理

分词输出：　我/爱/自/然语言处理

词性标注输出：　PN/VV/NR

依存句法分析输出：

命名实体识别输出：　　O/O/B

图 7-2　自然语言处理示例

①分词模块负责将输入汉字序列切分成单词序列，在该例子中对应的输出是"我/爱/自然语言处理"。该模块是自然语言处理中最底层和最基础的任务，其输出直接影响后续的自然语言处理模块。

②词性标注模块负责为分词结果中的每个单词标注一个词性，如名词、动词和形容词等。在该例子中对应的输出是"PN/VV/NR"。这里，PN 表示第一个单词"我"，对应的词性是代词；VV 表示第二个单词"爱"，对应的词性是动词；NR 表示第三个单词"自然语言处理"，对应的词性是专有名词。

③依存句法分析负责预测句子中单词与单词间的依存关系，并用树状结构来表示整句的句法结构。在这里，root 表示单词"爱"是整个句子对应依存句法树的根节点，依存关系 nsubj 表示单词"我"是单词"爱"对应的主语，依存关系 dobj 表示单词"自然语言处理"是单词"爱"对应的宾语。

④命名实体识别负责从文本中识别出具有特定意义的实体，如人名、地名、机构名、专有名词等。在该例子中对应的输出是"O/O/B"。其中，字母 O 表示前两个单词"我"和"爱"并不代表任何命名实体，字母 B 表示第三个单词"自然语言处理"是一个命名实体。

7.1.1.5 语义消歧

自然语言处理的困难很多，不过关键在于消除歧义问题，如词法分析、句法分析、语义分析等过程中存在的歧义问题，简称消歧。而正确的消歧需要大量的知识，包括语言学知识（如词法、句法、语义、上下文等）和世界知识（与语言无关）。这带来自然语言处理的两个主要困难。

第一，语言中充满了大量的歧义，这主要体现在词法、句法及语义三个层次上。歧义的产生是由于自然语言所描述的对象——人类活动非常复杂，而语言的词汇和句法规则又是有限的，这就造成同一种语言形式可能具有多种含义。

例如单词定界问题是属于词法层面的消歧任务。在口语中，词与词之间通常是连贯说出来的。在书面语中，中文等语言也没有词与词之间的边界。由于单词是承载语义的最小单元，要解决自然语言处理，单词的边界界定问题首当其冲。特别是中文文本通常由连续的字序列组成，词与词之间缺少天然的分隔符，因此中文信息处理比英文等西方语言多一步工序，即确定词的边界，称为"中文自动分词"任务。通俗而言，就是要由计算机在词与词之间自动加上分隔符，从而将中文文本切分为独立的单词。例如：句子"今天天气晴朗"的带有分隔符的切分文本是"今天 | 天气 | 晴朗"。中文自动分词处于中文自然语言处理的底层，是公认的中文信息处理的第一道工序，扮演着重要的角色，主要存在新词发现和歧义切分等问题。正确的单词切分取决于对文本语义的正确理解，而单词切分又是理解语言的最初的一道工序。这样的一个"鸡生蛋、蛋生鸡"的问题自然成了（中文）自然语言处理的第一只拦路虎。

其他级别的语言单位也存在各种歧义问题。例如在短语级别上，"进口彩电"可以理解为动宾关系（从国外进口了一批彩电），也可以理解为偏正关系（从国外进口的彩电）。又例如在句子级别上，"做手术的是她的父亲"可以理解为她父亲生病了需要做手术，也可以理解为她父亲是医生，帮别人做手术。总之，同样一个单词、短语或者句子有多种可能的理解，表示多种可能的语义。如果不能解决各级语言单位的歧义问题，就无法正确理解语言要表达的意思。

第二，消除歧义所需要的知识在获取、表达以及运用上存在困难。由于语言处理的复杂性，合适的语言处理方法和模型难以设计。

例如上下文知识的获取问题。在试图理解一句话的时候，即使不存在歧义问题，也往往需要考虑"上下文"的影响。"上下文"指的是当前所说这句话所处的语言环境，例如说话人所处的环境，或者是这句话的前几句话或者后几句话，等等。假如当前这句话中存在指代词，需要通过这句话前面的句子来推断这个指代词指的是什么。以"小明欺负小亮，因此我批评了他"为例，其中第二句话中的"他"是指代"小明"还是"小亮"呢？要正确理解这句话，就要理解第一句话"小明欺负小亮"意味着"小明"做得不对，因此第二句中的"他"应当指代的是"小明"。由于"上下文"对于当前句子的暗示形式是多种多样的，因此如何考虑"上下文"影响问题是自然语言处理中的主要困难之一。

又例如背景知识问题。正确理解人类语言还要有足够的背景知识。举一个简单的例子，在机器翻译研究的初期，人们经常举一个例子来说明机器翻译任务的艰巨性。在英语中，"The spirit is willing but the flesh is weak"意思是"心有余而力不足"。但是当时的某个机器翻译系统将这句英文翻译成俄语，然后翻译回英语的时候，却变成了"The Voltka is strong but the meat is rotten"，意思是"伏特加酒是浓的，但肉却腐烂了"。从字面意义上看，"spirit"（烈性酒）与"Voltka"（伏特加）对译似无问题，而"flesh"和"meat"也都有肉的意思。那么这两句话在意义上为什么会南辕北辙呢？关键的问题就在于在翻译的过程中，机器翻译系统对于英语成语并无了解，仅仅是从字面上进行翻译，结果自然失之毫厘，差之千里。

从上述两个主要困难可以看出，自然语言处理这个难题的根源是人类语言的复杂性和语言描述的外部世界的复杂性。为解决语义歧义问题，目前常见的算法策略有基于贝叶斯分类、基于信息论、基于词典等消歧算法。

7.1.2　自然语言处理技术的发展历程

自然语言处理的历史几乎与计算机和人工智能一样长，计算机出现后就有了人工智能的研究。人工智能早期研究已经涉及机器翻译以及自然语言处理，基本分为三个阶段，如表 7-1 所示。

表 7-1 自然语言处理发展历程

阶段	时段	研究手段
第一阶段	20 世纪 50—70 年代	图灵测试
		经验主义方法
		基于规则的方法
第二阶段	20 世纪 80 年代开始	理性主义方法
		基于统计的方法
第三阶段	2008 年之后	深度学习

  1950 年，图灵提出了著名的"图灵测试"，这一般被认为是自然语言处理思想的开端。20 世纪 50 年代到 70 年代，自然语言处理主要采用基于规则的方法，研究员们认为自然语言处理的过程和人类学习认知一门语言的过程是类似的，所以大量的研究员基于这个观点来进行研究。这时的自然语言处理停留在理性主义思潮阶段，以基于规则的方法为代表。但是基于规则的方法具有不可避免的缺点，首先规则不可能覆盖所有语句，其次这种方法对开发者的要求极高，开发者不仅要精通计算机还要精通语言学，因此，这一阶段虽然解决了一些简单的问题，但是无法从根本上将自然语言处理实用化。

  20 世纪 80 年代以后，随着互联网的高速发展，丰富的语料库成为现实以及硬件不断更新完善，自然语言处理思潮由理性主义向经验主义过渡，基于统计的方法逐渐代替了基于规则的方法。贾里尼克和他领导的 IBM 华生实验室是推动这一转变的关键，他们采用基于统计的方法，将当时的语音识别率从 70% 提升到 90%。在这一阶段，自然语言处理基于数学模型和统计的方法取得了实质性的突破，从实验室走向实际应用。

  从 2008 年到现在，在图像识别和语音识别领域的成果激励下，人们也逐渐开始引入深度学习来做自然语言处理研究，由最初的词向量到 2013 年 word2vec，将深度学习与自然语言处理的结合推向了高潮，并在机器翻译、问答系统、阅读理解等领域取得了一定成功。深度学习是一个多层的神经网络，从输入层开始经过逐层非线性的变化得到输出。从输入到输出做端到端的训练。把输入到输出对的数据准备好，设计并训练一个神经网络，即可执行预想的任务。RNN 已经是自然语言处理最常用的方法之一，GRU、LSTM 等模型相继引发了一轮又一轮的热潮。

7.1.3　自然语言处理技术的应用场景

自然语言理解（Natural Language Understanding，NLU）和自然语言生成（Natural Language Generation，NLG）是自然语言处理的两大任务，如图 7 - 3 所示，接下来从这两大任务去了解自然语言处理的应用场景。

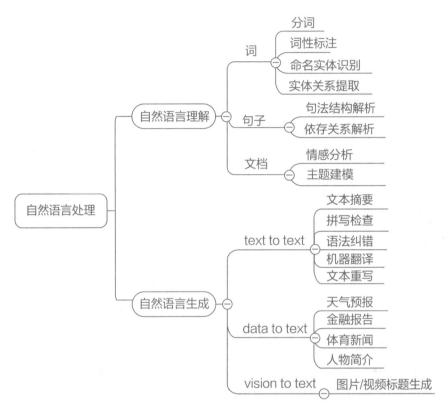

图 7-3　自然语言处理 = 自然语言理解 + 自然语言生成

7.1.3.1　机器翻译

关于这一项应用，大家应该不陌生，例如经常使用的中英在线翻译工具。如 7 - 4 所示，分别使用"百度翻译""谷歌翻译""有道翻译""搜狗翻译"四种工具翻译"三人行，必有我师焉。"古句。

7.1.3.2　智能问答

2011 年 1 月 13 日，IBM 的超级计算机沃森在首次公开测试中，战胜了美国智力竞赛节目《危险边缘》（Jeopardy）的两位冠军选手肯·詹宁斯和布拉德·鲁特，这是将于 2 月举行的"人机大战"开始前的练习赛。2 月 14 日，IBM 的沃森超级计算机正式登

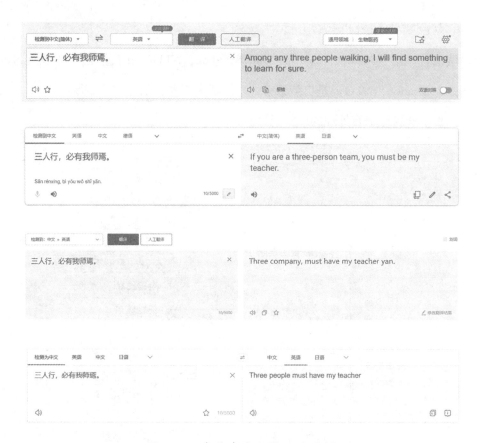

图 7-4　中英在线翻译工具示例

上美国最受欢迎的智力问答节目《危险边缘》，挑战该节目的两名总冠军肯·詹宁斯和布拉德·鲁特，实现有史以来首次人机智力问答对决，并赢取高达 100 万美元的奖金。

　　智能问答系统通常分为任务型机器人、闲聊型机器人和解决型机器人（客服机器人），三者的设计分别针对不同的应用场景。任务型机器人主要用于完成用户的某些特定任务，例如买机票、话费充值或者天气咨询；闲聊型机器人主要用于深入地与用户进行无目的交流；解决型机器人（客服机器人）用于解决用户的问题，例如商品购买咨询、商品退货咨询等。这里通过一些案例分析来介绍不同情况的算法选型：

　　（1）任务型问题

　　①"南宁今天天气怎么样"；②"明天呢"；③"后天呢"。

　　首先，"南宁今天天气怎么样"属于天气类问题，其中包含实体"地点""时间"，已经能够完成应答；然后，"明天呢"该句话仅包含实体信息"时间"，并未包含"地点"信息，如果直接采用意图分类，不能完成此次应答；最后，"后天呢"同样是只包含实体信息"时间"。针对此类的多轮对话场景，可采用 slot filling 的方式进行应答（slot filling 是由多个槽值组成，例如：天气场景需要实体槽值"地点"和"时间"）。下文"明天呢"和"后天呢"只包含"时间"实体，但是上文"南宁今天天气怎么样"则包含"地点"实体，只需要将下文的实体"时间"替换上文的实体"时间"即可。

（2）闲聊型问题

①在干吗呢？——想你呢，今天天气不错，没有出去玩？

②不知道去哪里啊？——桂林天气不错，可以出去耍耍。

③桂林耍什么呢？——游漓江、吃桂林米粉。

针对闲聊型问题，由于用户并无明确的意图，因此不适合做意图分类，这里可以采用生成式模型，根据大量用户历史的闲聊语料生成相应的答案（生成式模型得到的答案可能存在语法、连贯性问题，但是闲聊场景的对话对语句语法和连贯性要求不高，相对随意）。

（3）解决型问题

①"iPhone X 多少钱"；②"邮费是多少呢"；③"可以无理由退货吗"。

针对此处的多轮对话，涉及商品的购买、售前运费和退换货政策三个意图，并且后面的意图分析需要前文的会话意图，是一个典型的多轮对话过程。首先，"iPhone X 多少钱"通过单句的意图分类即可完成应答；而"运费是多少呢"则需要判断用户咨询的运费属于售前运费还是售后运费，此时可通过结合上文问题的方式进行意图分析（1，抽取上文的意图特征加入当前问题可解决部分上下文场景问题；2，结合上文和当前问题采用深度学习的算法进行上下文的意图分析）。最后，"可以无理由退货吗"需要知道商品的信息才可以回答用户的问题，因此需要知道上文商品"iPhone X"（可以将对话中实体、商品信息保存用于下文应答）。

7.1.3.3　智能写作

语言是人与人交流的工具，也是网络用户与互联网连接的方式。传统人类写作是以表达和传递为目的对主观和客观世界的记录，从日常生活到资讯、法律、办公、金融等行业都有广泛应用。进入互联网时代，信息爆炸带来了个人、企业、政府对互联网语言文本处理的强大需求；同时，提升资讯生产速度、延展其覆盖面的需求也不断增加。技术人员开始探讨如何让机器辅助人类更高效、更准确地处理和分析信息，随着自然语言处理技术的不断发展，让机器生成有价值的信息也成为可能。

现今，机器写作也已不仅是可利用机器来完成写作流程中的程式化环节，近年自然语言处理模型性能的不断突破，促使其从规则、模板写作发展到了以神经网络模型为核心的智能机器写作，从辅助记者创作逐步走向自动化写作，应用场景也从模板化的资讯类数据报告，深入到分析报告、诗歌创作、长故事文本创作、广告营销文本写作等更丰富、复杂的内容形式，贯穿信息监管、素材采集、文本编辑、文本创作、修改优化、敏感信息审核等多项业务环节，如表7-2所示。

表7-2　开展智能写作业务的行业及企业

应用行业	主要应用场景	相关公司及产品
资讯	体育、灾害、财经等数据新闻写作	路透社（OpenCalals、Lynx Insights tool）、彭博社（Cybong）、华盛顿邮报（Heliograf）、卫报、洛杉矶时报、美联社、第一财经（DT稿王）、每日经济新闻（每经小强）、财新网（财小智）、新华社（快笔小新）、今日头条（xiaoming bot）、腾讯（Dreamwriter）、封面传媒（小封机器人）、南方都市报（小南机器人）、智搜Giiso、Radar、Pacth、百度大脑智能创作平台
	热点挖掘	路透社（New Tracer）、纽约时报（blossom系统）、新华社（快笔小新）
	新闻摘要	今日头条（xiaoming bot）、腾讯（Dreamwriter）、新华社（快笔小新）、智搜Giiso
	真假新闻核查	华盛顿邮报（Truth teller）、路透社（News Tracer）、Factmata
	诗歌春联、故事写作	京东（李白写作）、微软（小冰）、封面传媒（封面云）、人民日报（创作大脑）
	综合类第三方平台	新华社（媒体大脑）、封面传媒（封面云）、人民日报（创作大脑）
金融	金融数据分析及生成	Kenso、文因互联、香侬科技

接续

应用行业	主要应用场景	相关公司及产品
广告营销	信息流、SEO文本写作	蓝色光标妙笔机器人、Articoolo、Dentsu Aegis Network、Persado、Phrasee
	邮件广告写作	Phrasee
	电商广告写作	阿里巴巴、京东、妙笔智能
办公	法律文书	法狗狗、元典律师助手、IBM（Ross）
	科普教育	先声智能、ETS（智能评分系统）、Netex（SmartED）、一笔两划
	行政办公	金山、微软、谷歌、世通亨奇
	医疗写作	深度智耀
多行业综合	体育、金融、新闻、法律等	Arria、Yseop、Narrative Science、达观数据、Automated Insights、微软小冰、神州泰岳、Primer、Grammarly、write lab、百度大脑智能创作平台、小发猫

注：数据摘自"机器之心"微信公众号

7.1.3.4 文本情感分析

在数字时代，信息过载是一个真实的现象，人们获取知识和信息的能力已经远远超过了理解它的能力。并且，这一趋势丝毫没有放缓的迹象，因此总结文档和信息含义的能力变得越来越重要。情感分析作为一种常见的自然语言处理方法的应用，可以从大量数据中识别和吸收相关信息，而且可以理解更深层次的含义。例如：企业分析消费者对产品的反馈信息，或者检测在线评论中的差评信息等。

以淘宝商品评价、饿了么外卖评价为例，通过情感分析，可以挖掘产品在各个维度的优劣，从而明确如何改进产品。例如：对外卖评价进行情感分析，可以分析菜品口味、送达时间、送餐态度、菜品丰富度等多个维度的用户情感指数，从而从各个维度上改进外卖服务。

情感分析可以采用基于情感词典的传统方法，也可以采用基于机器学习的方法。本书以基于情感词典方法为例进行介绍。以下为基于情感词典的情感分类方法。

（1）执行步骤

基于情感词典的方法，先对文本进行分词和停用词处理等预处理，再利用先构建好的情感词典，对文本进行字符串匹配，从而挖掘正面和负面信息。如图7-5所示：

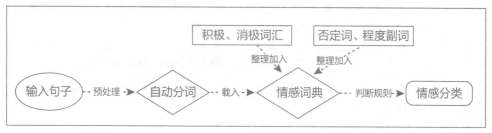

图7-5　情感分类执行流程

（2）情词词典

情感词典包含积极情感词语、消极情感词语、否定词表、程度副词表四部分，如图7-6所示。一般词典包含两部分，即词语和权重。

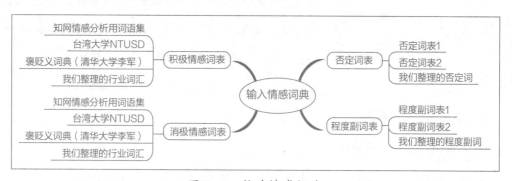

图7-6　构建情感词典

情感词典在整个情感分析中至关重要，所幸现在有很多开源的情感词典，如BosonNLP情感词典，它是基于微博、新闻、论坛等数据来源构建的情感词典，以及知网情感词典等。当然，自己也可以通过语料来训练情感词典。

（3）情感词典文本匹配算法

基于词典的文本匹配算法相对简单。逐个遍历分词后的语句中的词语，如果词语命中词典，则进行相应权重的处理。积极词权重为加法，消极词权重为减法，否定词权重取相反数，程度副词权重则和它修饰的词语权重相乘。如图7-7所示：

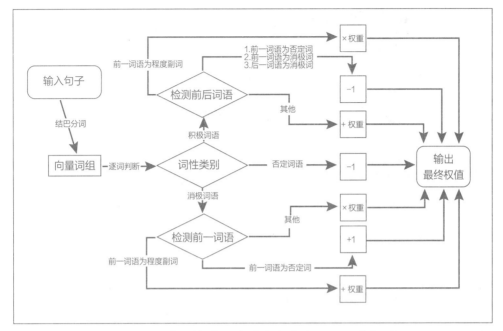

图 7-7　基于情感词典的文本分类——程序框图

利用最终输出的权重值，可以区分是积极、消极还是中性情感。

7.2　预备知识

7.2.1　语料与语料库

现如，今构建人工智能、机器学习甚至深度学习系统变得越来越容易。但是让这些模型或者系统真正有价值的却是"数据"。对于自然语言处理，这类数据就是语料。语料就是语言数据，有很多种形式，最简单的是文本，此外还有音频、视频等。一句话，一段文字就是一份语料。若干个类似的资料集合在一起就是语料库。对这些语言数据（语料）可以进行标注，以达到增值的目的，这里的价值包括研究价值、商业价值等。现在的语料库一般都是研究用的，很少有商业用途，但是商业价值是很有潜力的。另外，没标注的叫生语料，标注过的叫熟语料。

中文的信息无处不在，但如果想要获得大量的中文语料，却不太容易，有时甚至非常困难。

目前全球比较流行的语料库主要有：

①国内外著名语料库：

宾州大学语料库：https://www.ldc.upenn.edu/

Wikipedia XML 语料库：https://dumps.wikimedia.org/zhwiki/

②英文语料库：

古滕堡语料库：http://www.gutenberg.org/

语料库在线：http://www.aihanyu.org/cncorpus/index.aspx#P0

③中文语料库：

搜狗实验室新闻 |互联网数据：http://www.sogou.com/labs/

北京大学语言研究中心：http://ccl.pku.edu.cn/term.asp

数据堂：http://www.datatang.com/

"中央研究院" 平衡语料库：https://www.sinica.edu.tw/SinicaCorpus

语料库语言学在线：https://www.corpus4u.org/

国家语委现代汉语语料库：http://corpus.zhonghuayuwen.org/index.aspx

古代汉语语料库：http://corpus.zhonghuayuwen.org/

《人民日报》标注语料库：https://blog.csdn.net/eaglet/article/details/1778995

古汉语语料库：https://www.sinica.edu.tw/ch

近代汉语标记语料库：https://www.sinica.edu.tw/Early_Mandarin

除了语料库，全球也有一些主流的自然语言处理工具包可供开发使用，例如：

NLTK（Natural Language Toolkit）：自然语言工具包，Python 编程语言实现的统计自然语言处理工具。它是由宾夕法尼亚大学计算机和信息科学系的史蒂芬·伯德和爱德华·洛珀编写的。NLTK 支持 NLP 研究和教学相关的领域，其收集的大量公开数据集、模型提供了全面易用的接口，涵盖了分词、词性标注（Part of Speech tag，POS tag）、命名实体识别（Named Entity Recognition，NER）、句法分析（Syntactic Parse）等各项 NLP 领域的功能。广泛应用在经验语言学、认知科学、人工智能、信息检索和机器学习。

Stanford NLP：由斯坦福大学的 NLP 小组开源的 Java 实现的 NLP 工具包，同样对 NLP 领域的各个问题提供了解决办法。斯坦福大学的 NLP 小组是世界知名的研究小组，能将 NLTK 和 Stanford NLP 两个工具包结合起来使用，对于自然语言开发者再好不过了。2004 年 Steve Bird 在 NLTK 中加上了对 Stanford NLP 工具包的支持，通过调用外部的 jar 文件来使用 Stanford NLP 工具包的功能，这样一来就变得更为方便好用。

7.2.2 计算模型

7.2.2.1 从规则到统计

20 世纪 50 年代到 70 年代，全世界的科学家对计算机处理自然语言的认识都局限在人类学习语言的方式上，也就是用电脑模拟人脑。那时候学术界对自然语言理解的普遍认识是这样的：要让机器完成翻译这样只有人类才能做的事情，就必须先让计算机理解自然语言，而做到这一点就必须让计算机有类似人类的智能。（今天几乎所有的科学家都不坚持这一点，而很多门外汉还误以为计算机是靠类似人类的这种智能解决了上述问题。）

在 20 世纪 60 年代，摆在科学家面前的问题是怎样才能理解自然语言。当时普遍的认识是首先要做好两件事，即分析语句和获取语义。这实际上是受到传统语言学研究的影响。从中世纪以来，语法一直是欧洲大学教授的主要课程之一。到 18、19 世纪，西方的语言学家们已经对各种自然语言进行了非常形式化的总结，这方面的论文非常多，形成了十分完备的体系，学习西方语言，都要学习它们的语法规则（Grammar Rules）、词性（Part of Speech）和构词法（Morphologic）等。当然，应该承认这些规则是人类学习语言（尤其是外语）的好工具。而恰恰这些语法规则又很容易用计算机的算法描述，这就更坚定了大家对基于规则的自然语言处理的信心。

对于语义的研究和分析，相比较而言系统性较弱，语义也比语法更难在计算机中表达出来，因此直到 20 世纪 70 年代，这方面的工作仍然乏善可陈。

首先看看句法分析。先看下面一个简单句子：贾宝玉喜欢林黛玉。

这个句子可以分为主语、动词短语（即谓语）和句号三部分，然后可以对每个部分进一步分析，得到如下语法分析树（Parse Tree），如图7-8所示：

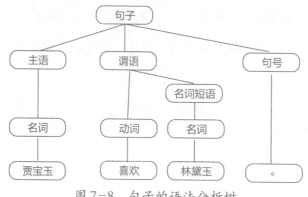

图 7-8　句子的语法分析树

在 20 世纪 70 年代，基于规则的句法分析很快就走到了尽头。而对于语义的处理则遇到了更大的麻烦。首先，自然语言中词的多义性很难用规则来描述，而是严重依赖于上下文，甚至是"世界的知识"（World Knowledge）或者常识。1966 年，著名人工智能专家明斯基举了一个简单的反例，说明计算机处理语言的难处，"The pen is in the box."和"The box is in the pen."中两个 pen 的区别。第一句话很好理解，学过半年英语的学生都懂。但是第二句话则会让外国人很困惑，为什么盒子可以装到钢笔里？其实，第二句话对于英语是母语的人来讲很简单，因为这里 pen 是围栏的意思。整句话翻译成中文就是"盒子在围栏里"。这里面 pen 是指钢笔还是围栏，通过上下文已经不能解决，需要常识，具体来说就是"钢笔可以放到盒子里，但是盒子比钢笔大，所以不能放到钢笔里"。这是一个很简单的例子，但是非常明白地说明了当时自然语言处理研究方法上存在的问题。

1970 年以后统计语言学的出现使得自然语言处理重获新生，并获得了非凡成就。推动这个技术路线转变的关键人物是弗里德里克·贾里尼克（Frederick Jelinek）和他领导的 IBM 华生实验室。

7.2.2.2 统计语言模型

自然语言是一种上下文相关的信息表达和传递的方式，因此让计算机处理自然语言，一个基本的问题就是为自然语言这种上下文相关的特性建立数学模型。这个数学模型就是在自然语言处理中常说的统计语言模型（Statistical Language Model），它是今天所有自然语言处理的基础，并且广泛应用于机器翻译、语音识别、印刷体或手写体识别、拼写纠错、汉字输入和文献查询。

统计语言模型产生的初衷是为了解决语音识别问题。在语音识别中，计算机需要知道一个文字序列是否能构成一个大家理解而且有意义的句子，然后显示或者打印给使用者。

例如以下一段话：

今日天猫正式官宣疫情后最大购物节——天猫 618 活动。

这句话就很通顺，意思也很明白。

如果改变一些词的顺序，或者替换掉一些词，将这句话变成：

天猫今日疫情后最大购物节——正式官宣天猫 618 活动。

意思就含混了，虽然多少还能猜到一点。

但是如果再换成：

猫今天日购物后疫情官宣节——动正式购物活最大 618。

基本上读者就不知所云了。

如果问一个没有学过自然语言处理的人为什么会变成这样，他可能说，第一个句子合乎语法，词义清晰。第二个句子不合乎语法，但是词义还清晰。第三个连词义都不清晰了。20 世纪 70 年代以前，科学家们也是这样想的，试图判断这个文字序列是否合乎文法、含义是否正确等。

但这条路走不通。而贾里尼克从另外一个角度来看待这个问题，用一个简单的统计模型非常漂亮地搞定了它。

贾里尼克的出发点很简单：一个句子是否合理，就看看它的可能性大小如何。至于可能性就用概率来衡量。第一个句子出现的概率是 10^{-20}，第二个句子出现的概率是 10^{-25}，第三个句子出现的概率是 10^{-70}。

因此，第一个最有可能，它的可能是第二个句子的 10 万倍，是第三个句子的一百亿亿亿亿亿亿倍。

这个方法更普通而严格的描述是：

假定 S 表示某一个有意义的句子，由一连串特定顺序排列的词 w_1，w_2，$\cdots$，w_n 组成，这里 n 是句子的长度。现在，我们想知道 S 在文本中出现的可能性，也就是数学上所说的 S 的概率 $P(S)$。当然，可以把人类有史以来讲过的话统计一下，同时不要忘记统计进化了几百年、几千年间可能讲过的话，就知道这句话可能出现的概率了。这种方法恐怕连智力障碍者都知道行不通，因此，需要有个模型来估算它。既然 $S = w_1$，

w_2，$\cdots$，w_n，那么不妨把 P（S）展开表示：

$$P（S）=P（w_1，w_2，\cdots，w_n）\tag{1}$$

利用条件概率的公式，S 这个序列出现的概率等于每一个词出现的条件概率相乘，于是 P（w_1，w_2，$\cdots$，w_n）可展开为：

$$P（w_1，w_2，\cdots，w_n）$$
$$=P（w_1）\cdot P（w_2 \mid w_1）\cdot P（w_3 \mid w_1，w_2）\cdots P（w_n \mid w_1，w_2，\cdots，w_{n-1}）\tag{2}$$

其中 P（w_1）表示第一个词 w_1 出现的概率；P（$w_2 \mid w_1$）是在已知第一个词的前提下，第二个词出现的概率；以此类推，不难看出，到了词 w_n，它的出现概率取决于它前面的所有词。

从计算上来看，第一个词的条件概率 P（w_1）很容易算，第二个词的条件概率 P（$w_2 \mid w_1$）也还不太麻烦，第三个词的条件概率 P（$w_3 \mid w_1，w_2$）已经非常难算了，因为它涉及三个变量 w_1、w_2、w_3，每个变量的可能性都是一种语言字典的大小。到了最后一个词 w_n，条件概率 P（$w_n \mid w_1，w_2，\cdots，w_{n-1}$）的可能性太多，无法估算，怎么办？

19 世纪到 20 世纪初，俄罗斯数学家马尔科夫给了一个偷懒但还颇为有效的方法，也就是每当遇到这种情况时，就假设任意一个词 w_i，出现的概率只同它前面的词 w_{i-1} 有关，于是问题就变得很简单了。这种假设在数学上称为马尔科夫假设。现在，S 出现的概率就变得简单了：

$$P（S）$$
$$=P（w_1）\cdot P（w_2 \mid w_1）\cdot P（w_3 \mid w_2）\cdots P（w_i \mid w_{i-1}）\cdots P（w_n \mid w_{n-1}）\tag{3}$$

公式（3）对应的统计语言模型是二元模型（Bigram Model）。

接下来的问题就是如何估计条件概率 P（$w_i \mid w_{i-1}$），根据它的定义：

$$P（w_i \mid w_{i-1}）=\frac{P（w_{i-1}，w_i）}{P（w_{i-1}）}\tag{4}$$

而估计联合概率 P（$w_i \mid w_{i-1}$）和边缘概率 P（w_{i-1}），现在变得很简单，因为有了大量机读文本，也就是专业人士讲的语料库（Corpus），只要数一数 w_{i-1} 和 w_i 这对词在统计的文本中前后相邻出现了多少次#（w_{i-1}，w_i），以及 w_{i-1} 本身在同样的文本中出现了多少次#（w_{i-1}），然后用两个数分除以语料库的大小#，即可得到这些词或者二元组的相对频度：

$$f\left(w_i \mid w_{i-1}\right) = \frac{\#\left(w_{i-1}, w_i\right)}{\#} \tag{5}$$

$$f\left(w_{i-1}\right) = \frac{\#\left(w_{i-1}\right)}{\#} \tag{6}$$

根据大数定理，只要统计量足够，相对频度就等于概率，即

$$P\left(w_i \mid w_{i-1}\right) \approx \frac{\#\left(w_{i-1}, w_i\right)}{\#} \tag{7}$$

$$P\left(w_{i-1}\right) \approx \frac{\#\left(w_{i-1}\right)}{\#} \tag{8}$$

而 $P\left(w_i \mid w_{i-1}\right)$ 就是这两个数的比值；再考虑上面的两个概率有相同的分母，可以约去，因此

$$P\left(w_i \mid w_{i-1}\right) \approx \frac{\#\left(w_{i-1}, w_i\right)}{\#\left(w_{i-1}\right)} \tag{9}$$

7.2.3 Python 与编辑工具

Python 是一种简单但功能强大的编程语言，其自带的函数非常适合处理语言数据。Python 可以从 http://www.python.org/ 免费下载，并能够在各种平台上安装运行。

关于 Python 代码编辑器，目前有很多，例如 Python 安装包自带的 IDLE，Anaconda 携带的 Jupyter Notebook，PyCharm IDE 等，读者可根据自身情况任选一款。

7.2.4 聊天机器人鼻祖——ELIZA

1966 年，麻省理工学院教授约瑟夫·维森鲍姆（Joseph Weizenbaum）发明了一个可以和人对话的小程序，名叫 ELIZA。这个名字来自萧伯纳的戏剧《卖花女》——其中，卖花女的名字就叫伊莱莎·杜立德（Eliza Doolittle）。

第一次使用 ELIZA 程序的人几乎都被惊呆了。约瑟夫·维森鲍姆将 ELIZA 设计成一个可以通过谈话帮助病人完成心理恢复的心理治疗师。人们不敢相信自己的眼睛，ELIZA 竟真的能够像人一样，与病人一聊就是好几十分钟，而且有的病人还特别愿意与 ELIZA 聊天。

今天，我们还可以从网络上找到许多不同的 ELIZA 的实现版本，在程序员爱用的编辑器 Emacs 中，有一个名叫医生（Doctor）的现代版本的 ELIZA 对话程序。下面是病人与这位"精神治疗医生"的一段对话记录。怎么样？还挺像两个真人在聊天吧？

I am the psychotherapist. Please, describe your problems. Each time you are finished talking, type RET twice.

我是心理治疗师，请问你有什么问题。每次说完话，请按两次回车键。

How are you doing?

你好吗？

I'm ok. Tell me about yourself.

还不错，跟我讲讲你自己。

I feel so alone and sad.

我感觉好孤独，好忧伤。

Why do you say you feel so alone and sad?

为什么你感觉好孤独，好忧伤？

I have no friends or family who care about me.

朋友和家人都不关心我。

Tell me something about your family.

跟我讲讲你的家庭。

I do not have anyone to talk to.

我根本找不到说话的人。

Is it because of your plans that you say you do not have anyone to talk to?

你说你根本找不说话的人，是因为你打算如此？

No.

不是。

Why not?

为什么不是？

My life is nonsense.

我的生活毫无意义。

Maybe your life has something to do with this.

也许可以在你的生活中找到根源。

I don't think so.

我不觉得。

想象一下，20 世纪 60 年代的人第一次看到类似这样的人机对话，会是怎样一种既惊讶又兴奋的神情。但约瑟夫·维森鲍姆公布出来的程序原理和源代码又让当时的人大跌眼镜：ELIZA 的程序逻辑非常简单。

ELIZA 所做的，几乎就是在一个相当有限的话题库里，用关键字映射的方式，根据病人的问话，找到自己的回答。例如：当用户说"你好"时，ELIZA 就说："我很好。跟我说说你的情况。"此外，ELIZA 会用"为什么？""请详细解释一下"之类引导性的句子，来让整个对话不停地持续下去。同时，ELIZA 还有一个非常聪明的技巧，它可以通过人称和句式替换来重复用户的句子。例如：用户说"我感到孤独和难过"时，ELIZA 会说："为什么你感到孤独和难过？"这样一来，虽然根本不理解用户到底说了什么，但 ELIZA 表面上却用这些小技巧"装作"自己可以理解自然语言的样子。

ELIZA 是那种第一眼会让人误以为神通广大，仔细看又让人觉得不过尔尔的小程序。当年虽有人宣称 ELIZA 可以通过图灵测试，但更多人只是非常客观地将 ELIZA 看成是人们第一次实现聊天机器人（Chatbot）的尝试。追本溯源，ELIZA 是现在流行的微软小冰、苹果 Siri、谷歌 Allo 乃至亚马逊 Alexa 的真正鼻祖。

7.3　小试牛刀

光说不练假把式，本节将通过几个小案例，让大家实操一把，在实践中理解自然语言处理。

7.3.1 与 60 年前的 ELIZA 机器人聊天

操作步骤：

①按照如下网址，下载 eliza.py Python 程序文件。

https://github.com/jezhiggins/eliza.py

②假定下载的文件放置 F 盘根目录。打开 CMD 窗口，进入 F 盘目录。

③执行 Python 命令，运行 eliza.py 程序。

④开始与 ELIZA 聊天，如图 7-9 所示。

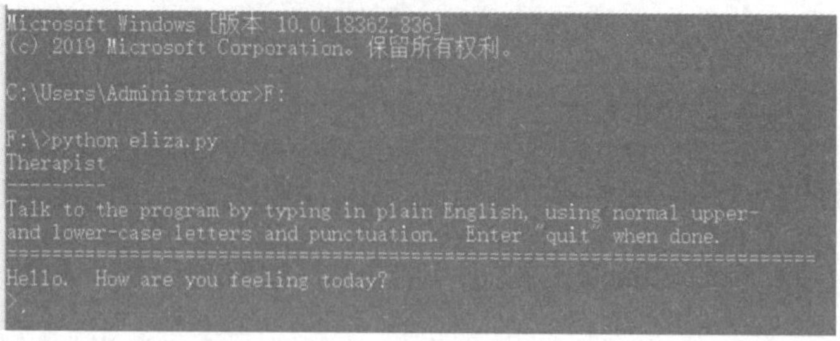

图 7-9　运行 Python 程序，实现与机器人 ELIZA 聊天

7.3.2 NLTK 自然语言处理包的使用

Python NLTK 库中包含大量的语料库，但是大部分都是英文，不过有一个 Sinica（台湾“中央研究院”）提供的繁体中文语料库。

在使用这个语料库之前，我们首先要检查一下是否已经安装了这个语料库。

如图 7-10 所示，检查箭头所指的 sinica_treebank 是否安装，如果未安装，则首先要进行安装。安装后就可以使用了，如图 7-11 所示。

```
>>>import nltk
>>>nltk.download()
```

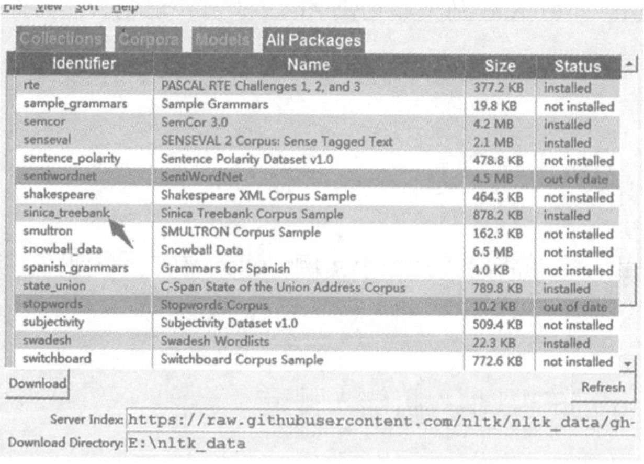

Identifier	Name	Size	Status
rte	PASCAL RTE Challenges 1, 2, and 3	377.2 KB	installed
sample_grammars	Sample Grammars	19.8 KB	not installed
semcor	SemCor 3.0	4.2 MB	installed
senseval	SENSEVAL 2 Corpus: Sense Tagged Text	2.1 MB	installed
sentence_polarity	Sentence Polarity Dataset v1.0	478.8 KB	not installed
sentiwordnet	SentiWordNet	4.5 MB	out of date
shakespeare	Shakespeare XML Corpus Sample	464.3 KB	not installed
sinica_treebank	Sinica Treebank Corpus Sample	878.2 KB	installed
smultron	SMULTRON Corpus Sample	162.3 KB	not installed
snowball_data	Snowball Data	6.5 MB	not installed
spanish_grammars	Grammars for Spanish	4.0 KB	not installed
state_union	C-Span State of the Union Address Corpus	789.8 KB	installed
stopwords	Stopwords Corpus	10.2 KB	out of date
subjectivity	Subjectivity Dataset v1.0	509.4 KB	not installed
swadesh	Swadesh Wordlists	22.3 KB	installed
switchboard	Switchboard Corpus Sample	772.6 KB	not installed

图 7-10　NLTK 工具包涉及的语料库安装界面

```
import nltk
from nltk.corpus import sinica_treebank
print(sinica_treebank.words())

['一', '友情', '嘉珍', '和', '我', '住在', '同一條', '巷子', '我們', ...]
```

图 7-11　安装 NLTK 工具包

①来看一下 NLTK 中文语法树，如图 7-12 所示。

sinica_treebank.parsed_sents()[30].draw()
NLTK
File
Zoom
S
NP
Dd
VE11
NP
Nhaa
才
問
Nhaa
我
她

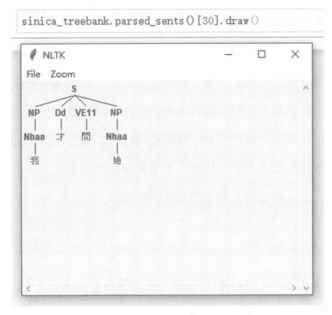

图 7-12　NLTK 中文语法树

②搜索中文文本，如图 7-13 所示。

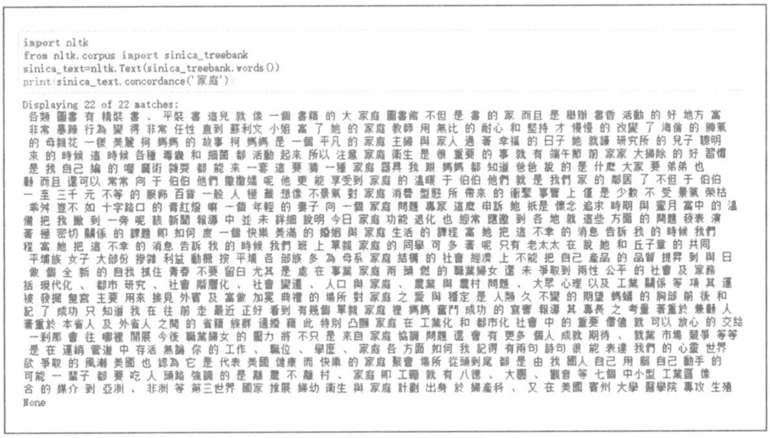

import nltk
from nltk.corpus import sinica_treebank
sinica_text=nltk.Text(sinica_treebank.words())
print(sinica_text.concordance('家庭'))
Displaying 22 of 22 matches:
None

图 7-13　搜索中文文本

7.3.3 自然语言处理相关功能 Excel 插件的使用

Excel 技术达人李伟坚（网名：Excel 催化剂）开发了一款 Excel 插件，将国内主流人工智能平台的一些 AI 能力集成到 Excel 工具，在 Excel 中实现机器翻译、分词、情感分析、词云显示等功能。详情参见以下网址中的文章，有兴趣的读者可进一步了解和学习。

https://cloud.tencent.com/developer/article/1545817

本章小结

　　语言是人类区别于其他动物的重要特征，承担着人类表达情感、交流思想、传播知识等重要功能。未来，人机协作将长期共存，自然语言处理将是实现人机语言沟通这种人机交互方式的重要技术手段。人类对自然语言处理的探索随着计算机的诞生就已出现，目前已有 60 余年的发展历史，中间有弯路也有重大突破，至今仍是人工智能领域重点研究分支，希望未来有更多才俊加入自然语言处理发展队伍中，让人工智能皇冠上的这颗明珠熠熠生辉。

讨论

　　（1）拿出自己的手机，观察手机的哪些功能或者手机中哪款 App 的功能是与自然语言处理相关的；这些功能使用起来效果如何，还存在哪些不足。

　　（2）"图灵测试"和"中文屋问题"都涉及机器的语言理解，但这种语言理解和人类的语言理解是否一样？机器智能和生物智能有什么区别？从"黑猫白猫，抓住耗子的就是好猫"的实用角度给人工智能下定义，即若某个程序做了和人相似的有智能的事，那它就具有智能。对于这样的定义，你是否接受？

阅读延展

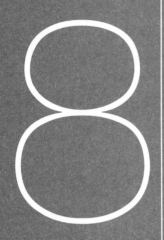

第 8 章

知识图谱

学习目标

通过本章的学习，了解自知识图谱的应用场景；掌握知识图谱的构建，了解知识图谱相关案例及技术的实现。

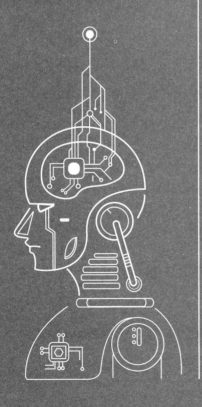

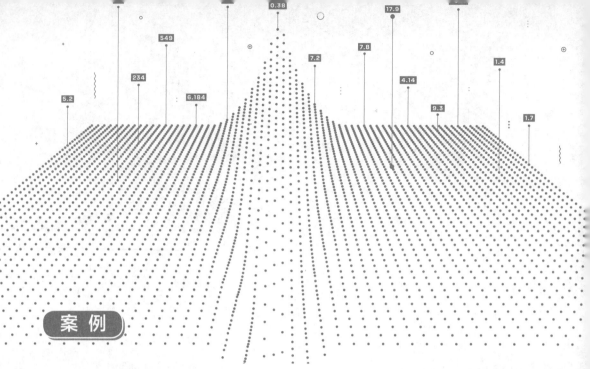

我们上网的时候会经常查找一些感兴趣的页面或者产品，在浏览器上浏览过的痕迹会被系统记录下来，放入我们的特征库。例如：对于电子商务网站而言，如果我们想购买笔记本，就会在电子商务网站上查看并比较不同商家的笔记本，当我们再次打开电子商务网站的时候，笔记本就会优先显示在商品列表中供我们选择。再例如：浏览新闻时，如果我们对体育类或者社会

偏好及兴趣点
偏好类别
偏好标签
偏好品牌
偏好物品
是否高价值用户
是否价格敏感
……

属性	值
年龄	28
性别	女
星座	巨蟹座
工作	销售
地域	上海
学历	硕士
婚否	已婚

图 8-1　个性推荐系统图

热点很关注，新闻 App 就会给我们推荐体育题材或者社会热点的新闻。这就是将用户的个性化特征与知识图谱技术结合得到的个性化推荐系统，如图 8-1 所示。

利用知识图谱技术实现的个性化推荐系统通过收集用户的兴趣偏好、属性以及产品的分类、属性、内容等，分析用户之间的社会关系、用户和产品的关联关系，并利用个性化算法，推断出用户的喜好和需求，从而为用户推荐感兴趣的产品或者内容。既然知识图谱技术那么有个性，那么什么是知识图谱技术呢？它又是怎样构建成的呢？让我们带着这些问题开始本章的学习之旅吧！

8.1 知识图谱技术原理

随着移动互联网的发展，万物互联成为可能，这种互联所产生的数据也在爆发式地增长，而且这些数据恰好可以作为分析关系的有效原料。如果说以往的智能分析专注在每一个个体上，在移动互联网时代，除了个体，个体之间的关系也必然成为我们需要深入分析的很重要的部分。在一项任务中，只要有关系分析的需求，知识图谱技术就"有可能"派上用场，如图 8-2 所示。

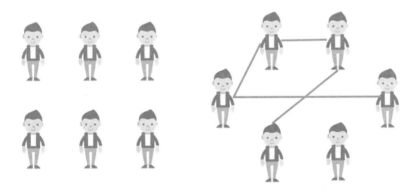

图 8-2　知识图谱示意图

8.1.1 知识图谱的示意概念

8.1.1.1 知识图谱的定义

知识图谱是由 Google 公司在 2012 年提出来的一个新的概念。从学术的角度，我们可以给知识图谱下一个这样的定义："知识图谱（Knowledge Graph）本质上是语义网络（Semantic Network）的知识库。"但这有点抽象，从实际应用的角度出发，其实可以简单地把知识图谱理解成多关系图（Multi-relational Graph）。

那什么叫多关系图呢？学过数据结构的学生应该知道什么是图（Graph）。图是由节点（Vertex）和边（Edge）构成的，但这些图通常只包含一种类型的节点和边。而多关系图一般包含多种类型的节点和多种类型的边。例如：图8-3中，左图表示经典的图的结构，右图则表示多关系图，因为右图包含多种类型的节点和边，这些类型由不同的颜色来标记。

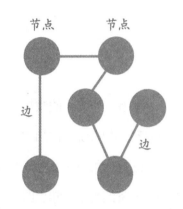 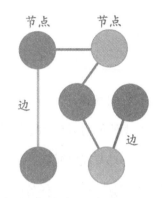

包含一种类型的节点和边　　包含多种类型的节点和边
（不同形状和颜色代表不同种类的节点和边）

图8-3　知识图谱关系图

8.1.1.2 知识图谱的表示

知识图谱应用的前提是已经构建好了知识图谱，也可以把它认为是一个知识库。这也是为什么它可以用来回答一些搜索相关问题的原因。例如：在Google搜索引擎里输入"Who is the wife of Bill Gates?"，我们直接可以得到答案——"Melinda Gates"。这是因为我们在系统层面上已经创建好了一个包含"Bill Gates"和"Melinda Gates"的实体以及两者之间关系的知识库。所以，当我们执行搜索的时候，就可以通过关键词提取（"Bill Gates""Melinda Gates""wife"）以及知识库上的匹配直接获得最终的答案。这种搜索方式跟传统的搜索引擎是不一样的，传统的搜索引擎返回的是网页，而不是最终的答案，所以就多了一层用户自己筛选并过滤信息的过程。

在现实世界中，实体和关系也会拥有各自的属性，例如人可以有"姓名"和"年龄"。当一个知识图谱拥有属性时，我们可以用属性图（Property Graph）来表示。图8-4表示一个简单的属性图。李飞和李明是父子关系，李明拥有一个138开头的电话号码，这个电话号码开通时间是2018年，其中2018年就可以作为关系的属性。类似的，李明本人也带有一些属性值，例如年龄为25岁、职位是总经理等。

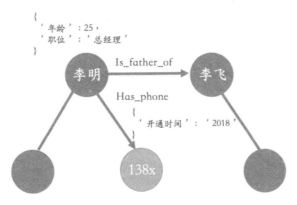

图 8-4　知识图谱属性图

这种属性图的表达很贴近现实生活中的场景，也可以很好地描述业务中所包含的逻辑。除了属性图，知识图谱也可以用资源描述框架（Resource Description Framework，RDF）来表示，它是由很多的三元组（Triples）组成的。RDF 在设计上的主要特点是易于发布和分享数据，但不支持实体或关系拥有属性，如果非要加上属性，则在设计上需要做一些修改。目前来看，RDF 主要还是用于学术的场景，在工业界更多的还是采用图数据库（用来存储属性图）的方式。感兴趣的读者可以参考 RDF 的相关文献，在本章不多做解释。

8.1.2　知识图谱技术的发展历程

知识图谱的发展历程可以追溯到 20 世纪 50 年代诞生的专家系统，专家系统是一个具有大量的专门知识与经验的程序系统，它应用人工智能技术和计算机技术，根据某领域一个或多个专家提供的知识和经验，进行推理和判断，模拟人类专家的决策过程，以便解决那些需要人类专家处理的复杂问题。

①20 世纪 50 年代到 70 年代，符号逻辑、神经网络、LISP（List Processing 语言），还有一些语义网络已经出现，不过尚处于简单且不太规范的知识表示形式。

②20 世纪 70 年代到 90 年代，出现了一些专家系统，一些限定领域的知识库（如金融、农业、林业等领域），以及后来出现的一些脚本、框架、推理。

③20 世纪 90 年代到 2000 年，出现了万维网、人工大规模知识库、本体概念以及智能主体与机器人。

④2000 年到 2006 年，出现了语义 Web、群体智能、维基百科、百度百科以及工作

百科之类的内容。

⑤2006 年至今，对数据进行了结构化。但是数据和知识的体量越来越大，导致通用知识库越来越多。随着大规模的知识需要被获取、整理以及融合，知识图谱应运而生。

图 8-5　知识图谱发展里程碑

图 8-5 为知识图谱发展里程碑，从中可以看出：

2010 年，微软发布了 Satori 和 Probase，它们是比较早期的数据库，当时图谱规模约为 500 亿，主要应用于微软的广告和搜索等业务。

接着在 2012 年，谷歌推出了 Knowledge Graph，当时的数据规模有 700 亿。

后来，Facebook、阿里巴巴以及亚马逊也相继于 2013 年、2015 年、2016 年推出了各自的知识图谱和知识库。它们主要被用在知识理解、智能问答以及推理和搜索等业务上。

从数据的处置量来看，早期的专家系统只有上万级知识体量，后来阿里巴巴和百度推出了千亿级甚至是兆级的知识图谱系统。

图 8-6 左侧条形图反映了某类法律文本在数量上的变化趋势。2014 年文本的数量还不到 1500 万，而到了 2018 年总量就超过了 4500 万。预计至 2020 年，文本的数量有望突破 1 亿万（某一特定类别）。那么，现在所面临的问题包括数据量的庞大、非结构化的保存以及历史数据的积累等方面，这些都会导致信息知识体以及各种实体的逐渐膨胀。因此，我们需要通过将各种知识连接起来，形成知识图谱。

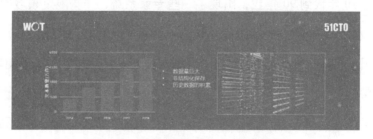

图 8-6　知识图谱文本数量增量图

8.1.3 知识图谱的应用场景

知识图谱的应用领域已经越来越广泛，并且很多都与我们息息相关。

8.1.3.1 场景一： 智能搜索

智能搜索指在使用浏览器进行搜索信息或问题时，计算机服务器会自动通过构建好的知识图谱来分析处理用户发送过来的信息并准确全面地回答用户提出的问题。以百度浏览器为例，当我们搜索 A 的时候，百度浏览器在最初的分词会分出与 A 相关的 A1、A2 和 A3，A3 就是 A 的关键词，在引入了知识图谱之后，搜索引擎就会明白 A 和 A1、A2 的实体关系，并且能把 A2 以列表形式反映出来，也就是用户画像。例如：当我们在百度浏览器搜索姚明时，浏览器不光能准确输出姚明的详细信息，还能在右侧显示出与姚明有关系的一些成员信息，这些就是知识图谱在智能搜索中的具体应用。

8.1.3.2 场景二： 识别团伙欺诈作案

银行信用卡的申请欺诈是指申请者使用本人身份或他人身份或编造、伪造虚假身份进行申请信用卡、申请贷款、透支欺诈等欺诈行为，包括个人欺诈、团伙欺诈、中介包装、伪冒资料等。团伙欺诈者一般会共用合法联系人的一部分信息，如电话号码、联系地址、联系人手机号等，并通过它们的不同组合创建多个合成身份。例如：3 个人仅通过共用电话和地址两个信息，可以合成 9 个假名身份，每个合成身份假设有 5 个账户，总共约 45 个账户。假设每个账户的信用等级为 20000 元，那么银行的损失可能高达 900000 元。由于拥有共用的信息，团伙欺诈者通过这些信息构成欺诈环。

为了能识别出这种欺诈行为，银行系统可以将所有用户信息构建成一个知识图谱。通过知识图谱的智能分析和识别，可以快速地识别出这种欺诈行为，进而能有效地规避和制止。

8.1.3.3 场景三： 失联客户管理

当我们向银行或其他机构贷款时，银行或贷款机构除了做好贷前的风险控制，知识图谱在贷后也发挥了强大的作用。例如：在贷后失联客户管理的问题上，知识图谱可以帮助银行或贷款机构挖掘出更多潜在的新的联系人，从而提高催收的成功率。

现实中，不少借款人在借款成功后出现不还款现象并且玩失踪，使得催收人员因无法联系借款人本人，对这种尴尬的"失联"状态而无从下手。那么就可以借助知识图谱技术，挖掘出更多的与借款人有关系的新联系人，这样就会大大提高催收成功率。

8.1.3.4 场景四：　精准营销

大家平时网络购物都喜欢用天猫、淘宝、京东或者拼多多等电商平台。但是，你是否有注意到在你浏览想要购买的商品时，在商品页面的最底部或者在购物车页面以及订单页面都会有一个"猜你喜欢"或类似这样的商品列表栏目（如图8-7、图8-8所示），但这个栏目的商品并不是你曾经买过的商品。这时相信大家肯定有疑问，为什么没买过的商品会自动推送呢？其实这是电商平台给全网用户打标签，通过标签判断用户属性。当你购买某一类商品时，电商平台会把跟你买了同样商品的用户找出来，然后把其他用户已经购买过但是你没有购买过的商品推送给你。你看到的"猜你喜欢"这个栏目里的商品就是这么来的。这背后其实就是电商平台构建了一个用户和商品关系的知识图谱，电商平台可以通过这个知识图谱达到精准营销的目的。

图8-7　购物车中的商品推荐栏目

图8-8　订单中的商品推荐栏目

8.2 预备知识

一个完整的知识图谱的构建包含以下五个步骤：定义具体的业务问题、数据的收集与预处理、知识图谱的设计、知识图谱的存储和上层应用开发与系统评估。下面我们就按照这个流程来讲一下每个步骤所需要做的事情以及需要思考的问题。

8.2.1 定义具体的业务问题

在构建知识图谱前，首先要明确的一点是，对于自身的业务问题到底需不需要知识图谱系统的支持。因为在很多的实际场景，即使对关系的分析有一定的需求，实际上也可以利用传统数据库来完成。所以为了避免为使用知识图谱而选择知识图谱，以及更好的技术选型，以下给出了几点总结，供参考。

对可视化需求不高，很少涉及关系的深度探索，对关系查询效率要求不高，数据缺乏多样性，暂时没有人力或者成本不够，建议用更简单的方式。

有强烈的可视化需求，经常涉及关系的深度探索，对关系查询效率有实时性需求，数据多样化、解决数据孤岛问题，有人力、有成本搭建系统，建议选择知识图谱。

8.2.2 数据的收集与预处理

在明确问题后，紧接着要确定数据源以及必要的数据预处理。针对数据源，需要考虑以下几点：一、已经有哪些数据？二、虽然现在没有，但有可能拿到哪些数据？三、其中哪部分数据可以用来降低风险？四、哪部分数据可以用来构建知识图谱？在这里需要说明的一点是，并不是所有与反欺诈相关的数据都必须进入知识图谱，对于这部分的一些决策原则在接下来的部分会有比较详细的介绍。

对于反欺诈，有几个数据源是很容易想得到的，包括用户的基本信息、行为数据、运营商数据、网络上的公开信息等。假设已经有了一个数据源的列表清单，下一步要看哪些数据需要进一步的处理，例如对于非结构化数据或多或少都需要用到与自然语言处理相关的技术。用户填写的基本信息一般会存储在业务表里，除了个别字段需要进一步处理，很多字段则直接可以用于建模或者添加到知识图谱系统里。对于行为数据，则需要通过一些简单的处理，并从中提取有效的信息，例如"用户在某个页面停留时长"等。对于网络上公开的网页数据，则需要一些与信息抽取相关的技术。

例如：对于用户的基本信息，很可能需要如下的操作。一方面，用户信息例如姓名、年龄、学历等字段可以直接从结构化数据库中提取并使用。但另一方面，对于填写的公司名，有可能需要做进一步的处理。例如部分用户填写"北京贪心科技有限公司"，另外一部分用户填写"北京望京贪心科技有限公司"，其实指向的是同一家公司。所以，这时候需要将公司名对齐，用到的技术细节可以参考实体对齐技术，如图 8-9所示。

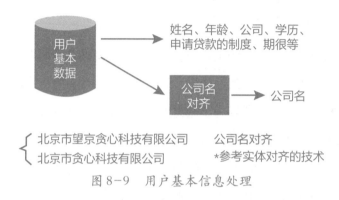

图 8-9　用户基本信息处理

8.2.3 知识图谱的设计

知识图谱的设计是一门艺术，不仅要对业务有很深的理解，也要对未来业务可能产生的变化有一定预估，从而设计出最贴近现状并且性能高效的系统。在知识图谱设计的问题上，会面临以下几个常见的问题：一、需要哪些实体、关系和属性？二、哪些属性可以作为实体，哪些实体可以作为属性？三、哪些信息不需要放在知识图谱中？基于这些常见的问题，人们从以往的设计经验中抽象出了一系列的设计原则，如知识图谱的 BAEF 原则：业务原则（Business Principle）；分析原则（Analytics Principle）；效率原则（Efficiency Principle）；冗余原则（Redundancy Principle）。这些设计原则类似于传统数据库设计中的范式，来引导相关人员设计出更合理的知识图谱系统，同时保证系统的高效性。

接下来，通过举几个简单的例子来说明其中的一些原则。

首先，业务原则（Business Principle），它的含义是"一切要从业务逻辑出发，并且通过观察知识图谱的设计也很容易推测其背后业务的逻辑，而且设计时也要想好未来业务可能的变化"。举个例子，可以观察一下图 8-10 中的图谱，并试问自己背后的业务逻辑是什么。通过一番观察，其实也很难看出到底业务流程是什么样的。做个简单的解释，这里的实体——"申请"意思是 application，如果对这个领域有所了解，其实就是进件实体。在图 8-10 中，"申请"和"电话"实体之间的"Has_ phone""Parent_ phone"是什么意思呢？

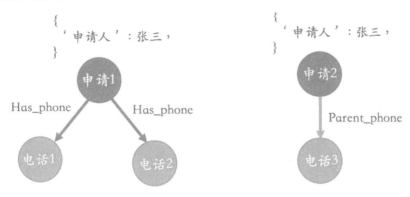

图 8-10　知识图谱属性实体关系图

接下来再看一下图 8-11 中的图，跟之前的区别在于把申请人从原有的属性中抽取出来并设置成一个单独的实体。在这种情况下，整个业务逻辑就变得很清晰，很容易看出张三申请了两个贷款，而且张三拥有两个手机号，在申请其中一个贷款的时候他填写了父母的电话号码。总而言之，一个好的设计很容易让人看到业务本身的逻辑。

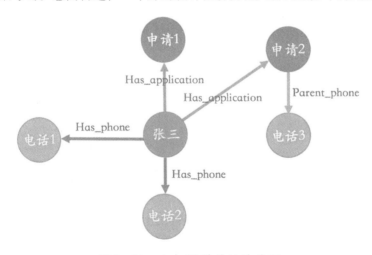

图 8-11　知识图谱属性关系图

其次，效率原则（Efficiency Principle），效率原则让知识图谱尽量轻量化，并决定哪些数据放在知识图谱中，哪些数据不需要放在知识图谱中。在这里我们做一个简单的类比，在经典的计算机存储系统中，经常会谈论到内存和硬盘，内存作为高效的访问载体，是所有程序运行的关键。这种存储上的层次结构设计源于数据的局部性——"locality"，也就是说经常被访问到的数据集中在某一个区块上，所以这部分数据可以放到内存中来提升访问的效率,如图8-12所示。类似的逻辑也可以应用到知识图谱的设计上:把常用的信息存放在知识图谱中,把那些访问频率不高、对关系分析无关紧要的信息放在传统的关系型数据库中。效率原则的核心在于把知识图谱设计成小而轻的存储载体。

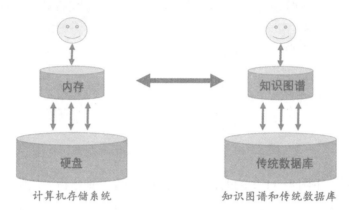

图8-12 知识图谱存储图

例如在图8-13中的知识图谱中,我们完全可以把一些信息例如"年龄""家乡"放到传统的关系型数据当中,因为这些数据对于分析关系来说没有太多作用,而且访问频率低,放在知识图谱中反而影响效率。

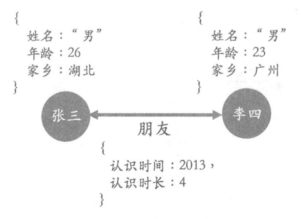

图8-13 知识图谱人物属性关系图

最后,从分析原则(Analytics Principle)的角度,我们不需要把跟关系分析无关的实体放在图谱当中;从冗余原则(Redundancy Principle)的角度,有些重复性信息、高频信息可以放到传统数据库当中。

8.2.4 知识图谱的存储

知识图谱主要有两种存储方式：一种是基于 RDF 的存储；另一种是基于图数据库的存储。它们之间的区别如图 8-14 所示。RDF 的一个重要设计原则是数据的易发布以及共享，而图数据库则把重点放在了高效的图查询和搜索上。另外，RDF 以三元组的方式来存储数据而且不包含属性信息，而图数据库一般以属性图为基本的表示形式，实体和关系可以包含属性，这就意味着更容易表达现实的业务场景。

○ 存储三元组（Triple）　　　　○ 节点和关系可以带有属性
○ 标准的推理引擎　　　　　　　○ 没有标准的推理引擎
○ W3C标准　　　　　　　　　　○ 图的遍历效率高
○ 易于发布数据　　　　　　　　○ 事务管理
○ 多数为学术界场景　　　　　　○ 基本为工业界场景

　　　　RDF　　　　　　　　　　　　　　图数据库

图 8-14　知识图谱 RDF 与图数据库特点图

根据最新的统计（2018 年上半年），图数据库仍然是增长最快的存储系统。相反，关系型数据库的增长基本保持在一个稳定的水平。图 8-15 列出了常用的图数据库系统及其最新使用情况的排名。其中，Neo4j 系统目前仍是使用率最高的图数据库，它拥有活跃的社区，而且系统本身的查询效率高，但唯一的不足是不支持准分布式。相反，OrientDB 和 JanusGraph（原 Titan）支持分布式，但这些系统相对较新，社区不如 Neo4j 活跃，这也就意味着使用过程当中不可避免地会遇到一些棘手的问题。如果选择使用 RDF 的存储系统，Jena 或许是一个比较不错的选择。

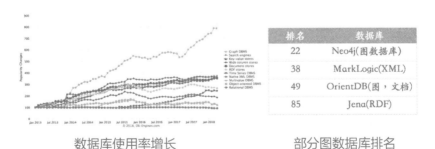

排名	数据库
22	Neo4j(图数据库)
38	MarkLogic(XML)
49	OrientDB(图，文档)
85	Jena(RDF)

　　　数据库使用率增长　　　　　　　　　部分图数据库排名

图 8-15　知识图谱数据库使用分布图

8.2.5 上层应用开发与系统评估

构建好知识图谱之后，可以使用它来解决具体的问题。对于风控知识图谱来说，首要任务就是挖掘关系网络中隐藏的欺诈风险。从算法的角度来讲，有两种不同的场景：一种是基于规则的；另一种是基于概率的。鉴于目前 AI 技术的现状，基于规则的方法论依然在垂直领域的应用中占据主导地位，但随着数据量的增加以及方法论的提升，基于概率的模型将会逐步带来更大的价值。

8.2.5.1 基于规则的方法论

基于规则的应用有不一致性验证、基于规则的特征提取、基于模式的判断。

（1）不一致性验证

为了判断关系网络中存在的风险，一种简单的方法就是做不一致性验证，也就是通过一些规则去找出潜在的矛盾点。这些规则是以人为的方式提前定义好的，所以在设计规则这个事情上需要一些业务的知识。例如图 8-16 中，李明和李飞两个人都注明了同样的公司电话，但实际上从数据库中判断这两人其实在不同的公司上班，这就是一个矛盾点。类似的规则其实还有很多，在这里不一一列出。

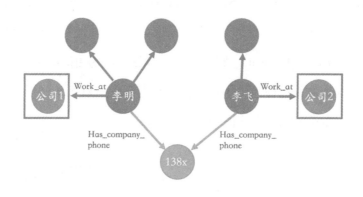

图 8-16　知识图谱不一致性验证图

（2）基于规则的特征提取

可以基于规则从知识图谱中提取一些特征，而且这些特征一般基于深度的搜索，例如二度、三度甚至更高维度。例如，提出这样一个问题："申请人二度关系里有多少个实体触碰了黑名单？"从图 8-17 中可以观察到二度关系中有两个实体触碰了黑名单

（黑名单用红色来标记）。等这些特征被提取之后，一般可以作为风险模型的输入。在此说明一点，如果特征并不涉及深度的关系，其实传统的关系型数据库足以满足需求。

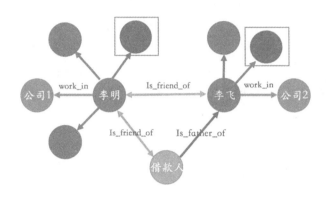

图 8-17 知识图谱特征提取图

（3）基于模式的判断

这种方法比较适用于找出团体欺诈，它的核心在于通过一些模式来找到有可能存在风险的团体或者子图（sub-graph），然后对这部分子图做进一步的分析。

这种模式有很多种，在这里举几个简单的例子。例如：在图 8-18 中，三个实体共享了很多其他的信息，可以看成是一个团体，并对其做进一步的分析。

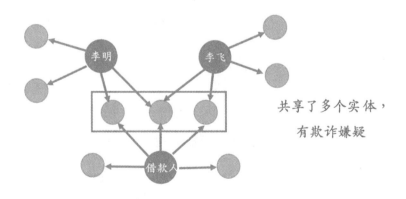

图 8-18 知识图谱多点共享信息图

再例如：也可以从知识图谱中找出强连通图，如图 8-19 所示，并把它标记出来，然后做进一步风险分析。强连通图意味着每一个节点都可以通过某种路径达到其他的点，也就说明这些节点之间有很强的关系。

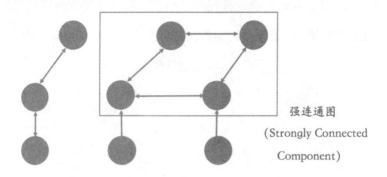

图 8-19   知识图谱强连通图

8.2.5.2 基于概率的方法论

除了使用基于规则的方法论，也可以使用概率统计的方法论。例如社区挖掘、标签传播、聚类等技术都属于这个范畴。对于这类技术，在本章中不做详细的讲解，感兴趣的读者可以参考相关文献。

社区挖掘算法的目的在于从图中找出一些社区。对于社区，可以有多种定义，但直观上可以理解为社区内节点之间关系的密度要明显大于社区之间的关系密度。图 8-20 表示社区发现之后的结果，图中总共标记了三个不同的社区。一旦得到这些社区，就可以做进一步的风险分析。由于社区挖掘是基于概率的方法论，好处在于不需要人为地去定义规则，特别是对于一个庞大的关系网络来说，定义规则本身是一件很复杂的事情。

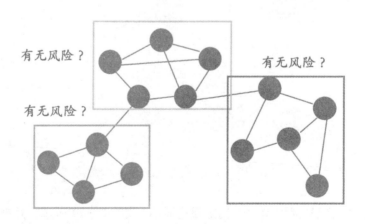

图 8-20   知识图谱社区挖掘图

标签传播算法的核心思想在于节点之间信息的传递。这就类似于跟优秀的人在一起自己也会逐渐地变优秀。因为通过这种关系会不断地吸取高质量的信息，最后使得自己也会不知不觉中变得更加优秀。具体细节不在这里做更多解释。

相比基于规则的方法论，基于概率的方法论的缺点在于需要足够多的数据。如果数据量很少，而且整个图谱比较稀疏（Sparse），基于规则的方法论将成为我们的首选。尤其是对于金融领域而言，数据标签会比较少，这也是基于规则的方法论更普遍地应用在金融领域中的主要原因。

8.2.5.3　基于动态网络的分析

以上所有的分析都是基于静态的关系图谱。静态的关系图谱，意味着不考虑图谱结构本身随时间的变化，只是聚焦在当前知识图谱结构上。然而，图谱的结构是随时间变化的，而且这些变化本身也可以跟风险有所关联。

在图 8-21 中，给出了一个知识图谱 t 时刻和 $t+1$ 时刻的结构，很容易看出在这两个时刻中间，图谱结构（或者部分结构）发生了很明显的变化，这其实暗示着潜在的风险。那怎么去判断这些结构上的变化呢？感兴趣的读者可以查阅与 "dynamic network mining" 相关的文献。

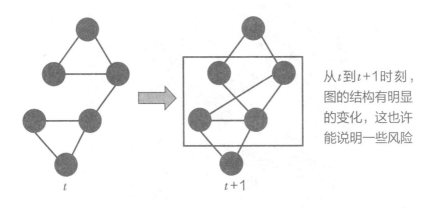

图 8-21　知识图谱不同时刻结构变化图

8.3 小试牛刀

这里讲述利用关系抽取构建知识图谱。

信息抽取（Information Extraction，IE）旨在从大规模非结构或半结构的自然语言文本中抽取结构化信息。关系抽取（Relation Extraction，RE）是其中的重要子任务之一，主要目的是从文本中识别实体并抽取实体之间的语义关系，是自然语言处理（NLP）中的一项基本任务。

例如：鸿海集团董事长郭台铭 25 日表示，阿里巴巴集团董事局主席马云提出的"新零售、新制造"中的"新制造"，是他给加上的。网易科技报道，郭台铭在 2018 年深圳 IT 领袖峰会谈到工业互联网时表示，眼睛看的、脑筋想的、嘴巴吃的、耳朵听的，都在随着互联网的发展而蓬勃发展。当然，互联网不是万能的，还是得有实体经济。

从以上文字中，可以抽取出以下三元组，用来表示实体之间的关系：

['鸿海集团'，'董事长'，'郭台铭']

['阿里巴巴集团'，'主席'，'马云']

并且能够形成以下简单的知识图谱，如图 8-22 所示。

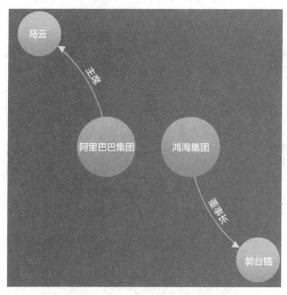

图 8-22　根据信息构建出的知识图谱

大家看看是不是很简单呢！当然还有更复杂的，不过这涉及更深入的技术知识。有兴趣的同学可以做进一步的学习研究，相信你一定能有更大的收获。

本章小结

知识图谱（Knowledge Graph）是一个既充满挑战又非常有趣的领域。只要有正确的应用场景，知识图谱所能发挥的价值还是值得期待的。相信未来知识图谱技术将会普及到各个领域当中。本章主要介绍了以下内容：

（1）知识图谱本质上是语义网络（Semantic Network）的知识库，可以简单地把知识图谱理解成多关系图（Multi-relational Graph）。

（2）知识图谱可以通过属性图和 RDF 来表示。

（3）一个完整的知识图谱的构建包含以下五个步骤：定义具体的业务问题、数据的收集与预处理、知识图谱的设计、知识图谱的存储、上层应用开发与系统评估。

（4）目前，知识图谱在多个不同的领域得到了广泛应用，主要集中在社交网络、金融、人力资源与招聘、保险、广告、物流、零售、医疗、电子商务等领域。只要有关系存在，就有知识图谱发挥价值的地方。

讨论

（1）在你的生活场景中，根据本章所讲的知识图谱技术，你能找出哪些应用了知识图谱技术吗？能举出几个具体的例子吗？

（2）知识图谱技术的应用领域越来越广泛，但是知识图谱技术本身还有许多需要解决的问题，以便能够解决更多深层次的问题，你能畅想一下，未来知识图谱技术会有哪些发展前景吗？

阅读延展

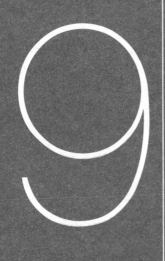

第 9 章

人工智能在经济生活中的应用

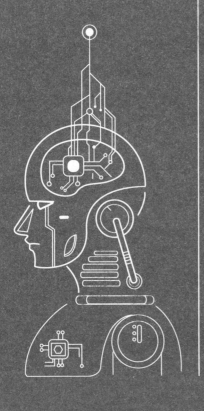

学习目标

通过本章的学习，了解智能金融、智能零售、智能旅游、智能教育的定义及发展历程；认识智能金融、智能零售、智能旅游、智能教育等的主要应用场景及实践运用价值；讨论智能金融、智能零售、智能旅游、智能教育典型案例，加深对人工智能在金融、零售、旅游、教育等领域应用的认知，及其对日常生活的影响

　　2020 年新冠肺炎疫情之下，外卖、网购、在线教育、远程办公等非接触模式成为民众普遍选择的消费、生活、办公方式。疫情挡不住人们的消费热情，微信作为用户最常使用的社交平台之一，也正在成为用户的购物平台，腾讯智慧零售小程序出世。腾讯智慧零售小程序主要分三个板块：极速到家、大牌好店和云逛街，分别对应的是生鲜、品牌商品和一些店长发布的促销、打折、上新信息。在疫情发生后，一些提前使用腾讯智慧零售小程序的企业，其店铺销售额爆发式增长。其中，2020 年 1 月 24 日至 1 月 30日，永辉生活·到家福州地区订单同比增长率超过 450%，销售额同比增长率超过600%。每日优鲜小程序相比去年同期的订单量增长 309%，实收交易额增长 465%。步步高 better 购到家业务同比增长 1000%。绫致集团零售线上小程序 WeMall 在 2 月份前 12天总计销量超过一亿元。梦洁家纺小程序日均访客环比增加超 300%，商城 GMV 日均销售过百万元。

9.1 人工智能＋金融应用场景

9.1.1 智能金融的概念及发展历程

9.1.1.1 智能金融的概念

人工智能＋金融（AI＋Finance）与金融科技在界定上存在明显不同。金融科技主要是指广义的新兴技术（大数据、云计算、区块链、人工智能）与金融业的结合。而人工智能＋金融主要是以人工智能核心技术（机器学习、知识图谱、自然语言处理、计算机视觉）作为主要驱动力，为金融行业的各参与主体、各业务环节赋能，突出 AI 技术对于金融行业的产品创新、流程再造、服务升级的重要作用。①

2019 年 12 月 22 日，我国首个系统梳理并探讨我国智能金融发展问题的报告——《2019 中国智能金融发展报告》（以下简称《报告》）在青岛金家岭发布。《报告》指出，智能金融是指人工智能技术与金融业深度融合的新业态，是用机器替代和超越人类部分经营管理经验与能力的金融模式变革。智能金融是金融科技发展的高级形态，是在数字化基础上的升级与转型，代表着未来发展趋势，已成为金融业的核心竞争力。

9.1.1.2 智能金融的发展历程

回顾人类的金融发展史，科技创新与金融创新始终紧密相连。金属冶炼技术的发展让金属货币取代了实物货币，造纸印刷术的成熟让纸币逐渐流通。进入信息社会以来，在摩尔定律作用下，信息技术的运算速度及新技术的出现速度不断加快，而金融与科技的共生式成长也使得现代金融体系伴随信息技术共同经历着指数级的增长。

纵观半个多世纪以来的金融行业发展历史，每一次技术升级与商业模式变革都依赖

---

①　上海艾瑞市场咨询有限公司.中国人工智能＋金融行业研究报告 2018［R］.艾瑞咨询系列研究报告,2018(11):401-448.

科技赋能与理念创新的有力支撑。按照金融行业发展历程中不同时期的代表性技术与核心商业要素特点划分，可分为"IT＋金融阶段""互联网＋金融阶段"以及正在经历的"人工智能＋金融阶段"，各阶段相互叠加影响，形成融合上升的创新格局，如图9-1所示。

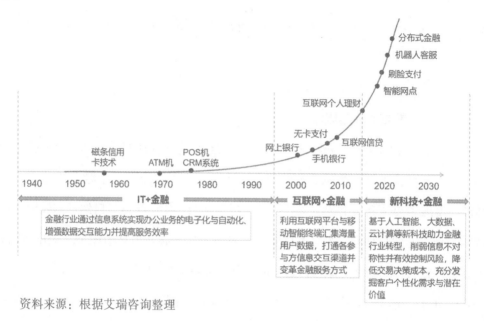

资料来源：根据艾瑞咨询整理

图9-1　科技赋能现代金融业的发展历程

（1）IT＋金融阶段

互联网及数字技术出现，传统金融机构受到提高工作效率等需求推动，开始通过传统IT软硬件实现办公自动化、电子化，以实现业务升级。金融行业通过信息系统实现办公业务的电子化与自动化，增强数据交互能力并提高服务效率。例如磁条信用卡技术、ATM、POS、CRM等。

（2）互联网＋金融阶段

第三方移动支付崭露头角，科技从后台支持的位置走向前端，之后第一批P2P企业出现，纯线上化金融业务得到发展，科技终于真正渗透到金融最核心的业务中，成为部分金融机构创收的重要因素。金融行业利用互联网平台与移动智能终端汇集海量用户数据，打通各参与方信息交互渠道并变革金融服务方式。例如网上银行、手机银行、无卡支付、互联网信贷、互联网个人理财。

（3）人工智能＋金融阶段

大数据、云计算、人工智能等技术快速发展，行业对技术的理解愈加深入，技术输出型金融科技企业价值快速上升，新进入者也不断增加。互联网金融企业科技属性增强，不仅将金融科技深度应用于获客、风控、贷后管理、客户服务等环节，部分公司也开始探索纯技术输出。基于人工智能、大数据、云计算等新科技助力金融行业转型，削弱信息不对称性并有效控制风险，降低交易决策成本，充分发掘客户个性化需求与潜在价值。例如智能网点、刷脸支付、机器人客服、分布式金融。

如今我们正处于人工智能＋金融阶段，是建立在 IT 信息系统稳定可靠、互联网发展环境较为成熟的基础之上，对金融产业链布局与商业逻辑本质进行重塑，科技对于行业的改变明显高于以往任何阶段，并对金融行业的未来发展方向产生深远影响。

中国金融与技术的融合始于 20 世纪 80 年代，而金融科技（FinTech）的概念在 2015 年传入中国。早期的技术应用是金融业务的 IT 基础设施，以电子化工具为主。之后随着第三方支付、P2P 网贷等一系列互联网金融业务的快速发展，技术逐渐从后台的位置转移到前端，渗透到金融的核心业务领域。2016 年起，伴随着金融科技概念兴起和监管的收紧，行业开始重新审视科技的重要性，以技术输出为核心业务的企业开始出现。此外，金融科技对于金融业务的意义也更加重要，以消费金融为例，2018 年以来，在监管愈加收紧背景下，多数互金公司转型助贷，通过金融科技为银行、信托、消金公司等金融机构提供获客、风控、反欺诈等技术输出服务。

9.1.2　智能金融的主要应用场景及行业图谱

9.1.2.1　智能金融的主要应用场景

AI 技术赋能金融领域，主要包括智能风控、智能投顾、智能客服、智能支付、智能理赔、智能营销和智能投研等，如图 9-2 所示。从金融角度来讲，智能的发展依附产业链，涉及资金获取、资金生成、资金对接到场景深入的资金流动全流程，主要应用于银行、证券、保险、P2P、众筹等领域。

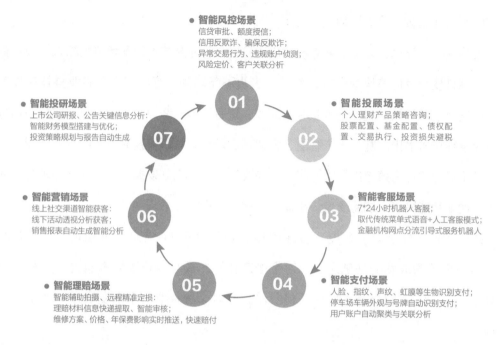

图9-2　人工智能+金融行业应用场景概览

（1）智能风控

风险作为金融行业的固有特性，与金融业务相伴而生，风险防控是传统金融机构面临的核心问题。智能风控主要得益于以人工智能为代表的新兴技术近年来的快速发展，在信贷、反欺诈、异常交易监测等领域得到广泛应用。与传统的风控手段相比，智能风控改变过去以满足合规监管要求的被动式管理模式，转向以依托新技术进行监测预警的主动式管理方式。以信贷业务为例，传统信贷流程中存在欺诈和信用风险、申请流烦琐、审批时间长等问题，通过运用人工智能相关技术，可以从多维的海量数据中深度挖掘关键信息，找出借款人与其他实体之间的关联，从贷前、贷中、贷后各个环节提升风险识别的精准程度，使用智能催收技术可以替代40%~50%的人力，为金融机构节省人工成本。同时利用AI技术可以使得小额贷款的审批时效从过去的几天缩短为3~5分钟，进一步提升客户体验。

（2）智能投顾

应用场景主要包括个人理财产品策略咨询以及股票配置、基金配置、债权配置、交易执行、投资损失避税。智能投顾的概念始于2010年兴起的机器人投顾（Robo-

Advisor）技术，2014 年进入中国市场后，经历技术的不断升级与服务模式的逐步创新，渐渐为市场与公众所熟知并接受。2016 年底招商银行的摩羯智投诞生，成为中国银行业首个智能投顾系统，随后更多的智能投顾产品相继落地。智能投顾按照投资期限、风险偏好、回报预期等维度，运用人工智能相关技术形成个性化的资产配置方案，同时辅以营销咨询、资讯推送等增值服务，相较于传统理财管理费率普遍降低 80%，门槛由百万元以上降低至 1 万元左右。智能投顾在应用落地过程中不仅需要良好的算法平台与技术体系作支撑，更需要对大量行业与用户行为数据进行收集处理，国内互联网科技巨头与金融机构分别在技术端和数据端发力，结合各自优势推出符合中国客户的个性化产品。

（3）智能客服

银行、保险、互联网金融等领域的售前电销、售后客户咨询及反馈服务频次较高，对呼叫中心的产品效率、质量把控以及数据安全提出严格要求。智能客服基于大规模知识管理系统，面向金融行业构建企业级的客户接待、管理及服务智能化解决方案。在与客户的问答交互过程中，智能客服系统可以实现"应用—数据—训练"闭环，形成流程指引与问题决策方案，并通过运维服务层以文本、语音及机器人反馈动作等方式向客户传递。此外，智能客服系统还可以针对客户提问进行统计，对相关内容进行信息抽取、业务分类及情感分析，了解服务动向并把握客户需求，为企业的舆情监控及业务分析提供支撑。据统计，目前金融领域的智能客服系统渗透率已达到 20%～30%，可以解决 85% 以上的客户常见问题，针对高频次、高重复率的问题解答优势更加明显，缓解企业运营压力并合理控制成本。

（4）智能支付

在海量消费数据累积与多元化消费场景叠加影响下，手环支付、扫码支付、NFC 近场支付等传统数字化支付手段已无法满足现实消费需求，以人脸识别、指纹识别、虹膜识别、声纹识别等生物识别载体为主要手段的智能支付逐渐兴起，科技公司纷纷针对商户和企业提供多样化的场景解决方案，全方位提高商家的收单效率，并减少顾客的等待时间。智能支付作为承载线上和线下服务的有效连接，结合智能终端、物联网以及数据中心，能够将结算支付、会员权益、场景服务等功能多角度呈现给消费者，同时可以将支付数据与消费行为及时反馈至后台，为商户进行账目核对、会员营销管理、经营数据分析等工作提供支持。未来，以无感支付为代表的新型技术将提供无停顿、无操作的支付体验，全面应用于停车收费、超市购物、休闲娱乐等生活场景。

（5）智能理赔

传统理赔过程好比人海战术，往往需要经过多道人工流程才能完成，既耗费大量时间也需要投入许多成本。智能理赔主要是利用人工智能等相关技术代替传统的劳动密集型作业方式，明显简化理赔处理过程。以车险智能理赔为例，通过综合运用声纹识别、图像识别、机器学习等核心技术，经过快速核身、精准识别、一键定损、自动定价、科学推荐、智能支付这六个主要环节实现车险理赔的快速处理，克服了以往理赔过程中出现的欺诈骗保、理赔时间长、赔付纠纷多等问题。根据统计，智能理赔可以为整个车险行业带来40%以上的运营效能提升，减少50%的查勘定损人员工作量，将理赔时效从过去的3天缩短至30分钟，明显提升用户满意度。

（6）智能营销

营销是金融业保持长期发展并不断提升自身实力的基石，因此营销环节对于整个金融行业的发展来说至关重要。传统的金融营销渠道主要还是以实体网点、电话短信推销、地推沙龙等方式将金融相关产品销售给潜在客户，这些营销方式容易产生对于市场需求的把握不够精准，使得客户产生抵触情绪，同时标准化的产品以群发的方式进行推送也无法满足不同人群的需要。智能营销主要通过人工智能等新技术的使用，对于收集的客户交易、消费、网络浏览等行为数据，利用深度学习相关算法进行模型构建，帮助金融机构与渠道、人员、产品、客户等环节相联通，从而可以覆盖更多的用户群体，为消费者提供千人千面、个性化与精准化的营销服务。智能营销为金融企业降低了经营成本，提升了整体效益，未来在此领域仍需注意控制推送渠道、适度降低推送频率、进一步优化营销体验。

（7）智能投研

当前，中国资产管理市场规模已超过150万亿元，发展前景广阔，同时对投资研究、资产管理等金融服务的效率与质量提出了较高要求。智能投研以数据为基础、算法逻辑为核心，利用人工智能技术，由机器完成投资信息获取、数据处理、量化分析、研究报告撰写及风险提示，辅助金融分析师、投资人、基金经理等专业人员进行投资研究。智能投研能够构建百万级别的研究报告知识图谱体系，克服传统投研流程中数据获取不及时、研究稳定性差、报告呈现时间长等弊端，扩大信息渠道并提升知识提取及分析效率，在文本报告、资产管理、信息搜索等细分领域形成广泛应用。智能投研的终极目标是实现从信息搜集到报告产出的投研全流程整合管理，基于更加高效优化的算法模型与行业认知水平，形成横跨不同金融细分领域的研究体系与咨询建议，并在金融产品创新设计方面提供服务支撑。

9.1.2.2 智能金融行业图谱

中国金融科技市场的参与企业按各自业务侧重点不同，可以分为三类：第一类，金融业务开展方，这类企业主要指持牌开展金融业务的银行、证券、保险等金融机构；第二类，技术提供方，这类企业主要指专注研发人工智能、大数据、云计算等前沿科技底层技术的科技研发公司，如阿里云、IBM、科大讯飞等；第三类，金融科技解决方案提供方，这类企业主要指将前沿科技与金融业务相结合，为金融机构提供可落地的业务解决方案的科技公司，如平安普惠、同花顺、支付宝、京东金融等。2019 年中国金融科技行业图谱，如图 9-3 所示。

资料来源：根据艾瑞咨询整理

图 9-3　2019 年中国金融科技行业图谱

金融与科技的融合也带动了金融企业与科技企业的合作融合，目前这三类参与者的边界正变得越来越模糊。技术提供方正努力补齐金融业务能力的短板，为金融机构提供从单一技术到整体业务的科技升级服务；金融科技解决方案提供方一方面在加强前沿科技的研发，一方面在申请金融牌照，在金融业务与技术两方面发力；而金融业务方正加大前沿科技的研发投入，部分头部金融机构已经开展了面向同行业的技术输出服务。

另据统计，2018 年全球金融科技发明专利申请量排行榜前 20 的企业中，有 6 家属于中国，且这 6 家企业的专利申请量占比高达 42%，几乎占据半壁江山，如图 9-4 所示。知识产权是科技创新的典型转化成果，金融科技专利申请量的增加意味着中国金融科技企业技术研发实力的提升，也凸显了中国金融科技发展的自主性力量；中国企业在金融科技发明专利申请方面的优势在一定程度上体现了中国金融科技发展在国际市场上的领先地位，也证明了中国企业发展科技、通过科技创造价值的决心。可以预见，未来中国企业将进一步加大在科技领域的投入，提高企业科技含量和企业专利的整体价值，并进一步提升企业的市场竞争力。

资料来源：根据艾瑞咨询整理

图 9-4 2018 年全球金融科技发明专利申请量 Top 20

9.1.3 智能金融应用案例——芯盾时代金融 AI 反欺诈

9.1.3.1 全渠道交易反欺诈 （TOFD）

芯盾时代全渠道交易反欺诈（Transaction Online Fraud Detection，TOFD）针对电子银行各线上渠道和传统渠道的动账类交易和非动账类交易过程中面临的风险场景，如防止用户暴力破解、账户信息盗取、账户盗用、资金盗转盗刷、信用卡套现欺诈、盗卡/伪卡欺诈。系统基于用户的实时交易行为数据和历史交易行为数据，以及芯盾时代终端设备数据、设备指纹和第三方外部数据，结合大数据技术及无监督机器学习算法，构建了一整套智能实时反欺诈系统，对用户操作过程中的欺诈风险进行自动化实时甄别、预警和处置，显著提高客户风控事件处理能力和处理效率，保障客户财产安全。芯盾时代全渠道交易反欺诈系统可以对银行的线上交易（如网上银行、手机银行、直销银行、微信银行、网上商城）和线下交易（如 POS、ATM、柜面等）进行有效监控，有效甄别各种类型的交易欺诈，大幅提高金融机构的业务抗风险能力。

全渠道交易反欺诈通过对用户画像模型、欺诈关联图谱、异常检测及欺诈样本标注、欺诈新规则挖掘、规则权重/阈值动态调整、深度网络欺诈检测等六大类机器学习模型的联合应用，持续发现新型欺诈团伙及作弊模式，与黑色欺诈形成持久对抗。规则引擎与机器学习引擎高效配合，通过在 IPA 反欺诈系统中引入可落地的机器学习模型，实现机器学习引擎与规则引擎高效联动，大幅度提升反欺诈系统的精确率、召回率、准确率，降低对正常用户的打扰率。全渠道交易反欺诈系统高可用、高可靠。集群化的部署运行消除一切可能的单点故障；专业的监控方案保障任何单点故障第一时间洞悉，自动化恢复，保障业务连续性。系统还支持本地化部署模式。

9.1.3.2　信贷反欺诈 （COFD）

信贷反欺诈（Credit Online Fraud Detection，COFD）基于大数据、人工智能等先进技术，为金融机构提供全流程风险控制一站式服务，实现从贷前识别欺诈客户风险，准确评估申请人资质，贷中实时监控预警，贷后有效触达及催收管理。提供不同客群、不同场景的全方位风控支持，如团伙欺诈、多平台借贷、不良信息记录、验证服务等，可为各类金融机构提供大数据风控解决方案。在此基础上，支持云端和本地化系统两种对接方案，提升金融机构的自动化审批能力，帮助信贷机构降低风险，减少资金损失，更好地应对互联网金融下复杂环境的挑战。

系统包括四大主要功能：

①验证管理。结合身份验证、运营商核验、银行卡鉴权、不良记录及地址信息校验等多维度数据，验证申请人信息真实度，识别用户欺诈风险。

②贷前准入。基于大数据、人工智能等先进技术为金融机构提供一套信贷风控服

务，将申请材料结合不良信用记录及风险事件，与借款人多平台借贷意向和借款行为等风险加以整合，有效识别用户欺诈，甄别申请人风险度。

③贷中监控。贷中监控是信贷管理的重要环节之一，能有效对存量客户进行风险管理，控制风险、降低逾期率，防止不良贷款的发生。利用人工智能、大数据等先进技术，帮助信贷机构动态监控借款人的信息变更、信用恶化等风险。贷中风险预警用户通过短信或邮件等方式通知金融机构，帮助机构规避资金损失风险。

④贷后管理。人工智能催收，对于短账龄的逾期案件，实现全程自动化智能催收，满足企业处理逾期催收业务的需要，通过告知借款人逾期情况与逾期后果，降低人工成本，帮助企业大幅度提高处理效率。

9.1.3.3 互联网营销反欺诈 （MOFD）

互联网营销反欺诈（Marketing Online Fraud Detection，MOFD）针对各类互联网营销活动过程中，羊毛党、灰色产业链利用各类自动/半自动化黑产工具大量薅取营销资金的风险场景，基于芯盾时代始创的设备指纹、终端威胁感知、欺诈关联图谱等核心技术，结合完善的风控模型，实现对营销活动过程中的薅羊毛操作实时甄别、预警和处置。同时，将羊毛党工作室的设备、账号、IP 等自动化沉淀为黑名单，防止羊毛党对平台的再次攻击，有效减少客户营销资金的损失。

系统具有以下四大特征：

①业内领先的设备指纹技术。芯盾时代设备指纹技术经过实验室上万真机测试认证、上亿现网真实用户使用认证。利用设备指纹技术及关联分析技术，可以有效定位羊毛党工作室的群控手机及账号。

②核心的终端威胁感知技术。芯盾时代深耕终端安全领域，具备领先的作弊设备识别、模拟器识别、双开应用识别、代理 IP 识别等终端威胁感知核心技术，可以有效识别各类羊毛党常用欺诈手段。

③高精度威胁情报数据。覆盖百万量级薅羊毛高风险设备指纹数据、千万量级历史薅羊毛手机号和亿万量级恶意 IP 数据，并且数据实时更新，确保数据的有效性。

④灵活的部署模式。可依据客户需求，提供私有云、公有云和混合云等多种部署模式，仅需在客户 App 侧集成芯盾时代反欺诈 SDK 组件，服务器侧对接芯盾时代智能行为云平台即可完成对接。

9.1.3.4 游戏行业反欺诈 （GOFD）

游戏行业反欺诈（Gaming Online Fraud Detection，GOFD）针对手游行业广泛存在的第三方网络代充、游戏工作室大量养小号、游戏工作室代理账号等欺诈风险场景，基于海量威胁情报数据和完善风控模型，实现对设备的识别与追踪，建立设备、账号、IP、地理位置、操作类型和操作时间等各类数据之间的关联关系，对欺诈行为进行预测，有效帮助游戏公司降低欺诈损失。

系统具有以下三大特征：

①业内领先的设备指纹技术。芯盾时代设备指纹技术经过实验室上万真机测试认证、上亿现网真实用户使用认证。利用设备指纹技术，精准定位游戏工作室设备和第三方网络代充店家设备，配合最优化的处置策略，可以有效降低欺诈团伙给游戏公司造成的损失。

②关联图谱挖掘模型。通过欺诈关系图谱挖掘模型，结合关联分析技术，挖掘出设备、游戏账号、IP 等关键实体之间的关联关系，可以有效定位欺诈团伙；同时结合大数据可视化技术，展示设备、账号之间关系图谱，可以帮助客户直观有效地分析复杂关系中的潜在风险。

③场景化第三方外部数据。芯盾时代提供的第三方外部数据依据不同的风险场景，严格区分黑名单设备、黑名单手机号、黑名单 IP 等的类型，确保第三方外部数据得到正确使用，降低误杀率。

 # 9.2 人工智能＋零售应用场景

9.2.1 智能零售的概念及发展历程

9.2.1.1 智能零售的概念

随着大数据和人工智能等智能科技的发展、普及与应用，数字科技与实体商业的逐步融合，消费行为、库存信息、供应链等信息均能数字化而记录在信息系统中，从而驱动产品研发和供应链优化，实现对千人千面的消费群体精准营销，让消费者从数以万计的商品信息中解脱，避免让消费者在购物体验中接受不需要的商品信息。AR、VR、MR 技术打破虚拟与现实边界，这将增强消费者的沉浸感，提升消费者体验。实体零售业也必然与数字科技融合走向智能零售，提升消费者的购物全流程体验，例如通过机器视觉技术、卷积神经网络技术、RFID 技术等提高对线下顾客的数据采集能力，包括消费者人口统计、行为变化和消费场景等数据，以实现线上与线下双向流量的多维数字化。零售业态以大数据作为决策依据，通过智能系统全面覆盖商贸全产业链条，协同供应链的采购、仓储、物流、库存等数据，从前端到后端形成一体化智能管理，实现全场景的数字科技化。①

那什么是智能零售？智能零售的核心是以消费者为中心的零售活动的生态化，生产设计、物流仓储、集中采购、场景售卖、服务活动、经营管理、资金流转等环节都逐渐融入数据化和智能化的平台，最终达到零售商效益优化、消费者体验优化，实现万物互联智能决策的自主商业。②

9.2.1.2　智能零售的发展历程

科技手段不断增强，数据来源不断拓宽，经营者的人力投入逐渐减少，智能零售可分为三个阶段：雏形期、成长期和成熟期。

第一阶段：智能零售雏形期，以传统企业的数字化转型为主。零售企业利用 ERP等信息系统搜集和整合企业内部数据。企业以计分板的形式看到自己所需要的数据，并且展现出决策者最为关注的运营要素——关键绩效指标，如渠道销售额、用户信息、生产成本、原料采购、管理费等。这一阶段，管理以经营者为中心。

第二阶段：智能零售成长期。这一阶段，零售商不再单纯追求利润和销售的增长，而是将重点转为以消费者为中心，围绕消费者核心诉求进行智能化升级改良：从消费者获取到满足消费者需求，提升消费体验；再到升级消费者管理，在增加消费黏性和忠诚度等方面，均做了不同的尝试。与此同时，品牌商专注于沿价值链进行端到端的智能化转型：从研发、生产及供应到渠道、营销和终端的管理，实现了整体价值的提升。这个阶段人机协同开始，部分业务开始智能化和网络化。零售决策者从"发生了什么"向"为什么发生"转变。通过各种商业智能系统和大数据分析软件，企业整合价值链各环节的数据，如上下游供应商、企业内部数据、下游经销商和零售网点数据，分析数据背后的含义，指导商业决策、提升运营效率。过去以自建会员体系和搜索为主的获客模式融入串联移动支付、公众号、小程序、社交效果广告、礼品卡、会员卡、金融服务等高

①　廖夏,石贵成,徐光磊.智慧零售视域下实体零售业的转型演进与阶段性路径[J].商业经济研究,2019(05):28-30.
②　腾讯研究院.构建智慧零售完整图景——2008 年智慧零售白皮书[J].科技中国,2018(07).

频交互场景，社交流量的力量将逐渐显现。

第三阶段：智能零售成熟期。在人工智能、大数据、AR、物联网等新技术和新模式的双重驱动下对"人、货、场"三要素重塑。通过"数据＋算法"围绕业务场景，通过全渠道、数字化、场景化的改造，使实体零售实现降本提能，实现从生产端到最终销售端的全面提升改善。前沿科技的应用为智能零售开启了服务模式提升的空间，大批新技术进入应用爆发期，零售产业的各个环节与科技不断融合与应用，加速零售在采购、生产、供应链、销售、服务等方面的改善运营效率及用户体验，在此阶段，技术从三方面赋能零售行业。第一，计算机视觉与各种传感器的广泛应用提供了更多维度的数据采集手段，使数据来源扩充到直接相关与非直接相关的多维数据，对客户进行识别和消费行为的捕捉，实现更精准的消费者洞察。第二，零售企业运用大数据和先进算法强化企业数据运用能力。在零售数据化的基础上，进行用户画像的数据挖掘，通过算法帮助企业在选址、定价、库存等方面实现优化及提升。第三，无人客服、增强现实、语音识别、RFID、电子价签、人脸识别互动等零售科技登场，大批新技术进入应用爆发期，零售产业的各个环节与科技不断进行融合与应用，提升零售销售、服务等方面的运营效率及用户体验，最终实现智能化的零售分享、数字化的供应网络以及全渠道的体验提升。

智能零售各阶段特点对比如表9-1所示。

表9-1　智能零售各阶段特点对比表

	雏形期	成长期	成熟期
阶段说明	以传统企业的数字化转型为主；利用 ERP 等信息系统收集、整合、展示企业内部数据	整合应用大数据和数字化工具；分析数据背后的含义，指导商业决策、提升运营效率	全渠道、数字化、场景化改造，重构人、货、场三要素；以消费者为中心的线上线下融合
应用技术	Excel 报表；传统 ERP 系统；办公自动化（OA）系统	商业智能（BI）系统；大数据分析软件；云计算平台	人工智能；增强/虚拟现实（AR/VR）；物联网

接续

	雏形期	成长期	成熟期
数据来源	企业内部数据，如渠道销售额、用户信息、原料采购、生产成本、管理费用等	整合价值链各环节数据，如上游供应商、企业内部数据、下游经销商和零售网点数据等	广泛的数据触电，包括直接相关和非直接相关方的多维度数据
连接界面	零售商、品牌商自建立会员体现	移动支付、微信公众号、服务号、小程序、会员卡等高频交互场景	更丰富的社交场景
特征	以管理者为中心	人机协同	数据驱动算法自主决策
典型企业	国内大部分传统零售企业	山姆会员商店、海澜之家等国内领先的零售及消费品企业；永辉超级物种、京东等	

9.2.2 智能零售的主要应用场景及服务

前沿科技的应用为智能零售开启了服务模式升级的空间。大批新技术进入应用爆发期，零售产业的各个环节与科技不断进行融合与应用，加速零售在采购、生产、供应链、销售、服务等方面改善运营效率及用户体验，无人店、无人仓等新科技纷纷亮相，零售行业迎来新的机遇与挑战。

9.2.2.1 智能选品、定价

智能零售在零售和快销等行业有一个典型的应用场景就是智能选品和定价。选品，就是通过数据分析，选出哪些商品或者哪些型号，应该进货或值得生产；定价，就是通过数据分析，决定每一件商品的最合适的出厂价格或零售价格。与此相关的衍生功能还包括监测竞品的系列商品价格波动、判断是否有降价营销行为。这是基于大数据包含的商圈流量、商圈客流属性、人群兴趣变迁等数据以及品牌、商户拥有的商品、销售、会员等数据建立机器学习模型，重新建立线下零售商的消费场景，为线下零售商提供门店品类建议、单品建议，提供动态定价支持，如图9-5所示。

通过计算机和大数据智能的选品、定价、对生产商和零售商都是一件强有力的武器。计算机系统定期自动的推荐进货商品和更新建议价格，可以帮助实时、全面掌握已

方产品和市场竞品的功能、价格及销售情况，以期及时地调整市场定价策略，使产品在市场上随时保持着竞争先机。

资料来源：根据《2018 智慧零售白皮书》研究及绘制

图 9-5　智能选品、定价流程

9.2.2.2 智能选址

智能选址是通过机器学习与建模，为新店选址提供决策。通过一段时期（一周、半个月、一个月）内不同时间段人口热力分布，进行热力图打分，了解各店面人流综合值；选定人群（按年龄、性别、收入、职业、支付偏好划分）的某段时间不同时间段客流热力图进行区域评分，划定目标区域；比对现有门店数量及潜在客户区域，提供可以增开门店的热区建议，如图 9-6 所示。

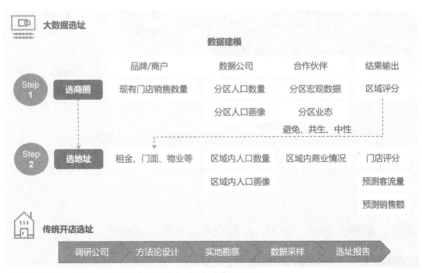

资料来源：根据《2018 智慧零售白皮书》整理

图 9-6　智能选址与传统开店选址流程对比图

主要价值：

①科学选址：根据区域内核心人群分析进行基于数据的选址决策，脱离单纯的主观经验判断。

②实时方案：对该区域的人口属性、客户画像进行动态捕捉，实时更新。

9.2.2.3 智能零售系统

AI＋大数据构建智能门店，智能零售系统包括 VIP 到店提醒、门店罗盘、动线分析、客群管理、店员管理、刷脸支付、人数预警和非法人员警告，覆盖门店的各个环节。优图的人脸识别技术被运用于老客户识别、区域陈列货架调整、导购、巡店四个功能。通过对商场内移动轨迹的分析，可以分析购物路径，洞察品类和商品的相关性，从而优化店铺排列，合理规划商场动线。通过特定区域的停留时间，分析消费者的品牌喜好、优化场内布局，对广告位进行评分。基于单个门店，提供聚合人群画像的可视化报告，如图 9-7 所示。

人			货	场
进店	店内轨迹/停留	购买	货品陈列	区域关注
➤ 多少人进店？ ➤ 他们都是谁？ ➤ 何时进店人数最多？	➤ 顾客在店内是怎么逛的？ ➤ 大家都在哪里停下来了？	➤ 复购的客户是谁？ ➤ 复购率怎么样？	➤ 货架哪些区域关注最多？ ➤ 哪些物品被拿起最多？	➤ 门店哪些功能区域聚集的人最多？ ➤ 哪些功能区域停留时间最长？

资料来源：根据《2018 智慧零售白皮书》整理

图 9-7 智能零售系统功能图

主要价值：

①用户信息数字化：获取用户到店、逛店和购买转化等数据。

②提升导购服务的针对性：及时同步导购会员用户的历史消费习惯，提供客制化服务。

③全方位识别用户画像：如用户年龄分布、性别、消费水平、兴趣爱好等。

④招商和运营：为招商和运营提供数据分析。

⑤降低盗损率：及时提醒可疑行为。

9.2.2.4　虚拟购物

虚拟可视化购物模式能为购物者提供 3D 立体的购物环境，能让消费者得到与在实体店里相似的购物体验。家居装修商 Lowe's 在其位于美国的六家分店设有 VR 设备"Holoroom"，客户可以在门店内用它来查看设计效果，看到 Lowe's 产品在自己家浴室和厨房的效果。宜家也推出了一款 AR 应用程序 IKEA Place，客户可以通过手机端的摄像头看到自己家中的实景，并将想购买的"家具"放在家里的任何地方测试摆放效果。服装零售商也在采用 AR 技术将试穿过程变得简单甚至带入家庭。阿里巴巴正在尝试一款 VR 眼镜，使客户可以在家完成试穿并购买商品。亚马逊从 2018 年初便开始提供 AR更衣室，以便客户可以在一家商店中轻松试穿服装而不受库存的限制，也避免了试穿太多的疲惫感。

9.2.3　智能零售应用案例——美团大脑

2018 年 5 月，美团 NLP 中心开始构建大规模的餐饮娱乐知识图谱——美团大脑，它将充分挖掘关联各个场景数据，用 AI 技术让机器"阅读"用户评论数据，理解用户在菜品、价格、服务、环境等方面的喜好，挖掘人、店、商品、标签之间的知识关联，从而构建出一个"知识大脑"。

9.2.3.1　智能搜索：帮助用户做决策

知识图谱可以从多维度精准地刻画商家，已经在美食搜索和旅游搜索中应用，为用户搜索出更适合的店。基于知识图谱的搜索结果，不仅具有精准性，还具有多样性，例如：当用户在美食类目下搜索关键词"鱼"，通过图谱可以认知到用户的搜索词是"鱼"这种"食材"。因此搜索的结果不仅有"糖醋鱼""清蒸鱼"这样的精准结果，还有"赛螃蟹"这样以鱼肉作为主食材的菜品，大大增加了搜索结果的多样性，提升了用户的搜索体验，如图 9-8 所示。并且对于每一个推荐的商家，能够基于知识图谱找到用户最关心的因素，从而生成"千人千面"的推荐理由。例如：在浏览到大董烤鸭店的时候，偏好"无肉不欢"的用户 A 看到的推荐理由是"大董的烤鸭名不虚传"，而偏好"环境优雅"的用户 B 看到的推荐理由是"环境小资，有舞台表演"，不仅让搜索结果更具有解释性，而且能吸引不同偏好的用户进入商家。

对于场景化搜索，知识图谱也具有很强的优势，以七夕节为例，通过知识图谱中的七夕特色化标签，如约会圣地、环境私密、菜品新颖、音乐餐厅、别墅餐厅等，结合商家评论中的细粒度情感分析，为美团搜索提供了更多适合情侣过七夕节的商户数据，用于七夕场景化搜索的结果召回与展示，极大地提升了用户体验和用户点击转化。

9.2.3.2 ToB 商户赋能：商业大脑指导店老板决策

美团大脑正在应用于 SaaS 收银系统专业版，通过机器智能阅读每个商家的每一条评论，可以充分理解每个用户对于商家的感受，针对每个商家将大量的用户评价进行归纳总结，从而可以发现商家在市场上的竞争优势/劣势、用户对于商家的总体印象趋势、商家的菜品的受欢迎程度变化。进一步通过细粒度用户评论全方位分析，可以细致刻画商家服务现状，以及对

图 9-8　美团 App 智能搜索图

商家提供前瞻性经营方向建议。这些智能经营建议将通过美团 SaaS 收银系统专业版定期触达到各个商家，智能化指导商家精准优化经营模式。

传统上，向店老板提供的商业分析服务主要聚焦于单店的现金流、客源分析。美团大脑充分挖掘商户及顾客之间的关联关系，可以提供围绕从商户到顾客、从商户到所在商圈的更多维度商业分析，在商户营业前、营业中以及对于将来经营方向，均可以提供细粒度运营指导。

在商家服务能力分析上，通过图谱中关于商家评论所挖掘的主观、客观标签，例如"服务热情""上菜快""停车免费"等，同时结合用户在这些标签所在维度上的 Aspect

细粒度情感分析，告诉商家在哪些方面做得不错，是目前的竞争优势，而在哪些方面做得还不够，需要尽快改进，因此可以更准确地指导商家进行经营活动。更加智能的是，美团大脑还可以推理出顾客对商家的认可程度，是高于还是低于其所在商圈的平均情感值，让店老板一目了然地了解自己的实际竞争力。

在消费用户群体分析上，美团大脑不仅能够告诉店老板来消费的顾客的年龄层、性别分布，还可以推理出顾客的消费水平、对于就餐环境的偏好、适合他们的推荐菜，让店老板有针对性地调整价格、更新菜品、优化就餐环境。

9.2.3.3　金融风险管理和反欺诈：从用户行为建立征信体系

知识图谱的推理能力和可解释性，在金融场景中具有天然的优势，NLP 中心和美团金融共建的金融好用户扩散以及用户反欺诈，就是利用知识图谱中的社区发现、标签传播等方法来对用户进行风险管理，能够更准确地识别逾期客户以及用户的不良行为，从而大大提升信用风险管理能力。

在反欺诈场景中，知识图谱已经帮助美团金融团队在案件调查中发现并确认多个欺诈案件。由于团伙通常会存在较多关联及相似特性，关系图可以帮助识别出多层、多维度关联的欺诈团伙，能通过用户和用户、用户和设备、设备和设备之间四度、五度甚至更深度的关联关系，发现共用设备、共用 Wi-Fi 来识别欺诈团伙，还可在已有的反欺诈规则上进行推理预测可疑设备、可疑用户来进行预警，从而成为案件调查的有力助手。

9.3　人工智能＋旅游应用场景

9.3.1　智能旅游的概念及发展历程

9.3.1.1　智能旅游的概念

智能旅游又称智慧旅游，是智能城市建设的重要组成部分。智能旅游的某些功能可以依靠智慧城市已有的成果来实现，但是，智能旅游不仅发生在城市，它的概念比智慧城市更广泛。目前，我国对智能旅游的研究尚处于初始阶段，未形成标准的定义。以鲍豫鸿等为代表的学者提出智能旅游就是利用云计算、物联网等新技术，通过互联网、移动互联网，借助便携的终端上网设备，主动感知旅游资源、经济活动和旅游者等方面的信息并及时发布，使人们能够及时了解这些信息，及时安排和调整工作与旅游计划，从而达到对各类旅游信息的智能感知、方便利用的效果，通过便利的手段实现更加优质的服务。[1]

9.3.1.2 智能旅游的发展历程

2008 年，IBM 公司正式提出的"智慧地球"概念，这是一个使用先进技术改善商业运作和公共服务的愿景，其核心是以一种更智慧的方式，利用新一代信息技术，改变政府、公司和人们相互交互的方式，以便提高交互的明确性、效率、灵活性和响应速度。"智慧地球"概念的提出带动了建设"智慧城市"的风潮，IBM 的"智慧城市"的目标是"灵活、便捷、安全、更有吸引力、广泛参与合作、生活质量更高"，从医疗、食品、交通、电力、城市规划、城市应急系统等方面提出解决方案。我国南京、成都、杭州、上海、深圳等城市都启动了智慧城市建设，在此基础上"智能旅游"应运而生。随着旅游信息化程度的加深和智能城市的不断建设，智能旅游逐渐成为我国旅游研究中的热点问题。

2008 年国务院提出把旅游业培育成国民经济的战略性支柱产业和人民群众更加满意的现代服务业的目标。为了实现该目标，加强旅游信息化的建设是必不可少的手段。我国旅游信息化的发展可以分为三个阶段。第一，专业化阶段。主要是建立网站、数据库，强调有组织的规划和设计，统一管理基础数据和专题数据，从单一功能到专题综合应用。第二，数字化阶段。主要是建立数字旅游和数字景区，实现集成共享，分布式异构数据集成管理，建立共享和服务机制，构建城市、区域性空间信息基础设施。第三，智能化阶段，即智能旅游阶段。主要是建立智能景区，以更加精细和动态的方式管理旅游景区，强调智能应用，以面向应用、面向用户和面向整个旅游产业升级为目标，通过将新一代的 IT 技术充分运用到旅游产业链的各个环节中，实现旅游全过程的智能状态。

9.3.2 智能旅游主要应用场景及服务

旅游市场一片欣欣向荣，同时蕴含着巨大的技术创新空间。在过去的十年里，移动

---

[1]　黄思思. 国内智慧旅游研究综述[J]. 地理与地理信息科学,2014,30(02):97 - 101.

终端的普及和网络连接速度的显著提升彻底改变了人们规划、预订甚至谈论旅行的方式。随着人工智能技术的应用，在下一个十年里，旅游业将发生翻天覆地的变化。

9.3.2.1　智能景区

（1）智能购票

从目前来看，线上购票正在成为一种主流的购票方式，许多平台开始上线网络预约购票系统，游客轻松一点即可购票取票，不仅减轻了景区票口压力，也全面提升了入园体验。网络预约售票可以有效削峰填谷，缓解拥堵，保障游客出行安全，提升出游体验和质量。

此外，不少景区在景区售票大厅放置景区购票二维码，引导游客在线购票，这种方式也可以免去游客排队烦恼，解决游客未带现金不能购票等不便。线下购票人群也可以采用传统的人工售票方式，景区仍设有窗口作为辅助售票方式，并配备门票打印机。

（2）智能游览

建设智能景区的最终目的是提升景区智能化程度，给游客带来更加舒适、便捷、智能的旅游体验，增加景区收益。

App 智能导游和电子讲解：游客可以在游览景区的旅途中通过线上服务系统对应的 App 获取关于景区的精彩讲解，还可以在感兴趣的景点上传文字、图片等信息。

VR 文娱体验：在餐厅点餐时，游客能够体验到 5G + VR 点餐，在等待过程中可以通过 VR 观看美食视频。这一服务是通过 5G 网络结合超高清 8K 视频实现的。

公共卫生间：利用物联网、大数据、云计算、5G 等新技术，实现厕位检测、厕位导引、自助报警、氨臭检测、温湿度检测、人员流量估算、烟雾检测等诸多功能，为景区游客提供人性化服务。

智能路灯：在无人控制的情况下，路灯可根据当前时间自动实现开启与关闭操作。在人流量小的时间段内，路灯可根据工作人员设置好的节能策略实现奇数灯亮、偶数灯亮、隔灯亮等多种节能方式。

公共垃圾桶：借助物联网等技术手段，垃圾桶也更加智能。当垃圾满溢时，设备向后台系统上报满溢告警，通知维护人员及时进行清运处理。还能够监测垃圾箱的倾斜情况，判断垃圾桶是否被其他人恶意翻倒。

（3）智能停车

如今，自驾游逐渐成为许多游客的首选出游方式，节假日期间，人、车辆的拥堵已经成为一大难题，景区停车更是如此。因此，缓解停车难，加快建设景区智能停车场也许是行之有效的方法。景区工作人员可以通过智能停车场的智能车辆识别及管理、视频监控、远程广播系统，对进出停车场车辆进行识别、收费及实时监控。同时，利用视频流的车牌自动识别算法，对车辆进行抓拍、号牌识别，并适时准确记录车牌号码、颜色、车牌特征、入场时间等数据信息，确保车辆无障碍出入停车，最大限度地缓解出入口车辆拥堵情况，降低景区工作人员的工作量和工作难度，极大地提高停车场的运转效率。

9.3.2.2　智能酒店

智能酒店是一个不断丰富、发展的领域，从其诞生至今，它已经从原本的单品智能化、单核智能化系统阶段逐级演变为当下以物联网＋人工智能为主的时代。智能酒店主要围绕交互智能化、场景人性化、体验个性化、数据信息化这四个方面打造。一个真正的智能系统应该是智能化及人性化的，即中心是人而非系统设备，不仅能够让使用者置身其中感受到极致的科技体验，同时能满足他们多样又个性化的需求。一般而言，酒店智能化系统有三个应用方向：

（1）基于大数据的自学系统

酒店智能化是一种可以根据用户的生活习惯、使用习惯而实现自我进化的系统，无论是酒店还是住客都可以根据自身的需求进行全智能化设置调控。

（2）去中心化自动感应系统

很多人认为通过手机、路由器、插座等设备控制产品就是酒店智能化，然而事实上这并不能够让用户感受到真正的科技智能体验，因为它只是通过相关联的设备来实现对酒店客房灯光、空调、窗帘、影音等设备的控制。

（3）全智能化人工智能管家

最好的例子就是电影《钢铁侠》中的智能管家"贾维斯"，他能和你对话，知道你的生活习惯，你只需要告诉他你的要求，他就能够为你控制、切换酒店内的所有设备。虽然这样高度智能的 AI 现在还不存在，但如今科学技术快速发展，很多看似"科幻"的电影场景都已经成为现实，不久的将来，这样的 AI 一定会面世。

9.3.2.3　智能旅行社

（1）智能化办签

现在越来越多的人选择出境游，中国游客感受最深的痛点问题便是签证问题，包括各国签证所需材料复杂不一、程序繁杂不方便、智能化程度低、办理进度无从知晓等问题。随着人工智能的发展，实现了 OCR 识别、自助生成证件照、一键生成材料、在线填表和预审、实时进度追踪、材料复用等十大功能，依靠技术创新与专业服务团队让签证办理变得便捷化、可视化。用户在使用相关在线旅游平台办理签证时，可以通过手机扫描护照或身份证，信息会自动识别并填写到申请表上；可直接通过自拍功能解决签证照片，系统会自动调整并生成符合规定的照片；办理进度可通过手机客户端自助查看并实时追踪。对于再次办签，通过材料复用功能则无须准备重复材料，并优先进入预审阶段。随着技术的进步，办签证不仅可以足不出户通过手机搞定，而且通过与使领馆的系统直连，加上电子签证、材料复用等优势，最快一分钟就可以出签。同时，"送签 AI"服务还能实现签证进度与使领馆"秒同步"，到了哪一步、何时出签，都能在手机端实时显示。通过技术革新，未来中国游客办理签证的手续不仅能进一步简化，在拒签退款等环节上也将更有保障。

（2）智能定制旅游

随着旅游人数的增加，消费升级带来的游客需求品质化、个性化的改变，对传统旅游产品的生产和供给方式提出了新的挑战。在需求的多样性和旅行产品丰富性的前提之下，私人定制发展很快，所以在旅游行业，"行程定制"绝不是一个新概念。随着自由行这类智能行程规划助手的出现，如今的"智能行程定制"层出不穷。智能出行在决策一个完整旅行行程时，会根据用户需求，综合考虑最基础的机票酒店信息及推荐原则、城市顺序及天数安排、景点及顺序、多种类型交通、商品方案组合等，在多个百万级别的分类数据里，在毫秒级时间内做出最优方案。

9.3.3　智能旅游应用案例——中兴网信智能旅游解决方案

9.3.3.1　项目背景

中兴网信 5G + AI + 旅游的应用解决方案是由中兴网信旅游研究院和中科院以及业内的专家学者智库用了两年时间一起规划设计的，得到了全球其他生态合作伙伴和国家相关主管部门的大力支持。中兴网信 5G + AI + 旅游的应用解决方案，将 5G、AI 的能力和旅游行业结合在一起——利用 5G 大带宽、广连接、低时延的特点，结合 AI 的算力、算法、大数据三大基石，通过 VR 直播、智能泊车、人脸识别、AI 导游机器人、无人摆渡车、AR 导览、风景 AI 智能识别、智能定位分析、智能应急处理等九大应用在旅游行业将虚拟世界和现实世界全面打通。在 C 端体验方面，通过 5G＋AI，让游客跨越时空，畅想智能旅游；在 B 端管理方面，通过旅游 AI 大脑、旅游大数据平台、旅游 AI 应急处理平台等，让旅游目的地主管部门实时掌握各旅游业态的运营状态，提升精细化管理服务水平。

9.3.3.2 项目应用场景

VR 直播。游客可通过 VR 直播，远程领略重庆万盛黑山谷百花怒放、百鸟争鸣、如诗如画的风景。利用 5G 大带宽、低时延的特点，让游客所见即所得，画质清晰，怎么看都不眩晕。VR 直播设备轻巧如普通眼镜，又如悟空千里眼，千里之外，毫秒必达。

智能泊车。游客开车到景区，通过手机即可一键导航到车位，好心情从智能泊车开始。5G 阵列型密集基站部署，在准确完成车辆室内定位的同时能实现立体定位。

人脸识别购票入园。游客无须顶着烈日或风雨排队买票，用中兴 5G 手机人脸识别可以线上购票，闸机人脸认证毫秒入园，轻松惬意。

智能导游机器人。游客进入游客中心，智能导游机器人将提供全方位温暖服务，热情对话，让游客宾至如归；5G 的边缘计算，让 AI 导游机器人有求必应、知无不言、言无不尽；而 5G 的云计算，则让机器人能够快速在云端完成大数据检索、语义识别和智能应答，变成一个无所不知的旅游达人。

无人摆渡车。无人驾驶摆渡车类似无人版"滴滴"，无需司机，乘客可通过手机 App 一键叫车，车辆自己开到指定地点接客，再将乘客送往目的地，车辆具备自动驾驶、手机约车、自动充电、自动泊车以及路线自选、景点语音解说等多重功能，可应用于机场、工厂、景区、学校等多种场所，实现短距交通出行的智能与便利。

风景 AI 智能识别。AI 识物、识景，更快速地解决游客的烦恼，同时降低景区的人力成本。

此外，中兴网信的全域智能旅游解决方案以 5G＋AI＋旅游为理念，以地区或城市为中心，开展五大体系的建设——旅游资源评估、旅游资源聚合、旅游全员营销、旅游诚信体系、智能景区管理。通过构建全域智能旅游体系，全面提升整个城市的旅游管理和服务水平，让旅游管理部门和景区监管更为方便，让游客玩得更舒心。

目前，中兴网信已在河北秦皇岛、重庆万盛、宁夏银川、贵州遵义、山东济宁、四川巴中等地陆续建成并运营智能旅游城市，为西藏布达拉宫、万盛黑山谷、银川水洞沟、济宁曲阜三孔等众多 5A 级景区建成智能景区。

9.4 人工智能 + 教育应用场景

9.4.1 智能教育的概念及发展历程

9.4.1.1　智能教育的概念

人工智能本身就是一个模拟人类能力和智慧行为的跨领域学科，涉及计算机科学、控制论、信息论、神经生理学、语言学、心理学等多个领域。学习科学同样是一个跨学科领域，它关注学习是如何发生的以及怎样才能促进高效地学习，涉及教育学、心理学、语言学、社会学等多个学科。

教育人工智能（EAI）则是人工智能与学习科学相结合而形成的一个新领域（如图 9-9 所示），教育人工智能的目标有两个：一是促进自适应学习环境的发展和人工智能工具在教育中高效、灵活及个性化的使用；二是使用精确的计算和清晰的形式表示教育学、心理学和社会学中含糊不清的知识，让人工智能成为打开"学习黑匣子"的重要工具。换言之，教育人工智能重在通过人工智能技术，更深入、更微观地窥视、理解学习是如何发生的，是如何受到外界各种因素，如社会经济、物质环境、科学技术等影响的，进而为学习者高效地进行学习创造条件。[①]

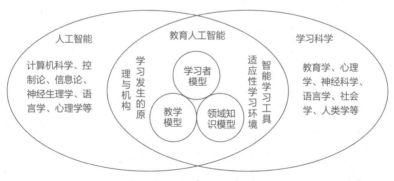

图 9-9　教育人工智能图

[①] 闫志明,唐夏夏,秦旋,张飞,段元美.教育人工智能(EAI)的内涵、关键技术与应用趋势——美国《为人工智能的未来做好准备》和《国家人工智能研发战略规划》报告解析[J].远程教育杂志,2017,35(01):26-35.

9.4.1.2 智能教育的发展历程

从发展变化的角度看，智能教育的发展可划分为 7 个阶段：萌芽阶段、诞生阶段、黄金阶段、第一次低谷、繁荣阶段、第二次低谷、第三次热潮[①]，如图 9-2 所示。根据亿欧智库资料显示，智慧教育的发展与人工智能技术的发展相一致。

表 9-2　智能教育发展的 7 个阶段

阶段	代表事件
萌芽阶段	1924 年，美国教育心理学家普莱西试制出第一台用于测验的机器。
诞生阶段 （1943—1956 年）	1954 年，斯金纳发表文章《学习的可续和教学的艺术》，推动了程序教学运动的发展。
黄金阶段 （1957—1973 年）	1960 年，第一个计算机辅助教学系统——PLATO 系统面世。1965 年，费根鲍姆等人开始研究历史上第一个专家系统 DENDRAL 系统。1970 年，J. R. Carbonell 提出智能型计算机辅助教学（ICAI）的构想。1973 年，Hartley & Sleeman 提出智能导师系统（ITS）的基本框架。
第一次低谷 （1974—1980 年）	1977 年，Wescourt 等人设计了辅助 Basic 语言教学的 BIP 系统。1977 年，MIT 开发用于逻辑学、概率、判断理论和几何学训练的 WUMPUS 游戏系统。
繁荣阶段 （1981—1987 年）	1982 年，Sleeman & Brown 提出智能导师系统（ITS）概念。1983 年，AISB 组织第一个明确的 AIED 研讨会。1984 年，梅瑞尔提倡教学设计自动化（AID）研究。1987 年，开发用于辅助教学设计决策的专家系统原型 IDExpert 系统。

[①] 吴永和,刘博文,马晓玲. 构筑"人工智能＋教育"的生态系统[J]. 远程教育杂志,2017,35(05):27－39.

接续

阶段	代表事件
第二次低谷 （1988—1992 年）	1992 年，Brusilovsky 提出智能授导系统 ITEM/IP。1992 年，第一届美国人工智能学会移动机器人比赛召开。
第三次热潮 （1993 年至今）	1996 年，Brusilovsky 等人开发了第一个自适应教学系统。2011 年，韩国教育科学技术部颁布《推进指挥教育战略》规划。2013 年，MIT 的 Ehsan Hoque 等人研发了社交技能训练系统 MACH。2017 年，中国发布《新一代人工智能发展规划》，提出实施全民智能教育项目。

资料来源：亿欧智库

9.4.2 智能教育主要应用场景及服务

智能教育的应用是发挥智能技术在教育行业中的价值，打造新型教育模式的必然路径。结合教育行业的特性，通过运用智能教育的关键技术和平台，结合各类智能教育场所和支持系统开展教学活动，实现了智能技术与教育的深度融合，促进教育信息化变革，探索新的人才培养模式和教学方式。在教育信息化 2.0 时代，可实现多种智能教育应用场景。

9.4.2.1 课堂情感识别与分析

人工智能教学系统通过摄像头收集的视频数据，通过人工智能技术统计课堂情感占比，识别情感典型学生，分析学生情感变化，将统计后的数据通过可视化的形式形象地展示出来。课堂中学生的情感变化一目了然，老师可以看出自己授课内容对学生的吸引力，并且关注到每个学生的学习状态，从而调整教学进度和授课方式，提高教学实效。

9.4.2.2 课堂行为识别与分析

人体行为识别技术可以通过教室中布有的摄像头收集上来的视频检测教学视频中头、颈、肩、肘、手、臀、膝、脚等多处人体骨骼关键点的组合和移动，识别学生上课举手、站立、侧身、趴桌、端正等多种课堂行为。根据反馈的数据对课堂中学生的学习专注度和活跃度进行分析，最终帮助老师了解课堂的关键活跃环节、学生的活跃区域分布等信息，统计课堂行为占比、分析课堂行为趋势，通过行为分析学生的学习态度，帮助学校进行更细致的教学评估和更合理的教学管理工作。

9.4.2.3 课堂互动识别与分析

人工智能教学系统通过语音识别，收集课堂中师生互动的数据，将学生的发言及老师的授课内容通过文本的形式记录下来，并通过文本技术，将非结构化的数据转化为结构化的数据，提取互动的关键词语，通过课堂气氛的改变自动为这些词语进行标记，提取出有助于课堂氛围的正面词汇。同时，也可针对每个不同学生的互动情况提取对学生学习积极性调动正面词汇，帮助教师及家长，提高教学互动效果，提升学生学习效率。

9.4.2.4 课堂活跃度

通过教室中的摄像头收集上课数据，同时人工智能教学系统在后台分析上课的情况，当后台程序发现课堂上气氛较为活跃或者气氛较为沉闷时，就会将此时间段的视频提取出来，老师下课回到办公室后可观看这些视频并分析原因。人类正面临一个技术日益增强，科技、自然和人正在加速有效融合的时代，人工智能延伸了人类的体力和脑力，那智能教育能否增强学生的学习能力、教师的教育能力、学校的领导能力呢？我们期待人工智能与教育的融合能给我们带来教育的变革和惊喜。

9.4.2.5 课堂专注度

通过教室中的摄像头收集上课数据，同时人工智能教学系统在后台分析上课的情况，当后台程序发现课堂上学生专注度较高，学生上课效果较好，或者此时学生专注度较差时，就会将此时间段的视频提取出来，老师下课回到办公室后可观看这些视频，分析自己教学的得失。

9.4.2.6 学业诊断

依托人工智能技术，基于伴随式数据的采集与动态评价分析，通过线上线下相结合的测试手段，针对每一位同学输出评测结果、学业报告和个性化的智能提升计划。针对每一位同学的不同需求，精准化推送学习资源和知识点拆解。最终实现因材施教，帮助管理者全面督导和辅助决策。

9.4.2.7 多维度教学报告和个人成长档案

针对不同用户群体（例如主管、校长、教师、家长、学生等）输出多维度、多层次的报告，并为适应不同区域要求，提供高覆盖、货架式灵活可定制的数据分析维度，从而满足国内各区域、各类型、各用户的分析需求。同时通过分析历史数据，针对每一位学生，形成其个性化的个人成长档案。

9.4.3 智能教育应用案例——流利说 APLS 自适应发音系统

9.4.3.1 项目背景

面对传统教育低效、千人一面的现状，流利说借助科技的力量，打造了兼具规模化和个性化的教育产品，让因材施教成为可能。"流利说·发音"作为流利说 AI 教育的新品，最大的亮点是通过面部识别智能纠音、千人千面的个性化推课，将英语发音问题一网打尽，让用户口语更地道，如图 9-10 所示。

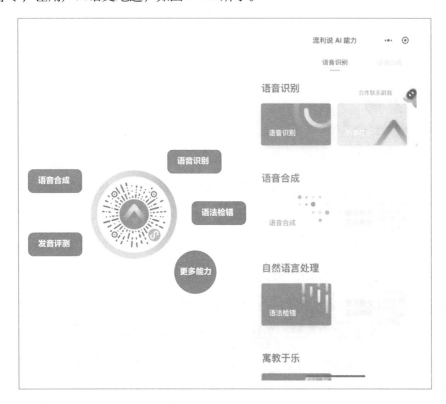

图 9-10　APLS 自适应发音系统

9.4.3.2 项目应用场景

语音识别。基于累积 6 年的巨型"中国人英语语音数据库"——309 亿句累计录音句子数及 23 亿分钟累计录音时长，语音识别赋予 AI 老师"可以听"的能力，能够将英语语音转写为文字，支持英文大小写及基础标点符号。

发音测评。对每个音标进行精确的语音识别和实时评分。英语发音测评以美音母语者的语音数据为蓝本，能够在句子层面、单词层面、音素层面，对英语语音进行音准、流利度、完整度、连读、重音、语调等多维度的细致打分。

智能口型识别。纠音系统可以动态捕捉用户嘴部关键点，通过关键帧比对等方式，定位发音时用户口型存在的问题，给出有针对性的指导意见，从根源上帮助用户解决发音的"疑难杂症"。

语音合成。能够将文本转换成语音，融合了多项深度学习最新技术，合成语音在清晰度、可懂度和自然度方面接近真人发音水平，支持不同语种的混合合成、自由切换以及即时个性化声音定制。

语法检错。针对英文文本进行全面细致的错误分析，支持包括拼写错误、主谓一致错误、动词形态错误、名词单复数错误等50多种错误检测，同时给出纠错建议。

 本章小结

本章主要讨论了智能金融、智能零售、智能旅游、智能教育及其各自的发展历程和应用场景。智能金融的主要应用场景包括智能风控、智能投顾、智能客服、智能支付、智能理赔、智能营销和智能投研等。智能零售的主要应用场景包括智能选品、智能定价、智能选址、智能零售系统等。智能旅游的主要应用场景包括智能景区、智能酒店、智能旅行社等。智能教育的主要应用场景包括课堂情感识别与分析、课堂行为识别与分析、课堂互动识别与分析、课堂活跃度、课堂专注度、学业诊断、多维度教学报告和个人成长档案等。并分别以芯盾时代金融 AI 反欺诈系统、美团大脑、中兴网信智能旅游解决方案、流利说 APLS 自适应发音系统为例，带大家深入了解人工智能在各领域的典型的应用及功能。

讨论

阅读延展

（1）从游客的角度论述智慧旅游给个人旅游体验带来的优势。

（2）"智能 +"时代来临，金融领域将迎来哪些变化？

（3）你了解哪些智慧零售的具体案例？

（4）你身边是否有智慧教育的应用？

第10章

人工智能在社会服务中的应用

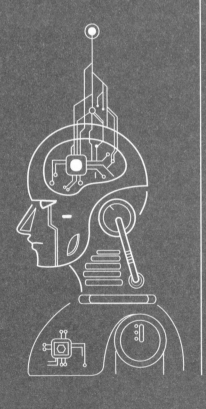

学习目标

通过本章的学习，了解智慧城市中的智能交通、智能安防、智慧政务的定义及发展历程；认识智能交通、智能安防、智慧政务等的主要应用场景及实践运用价值；讨论智能交通、智能安防、智慧政务典型案例，加深对人工智能在交通、安防、政务领域应用的认知，及其对我们日常生活的影响。

　　2020 年 1 月 20 日消息，河南郑州的第一批 5G 智能公交车正式上路开始运营，此次共投放入 15 辆 5G 智能公交车。据介绍，这些 5G 智能公交车在外形方面与传统公交车大不相同，功能也十分先进。5G 智能公交车的车厢和外部设施均是由中央微电脑控制的。在车身的正前方和左右前侧都装有雷达感应器，这是专为自动驾驶所安装的一个设备，目的是令公交车到达一定的范围内能够自动减速以及停车。5G 智能公交车的智能化还体现在工作台上，传统公交车的工作台比较简单，而 5G 智能公交车的工作台可以进行语音控制。例如：司机按下屏幕上的按钮，说"打开空调"，工作台就可以识别此语音并且打开空调。

10.1　人工智能＋交通应用场景

10.1.1　智能交通的概念及发展历程

10.1.1.1　智能交通的概念

智能交通系统（Intelligent Transportation System，ITS），指的是在较完善的基础设施（包括道路、港口、机场和通信）之上将先进的信息技术、数据通信传输技术、电子传感技术、电子控制技术以及计算机处理技术等有效地集成运用于整个交通运输管理体系，从而建立起一种在大范围、全方位发挥作用的实时、准确、高效的综合运输和管理系统。[①]

10.1.1.2　智能交通的发展历程

由于交通系统中各种影响因素（变量）的发展是可以预见的，因此，在过去的许多年里，人类的交通系统基本上处于可控状态。但是，自汽车工业进入 20 世纪后半期，特别是近 20 年来，各种自动化装配生产线高效运行，全球供应链日趋完善，汽车制造成本大幅压缩，加上全球经济环境稳定活跃，全球 GDP 在这半个世纪中基本稳定增长，人们的生活水平得到实质性提高，汽车消费高涨，道路交通开始出现问题。像我国这样的发展中国家出现的交通问题，西方发达国家发展初期也都出现过，但由于西方发达国家人口密度普遍较低，道路网络比较发达，因此这些问题都可以控制。随着城市化进程的推进，人流、财富聚集，交通需求趋于集中，交通变量开始呈现指数级增长。在这一背景下，各城市纷纷建造更多的道路，如用于疏解交通压力的高架、快速路、立交桥和轨道交通等设施，同时根据交通流量增加红绿灯，以扩大交通控制队伍。但我们发现，即使采取了这么多措施，仍然存在许多交通问题。那是因为目前处理交通问题的能力有

① 赵娜,袁家斌,徐晗.智能交通系统综述[J].计算机科学,2014,41(11):7-11+45.

限，随着科技的发展，人们提出了智能交通来解决交通问题。

10.1.2 智能交通主要应用场景及服务

10.1.2.1 智能交通应用场景

智能交通利用先进的信息技术、数据传输技术以及计算机处理技术等，通过集成到交通运输管理体系中，使人、车、路能够紧密配合，改善交通运输环境、保障交通安全以及提高资源利用率。

（1）场景一：交通管理服务

如交通监控、交通信号控制、ETC 等。当前国内许多城市的交通拥堵状况非常严重，事实上，许多十字路口的红绿灯配时并非最优，基于深度学习的车辆精确感知检测，可以精确地感知各方向的车辆数量、流量和密度，从而为交通路口的优化配时提供准确的依据，缓解交通拥堵。

（2）场景二：出行者服务

如交通信息采集和诱导、停车诱导等。现在室内停车场应用图像识别实现车位检测较多，但是很多车的检测都是基于车牌，有车牌就可以检测出来，没车牌检测不出来，甚至有的车牌效果不太好也无法检测。而新出的基于深度学习的车辆检测，只看车辆的轮廓，不看车牌，只要看起来像个车，就可以检测出来，且精度很高。并且现在通过计算机视觉技术，可以做到模拟人的视觉感知，哪个地方有车停，哪个地方是空位，直接检测出来把数据发送给平台，发布到停车场诱导系统上。

（3）场景三：规划与管理者服务

如交通数据采集、综合交通信息平台等。第一个是交通事故及事件检测，基于连续视频可以分析车辆的行为，检测如车辆停车、逆行等行为，发现交通事故和交通拥堵进行报警。借助深度学习技术，能实现真正准确的交通事件检测系统，向交通运营部门提供准确及时的报警信息。第二个就是车辆违章抓拍，近几年在我国应用非常广泛，且利用视频检测实现的非现场执法的种类越来越多，甚至连开车接打电话都可以识别抓拍，这些都得益于计算机视觉技术的快速进步。

10.1.2.2 智能交通重点应用领域

（1）重点应用领域一：城市交通管理与规划

人工智能介入城市的交通管理与规划，首先是从交通智能监控系统切入，对道路、车辆情况的数据进行实时的监测和采集；其次是介入交通规划决策支持系统，利用人工智能技术抓取实时数据并且整合民航、铁路、气象等数据进行处理、分析和预测，为交通运输的规划工作提供支撑；最后是介入交通管理系统，基于人工智能对道路情况的预判，使用交通信号灯控制、可变车道控制、公交调度、车辆诱导等手段，实现对交通状况的实时干预和管制。

交通智能监控系统是城市交通管理系统的五官，人工智能技术应用后，使得机器的工作在单纯的数据采集之外，还能够对发生的情况做出识别和判断，直接向使用者预警或反馈结论，不再需要人力介入，从而提升监测效率。例如：交通事故发生后，需要人员报警，交警到现场勘查，查看录像后才能确定事故责任情况，而采用人工智能摄像头后，机器能够直接记录并识别事故的发生，同时根据录像，自动确认事故责任，通过识别车牌确认肇事者身份，汽车刮擦等小事故处理的过程将不再需要人工干预。使用机器快速、准确地处理交通事故，能够有效减少因交通事故而造成的拥堵。

交通规划决策支持系统相当于交通系统的大脑。在这一环节，人工智能将基于交通智能监管系统采集的车辆路况信息，结合人流量、天气等更多维度的数据进行分析，为交通管理部门的规划提供决策支持。传统的公交路线规划需要使用大量人力进行调查和数据分析，人工智能技术应用后，能够将公交站点的人流情况、车辆拥堵时间、拥堵路段等多方面数据综合分析，为相关部门的公交路线调整和站点设置提供支撑，提升公共交通系统的效率。人工智能还可以结合铁路、航空、旅游网站等数据，预测群体出行行为。目前百度地图已经可以提前两周预测某城市的出行人数规模，随着更多数据的收集和算法的完善，人工智能将更加准确地对出行人数、出行时间、出行路线等情况做出预测，帮助交通管理部门进行车辆的管理调度。此外，人工智能还能根据司机的历史驾驶数据，对司机的驾驶习惯做出分析，为运输业企业提供用人参考。

交通管理系统相当于人的四肢，基于对交通情况的监测、分析和预测，直接做出反应，无须通过人工调节，直接对交通信号灯、可变车道等道路管理装置进行控制。交通管理系统的核心在于对交通情况数据进行分析之后，直接执行，不需要人工参与二次判断。例如：人工智能预测某路段可能发生拥堵之后，将直接对该路段的信号灯进行调节，并且向车辆发布信息，诱导其避开拥堵路段，自动完成交通指挥。在这一环节，人工智能能够快速反应，并且代替人工完成交通调度工作，减少人工的投入，直接降低政府部门交通治理的成本。

（2）重点应用领域二：高级辅助驾驶系统（ADAS）

目前的汽车高级辅助驾驶系统主要包括导航与实时交通系统、自适应巡航控制系统、车道偏移报警系统、车道保持系统、预碰撞安全系统等智能判别汽车与周边环境关系的功能，以及自适应灯光控制、自动泊车系统、交通标志识别、盲点探测、驾驶员疲劳探测、下坡控制系统等在内的车辆原有功能智能化升级。

其中，驾驶员疲劳探测技术是应用较为成熟的代表，奔驰是最早将这项技术搭载到量产车的厂家之一。其原理是将视觉识别技术应用在红外线摄像机上，记录驾驶员的眨眼次数或者闭眼情况，再基于人工智能技术，对驾驶员的驾驶疲劳程度做出判断，一旦发现闭眼时间过长或者眨眼过于频繁，将对驾驶员做出提醒。根据美国公路交通局数据显示，17% 的致命交通事故都是由于疲劳驾驶，人在疲劳时，事故发生的可能性会上升4～6 倍，因此，对疲劳驾驶的监测和预警能够有效降低事故发生率，保证汽车行驶安全。此外，车道偏移报警系统、交通标志识别、预碰撞安全系统等与疲劳探测技术类似，均使用视觉识别摄像头或者雷达等其他传感器，将物理世界的图像数据结构化，再对数据进行分析，向驾驶员做出相应的提醒和危险预警。正如以色列公司 Mobileye 提供的 EyeQ 芯片一样，它能够让汽车的摄像头拥有大脑和预警器，汽车只要装载一个摄像头就可以实时、准确地进行道路分析，让驾驶者在遇到真正的危险前，得到及时且足够的警告。

而自适应巡航控制系统、自适应灯光控制系统、自动泊车系统、下坡控制系统等则在对路面和周围情况进行分析判断后，自动完成车辆控制，保证司机驾驶的安全。沃尔沃在 2014 年便推出带辅助转向功能的自适应巡航控制系统，该系统利用摄像头和雷达监测前车的行驶数据和情况，进而自动对车速甚至方向进行调节，确保车辆安全平稳驾驶。自适应巡航控制系统也是无人驾驶汽车的雏形，目前已经在本田雅阁、福特蒙迪欧等常用车型上有了应用。

导航与实时交通系统则是汽车根据同步到的实时路况信息，为驾驶员规划最为省时省油的路线，并且根据实时的路况变化进行调整，使用的也是人工智能自动推理技术。

目前国内的各类型 ADAS 的装载率均为个位数，装载 ADAS 的车型主要为 40 万元以上的豪华车。2015 年开始，吉利博瑞、大众斯柯达、东风蓝鸟等 20 万元级别的中端车开始装载 ADAS。预计在未来的三到五年内，受益于传感器、计算芯片等核心元器件价格的降低，ADAS 的成本也将随之下降。英特尔中国研究院前院长吴甘沙估计，未来整套 ADAS 解决方案的成本将降低到 1 万元左右，加上政策和市场需求推动，ADAS 有望快速推广普及。根据中信证券预测，2020 年中国 ADAS 市场规模有望达到 2000 亿元，其中，前装市场渗透率有望达到 30%，后装市场年度渗透率有望达到 5%。

（3）重点应用领域三：无人驾驶

无人驾驶是 2016 年的热点领域，不仅宝马、长安等汽车企业在该领域进行持续研发和多项投入，谷歌、百度等科技巨头的无人驾驶汽车也纷纷上路测试。据美国电气和电子工程师协会（IEEE）乐观估计，到 2040 年全自动汽车将达到汽车总数的 75%。与 ADAS 不同，无人驾驶的使命不再是单纯的预警或者辅助驾驶，而是彻底取代司机的工作，完全由机器完成汽车的驾驶。

无人驾驶应用是诸多企业关注的焦点，其涉及的领域包括芯片、软件算法、高清地图、安全控制等。目前主要商业产品有无人驾驶出租车、无人驾驶卡车、无人驾驶巴士和无人驾驶送货车，无人驾驶车辆将拥有更高的安全性且能极大地降低人力成本。

无人驾驶出租车：无人驾驶出租车因为其安全性更高，因此被很多汽车服务业关注。目前，无人驾驶出租车已经处于测试阶段。2015 年软件公司 nuTonomy 在新加坡开始无人驾驶出租车测试，计划 2018 年完成整个无人驾驶服务的商业化。

无人驾驶卡车：无人驾驶卡车能有效减少司机因长时间、长距离运输而疲惫导致的安全事故。2016 年 11 月，中国福田汽车联合百度在上海发布了国内首款无人驾驶卡车。2020 年 3 月 27 日，图森未来宣布与汽车供应商采埃孚（ZF）建立全面的合作伙伴关系，进一步推动无人驾驶卡车的技术研发和商业化落地。

无人驾驶巴士：固定的行驶路径、固定的停靠车站，使得无人驾驶巴士成为解决公众出行的新办法。2017 年 10 月，百度联合金龙客车合作生产无人驾驶公交车。2018 年 7 月，百度、金龙客车合作 L4 级量产巴士"阿波龙"正式下线，这也是全球首款 L4 级量产车。

无人驾驶送货车：货物运输最后一千米为运输行业的瓶颈，无人驾驶送货车能够全天候工作，加大工作效率。2017 年 7 月，英国杂货电商公司 Ocado 在伦敦东部测试了无人送货车。

（4）重点应用领域四：车内服务

汽车企业还将人工智能应用在车内服务和自主性服务等环节，用语音代替手动操作，增加操作的便利性，并且通过数据分析掌握用户习惯和偏好，主动推送歌曲或其他娱乐内容，以提升司机的驾驶体验。例如科大讯飞将语音识别技术应用于车内的交互控制环节，识别驾驶员的语音命令完成控制，令驾驶员不再需要手动控制车内操作板，专注于驾驶动作；在内容端集成音乐、新闻、电台等资源，根据用户习惯、需求，结合使用场景，使用决策算法，自动为驾驶员播放音乐或广播节目。"出门问问"也瞄准了汽车市场，开发的"开车问问"，可直接通过语音操控手机打电话、发短信、导航、查路况、查周边。语音识别的应用，让车内操控更便利，汽车的自主性服务将给驾驶员和乘客提供更加舒适的体验。

车内服务或许还有更大的想象空间。设想无人驾驶技术成熟后，一方面，驾驶员的双手能够从驾驶中解放出来，汽车设计不再以驾驶员驾驶操作体验为中心，车内空间的布局、车内功能都可能随之改变，加入娱乐设施之后，汽车将成为"移动娱乐空间"，加入办公设备，也可以成为"移动办公空间"，对应的车内服务将有更多的内容。另一方面，汽车还将与本地生活服务相连接，汽车可以自动帮助车主选择附近的餐厅、预约保养、寻找加油站等，成为周边生活服务的重要入口。目前来看，谷歌无人驾驶规划将盈利的重点放在车内服务环节上，给人带来无限遐想。

10.1.3 智能交通应用案例——网帅科技交通管理系统

10.1.3.1 场景一：城市道路智慧交通治理系统

（1）城市道路智慧交通治理系统概述

城市道路智慧交通治理系统（以下简称系统）以大数据为支撑，以城市交通信息化基础设施为立足点，通过实现城市交通管理资源互联与共享，将数据优势转化为决策优势和管理优势，推动城市交通管理工作向提前预测、主动发现、精确打击、有效管控的方向转型升级。

该系统利用地理信息系统（GIS）、大数据融合、交通工程等技术，基于云计算架构搭建，可实时整合接入移动运营商信令、交通检测器数据，实现道路交通流数据的融合并匹配国家基础地理信息系统，得到动态交通信息；实现城市交通管理基础数据的标准化，支持城市交通实时状态的可视化展示和监测，打造停车数据综合分析系统，提供城市交通管理重大决策研判服务，推动信息主导警务的秩序管理勤务机制改革，开展城市交通管理绩效的网上评测监督，实现专项工作数据统计和数据质量监管，实现城市交通管理信息资源共享与交流，支持城市道路交通事故特征分析以及交通违法分析研判，开展交通流时空分布特征分析和城市嫌疑车辆异常数据分析等业务，从而提高城市畅通管理分析研判与科学决策的能力。

建设该系统有助于提升信息化建设和大数据应用能力水平，为打造智慧城市、发展智能交通提供决策参考，切实服务于基层实战和上层决策；有助于实现城市交通管理科学决策、精细部署、管控效能提升，通过交通大数据提供交通大服务，从源头上、根本上破解城市拥堵难题；有助于推动信息主导警务的秩序管理勤务机制改革，挖掘管理潜力，指导一线实战单位精细部署警力勤务、精准治理交通症结、精确打击交通违法行为，提升实战效能。

（2）城市道路智慧交通治理系统应用场景

城市道路智慧交通治理系统以新技术、新手段和新设备完成以下工作：

①道路态势感知——道路服务水平、交通运行指数、交通流视频监测、交通拥堵、交通事件、交通风险；

②道路辅助决策——交通需求分析、交通事故分析、交通违法分析、酒驾布控、职住分析、出行分析、供需分析、事故分析、违法分析；

③道路指挥调度——融合指挥、信号控制、智慧诱导、紧急救援、停车诱导、信号配时；

④道路智慧勤务——违法监控、缉查布控、驾校评价；

⑤道路执法监管——数据铁笼、队伍管理；

⑥交通信息服务——互联网、交通广播、FM副载波、可变情报板。

10.1.3.2 场景二：高速公路智慧交通管理系统

（1）高速公路智慧交通管理系统概述

路警联合主动管控型智慧指挥中心是公路管理、交警管理、运营管理三方主体不同组合的联合，更好地促进了交警部门和公路管理部门的协作，最大限度地开发利用了管理资源。路警联合主动管控型智慧指挥中心系统在负责安全管理的交警部门对高速公路突发事件预警和处置中扮演重要的角色。路警联合主动管控型智慧指挥中心系统，以"跨界大数据融合，人工智能＋"为技术支撑的数据智能应用指挥系统，是集"感知、预警、预测、诱导、指挥、控制、评价、服务"等为一体的"情指勤督服"全面闭环，主动管控的智能运营型指挥中心系统。

（2）高速公路智慧交通管理系统应用场景

路警联合主动管控型智慧指挥中心系统以新技术、新手段和新设备完成以下工作：

①实施全省高速公路的指挥调度工作；

②建立健全全省高速公路调度指挥组织网络；

③实时监控全省高速公路交通运行状况；

④制定各类应急预案，及时指挥调度处置恶劣天气、交通事故和各类突发事件；

⑤部署高速公路交通警卫和抢修救灾任务，跟踪警卫和抢修救灾任务执行落实情况；

⑥布控拦截违法犯罪的人员、车辆，有力打击高速公路上逃避缴纳交通费等违法犯罪行为；

⑦对交巡警的警务运行情况进行网上督察和考核，对各道路调度指挥工作遇到的困难予以协助。

 # 10.2 人工智能＋安防应用场景

10.2.1 智能安防的概念及发展历程

10.2.1.1 智能安防的概念

智能安防体系是基于泛在监控、泛在网络和泛在计算技术实现全域监控、智能预警、防范和高效应急救援功能为一体的综合实时智能安防体系。具有如下特点：第一，实现多点、多领域和多维度的监控及智能信息共享与调度；第二，通过智能分析技术实时发现安全隐患并自主预警，实现智能预防；第三，通过对消防、警力和医疗等多方资源的智能调度，实现高效应急救援。智能安防在广度上将碎片化的互异领域安防系统通过网络互联，达到全域监控目的，同时在技术深度上通过智能分析技术提升安防的监控力度、防护和救援效果、效率，使人们无论在何时何处都能得到全方位的安全保障，是未来安防系统发展的终极目标。[①]

10.2.1.2　智慧安防行业发展历程

几十年前，CCTV 监控摄像机的发展并未显著提高国人的安防意识。直到 1979 年，安防产品仍以探测、报警及实体防护为主，且多应用在博物馆及保密要害单位等高价值场所。随着中国安防产业格局初步形成，安防产品应用领域逐步扩展到金融、房地产、运输服务等行业。进入 21 世纪，视频监控产品向数字化、高清化、网络化和智能化的趋势发展，在应用层面上也开始向社会化安防产品、民用市场深耕。2012 年，AI 技术在安防市场上得到了大规模落地与应用，人工智能开始推动传统安防产业进化和革新。前端信号的采集和探测设备中开始加入 AI 芯片，通过智能识别并筛选图像再进行传输，缩小传输空间和缩短时间；后端处理平台可同时处理的前端相关产品数量大幅度增加，清晰度和识别准确度都显著提高。

2009 年，AI 技术开始在多行业初步应用，其中，安防监控是人工智能最先大规模产生商业价值的领域，也成为许多 AI 技术研发公司的切入点。2012 年，《"十三五"国家战略性新兴产业发展规划》的出台促使众多安防企业开始落地平安城市和智慧城市建设另外，天网工程和雪亮工程等国家政策整体推动了 AI 安防的发展，越来越多的 AI 和 CV 公司开始将安防领域作为其主要发展点之一。从 2005 年开始的平安城市建设，到 2011 年启动的智慧城市建设，以及后续提出的天网工程、雪亮工程等安防重点项目，AI 在安防领域中不断渗透，智能安防产品运用于实体事件的需求凸显。从 2012 年起，传统安防企业和人工智能＋安防领域新兴公司都开始注重安防产品在城市建设中的应用。另外，从地区维度上看，智能安防产品的应用最先出现在人口密集区域，典型地区如珠三角、长三角以及中部地区，这些地区对于智能化安防产品需求较高、安防应用的意义较大。从 2016 年智能安防的概念被大面积提及开始，

---

① 陶永,袁家虎,何国田,刘飞,王田苗,沈俊. 面向中国未来智能社会的智慧安防系统发展策略[J]. 科技导报,2017,35(05):82-88.

各公司在全国范围内智能安防应用落地的举措愈加频繁，应用场景也从最初的公安和交通向其他行业拓展。

10.2.2　智能安防主要应用场景及服务

10.2.2.1　智能安防相关技术

随着 AI 技术的普及，传统安防已经不能完全满足人们对于安防准确度、广泛程度和效率的需求。在 2017 年，安防系统每天产生的海量图像和视频信息造成了严重的信息冗余，识别准确度和效率不够，并且可应用的领域较为局限。在此基础上，智能安防开始落实到产品需求上。算法、算力、大数据作为 AI + 安防发展的三大要素，在产品落地上主要体现在视频结构化（对视频数据的识别和提取）、生物识别（指纹识别、人脸识别等）、物体特征识别（车牌识别系统）三个方面。

视频结构化是利用计算机视觉技术和视频监控分析方法对摄像机拍录的图像序列进行自动分析，包括目标检测、目标分割提取、目标识别、目标跟踪，以及对监视场景中目标行为的理解与描述，理解图像内容以及客观场景的含义，从而指导并规划行动。

生物识别技术是利用人体固有的生理特性和行为特征来进行个人身份鉴定的技术。人脸、指纹、虹膜三种识别方式是目前，较广泛的生物识别方式，三者的同时使用使得产品在便捷性、安全性和唯一性上都得到了保证。

物体特征识别技术判定一组图像数据中是否包含某个特定的物体、图像特征或运动状态，在特定的环境中解决特定目标的识别。目前，物体识别能做到的是简单几何图形识别、人体识别、印刷或手写文件识别等，在安防领域较为典型的应用是车牌识别系统，通过外设触发和视频触发两种方式，采集车辆图像，自动识别车牌。

10.2.2.2　智能安全应用场景

随着 AI 技术在安防领域中的大规模应用，基于检测、跟踪、识别三大主流方向，绝大部分安防产品都有落地的使用场景，从目前发展情况来看，智能安防产业发展趋向于两极化——更加偏重于宏观的智慧城市大安防化与更加侧重于微观的民用服务微安防化，较为典型的是公安、司法和监狱的警用场景和日常贴近生活的民用场景。在警用层面，对于场景划分可以按照警用需求划分为"点""线""面""后台"四个维度的布防，主要特点是利用智能安防产品在识别和分析上的优势，做到预警和管控。智能交通、智能园区、智能楼宇、平安城市这四个在两年前热度极高的关键词已经成为智能安防主要发展领域，而热门领域中智能家居、智能金融和智慧城市领域热度攀升，民用安防涉及的领域呈现多元化特点。智能安防全场景如图 10-1 所示。

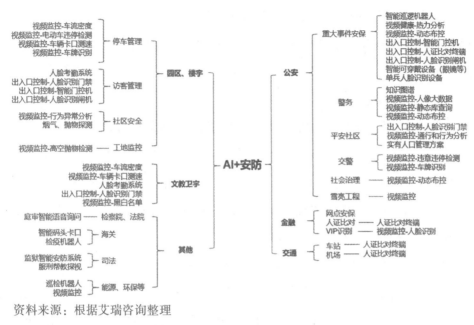

资料来源：根据艾瑞咨询整理

图 10-1　智能安防全场景

（1）场景一：警用智能安防

智能安防前后端产品能够汇总海量城市级信息，再利用强大的计算能力及智能分析能力，对嫌疑人的信息进行实时分析，给出最可能的线索建议，将犯罪嫌疑人轨迹锁定由原来的几天缩短到几分钟，为案件的侦破节约宝贵的时间。以海康威视 2017 年破获某个抢劫案为例，从大量的视频图像中找到嫌疑人，需要对来自 500 多个监控点的长达 250 个小时的视频进行分析，如果采用人力查阅，至少需要 30 天时间，但如果采用基于深度学习的视频分析技术，仅需不到 5 秒。根据国家统计局数据，从 2012 年起，依靠智能视频监控系统，公安受理和查处的案件数量都有大幅度减少，预警维稳成效显著。而在破获案件精度和效率方面，AI 技术让安防精度趋近 100%，但因为外界因素，难以达到误报率 0，效率值有了显著攀升。但因为智能安防系统需要配以大量高清摄像机，处理百万级别的视频数据，因此从全国范围来看，尚未完全普及的智能安防产品让效率值有所下降。

（2）场景二：民用智能安防

目前民用安防市场的发展方向，主要按照多场景应用—安防目的—便捷性提升—智能化程度提升的逻辑进行布局。根据 2018 年国际航空电信协会（SITA）公布报告显示，生物识别技术日渐成为航空公司和机场实现身份检查自动化的最佳解决方案，63%的机场和 43% 的航空公司计划未来三年内在生物识别 ID 管理解决方案上进行投资。目前使用智能安防的民用机构主要为学校、家庭、工业园区、智能楼宇以及医疗、零售、金融、企业、能源行业等。

（3）场景三：校园和社区智能安防——安防智能化缩短出行时间

在上下学/班的高峰期，传统的检查门卡或者凭证等方式时常会导致大量人员滞留在门口的状况，而凭证忘记携带或丢失的情况也常常发生。智能安防时代，人脸识别系统已经渐渐开始在高档社区和学校等地区尝试运行，同时配合智能监控设备，构建智能高清人脸识别系统，接入公共安全视频监控系统进行全面安防。

（4）场景四：居家生活智能安防——主动安全防卫

智能安防产品大面积进入家中，在设备系统设防状态下用于实时监控家中的情况，并及时将感应的异常情况传送至用户手机，达到保护家人和财物的目的；用户也可通过手机随时随地查看家里的变化，防止意外事件的发生。

（5）场景五：工业园区智能安防——可移动巡线机器人大展身手

工业园区具有空间大、人员分布散、视野死角多、产品价值高等特点，潜在安全危险较大，这决定了工业园区势必成为安防应用发展的重要实践场景。安防摄像机在工厂园区内数量虽多，但大部分还是被部署在出入口和周界，对内部边角位置无法涉及，而这些地方恰恰是安全隐患的死角。结合 AI 技术，可移动巡线机器人在工厂园区中将拥有广泛的应用前景。当前实际落地运营的可移动巡线机器人如"大眼萌"巡检机器人，设有红外检测系统和摄像设备，可以准确采集收录各种数据，部分机器人可以利用拾音器，采集设备运行中发出的声音，经过"大脑"的分析比对，可以发现设备内部异常。可移动巡线机器人定期巡逻，读取仪表数值，分析潜在风险的特点，有效地保障工业园区的正常运营。未来随着技术的不断成熟，可移动巡线机器人能够保障全封闭无人工厂的可靠运行，真正推动"工业 4.0"的发展。

（6）场景六：楼宇智能安防——高效运行，信息互联

智能楼宇中的安防设备主要包括前端的网络摄像机和编码器，辅助的报警、门禁和联

动系统，以及后端的监控管理平台。在智能楼宇领域，人工智能是建筑的大脑，综合控制着建筑的安防、能耗，对于进出大厦的人、车、物实现实时的跟踪定位，区分办公人员与外来人员，监控大楼的能源消耗，使得大厦的运行效率最优，延长大厦的使用寿命。智能楼宇的人工智能核心技术，在于汇总了整个楼宇的监控信息、刷卡记录，室内摄像机能清晰捕捉人员信息，在门禁刷卡时实时比对通行卡信息及刷卡人脸部信息，检测出盗刷卡行为；还能区分工作人员在大楼中的行动轨迹和逗留时间，发现违规探访行为，确保核心区域的安全。

（7）场景七：金融智能安防

金融安防系统包括技术防范系统和实体防护设施，技术防范系统主要包括视频安防监控系统、出入口控制系统、入侵报警系统和监听对讲系统等，实体防护设施主要包括专用门体、防弹复合玻璃、提款箱、运钞车、保管箱和 ATM 自动柜员机等。

10.2.3　智能安防应用案例——云从智能安防社区

10.2.3.1　云从智能安防社区项目背景

随着改革开放的发展，流动人口大量涌入城市，社区出租房屋逐年增加，社会治安、社区管理面临诸多难题，居民人口信息采集率低、底数不清，周边环境复杂，管理难度大，社区维稳工作耗费大量人力物力等因素，构成了社会治安的隐患，困扰着基层执法民警。2019 年 7 月初，永城市公安局与云从科技达成合作协议，联合河南印象物业服务有限公司，共同对其辖区内的中央名邸一期进行智能化改造，要求构建一个可以做到全时监控、全域巡查、全民互动的智慧安防体系。

10.2.3.2　云从智能安防社区系统架构

云从智能安防社区系统采用二级架构、分布式部署方式进行构架，如图 10-2 所示，解决了社区前端数据的采集和汇聚功能，同时通过平台完成驻社区民警的应用。通过小区出入口、单元门口、社区主干道等位置安装的智能设备进行人员出入的门控管理和数据采集，并将采集的数据和抓拍的人脸图片通过社区设备网发送到互联网的脸卡云平台，由互联网平台完成数据统计并将汇聚后的数据发送到社区局域网的智能安防社区管理平台中，在社区局域网的智能安防社区平台可完成"一标三实"的统计工作并实现技战法分析。

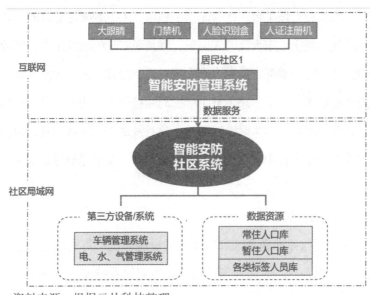

资料来源：根据云从科技整理

图10-2   云从智能安防社区系统架构

感知层：由分散在小区的视频类设备、感知类设备、社区内部的业务子系统数据构成。

网络层：通过网闸和安全交换设备拉通各个网络，包括但不限于社区局域网、互联网等，实现对前端采集的视频、图片、结构化数据进行统一汇聚整合。

数据层：分主题、专题库设计进行相关数据存储，包括一标 N 实、车辆类、人口类、感知数据、地图撒点类等。

服务层：提供中心管理服务、地图服务、检索服务、标签服务等各种基础服务，及研判分析、数据挖掘、识别解析等各种大数据应用服务，提供给应用层使用。

应用层：智能安防社区系统提供各种应用，满足公安、物业、居民及委办局等不同的用户需求。

展现层：终端展示主要方式一般有 PC 客户端、移动终端、LED 大屏等。

10.2.3.3 云从智能安防社区系统应用场景

该系统重点解决社区遇到的人车分流、电动车管理、无感识别等管理问题，同时利用人脸识别技术、大数据技术，建设社区人口信息大数据平台，构建以一人一档、一屋一档、一车一档的为核心的综合信息库，建成集管理、防范、控制于一体的小区安防体系，对各类事件做到预知、预判、预防、预警和处置，切实提升小区的安全水平和应急响应能力。同时，通过多维信息的采集整合，实现更精细的社区治理，使业主日常生活更加便捷化、智能化，物业管理更加规范化、直观化和人性化。

①一网一平台。小区一张网，联通多种智能设备，构建覆盖周界、楼栋、房屋三级的网、格、点立体防控体系，实现社区人、车、房、物集约化管理，真正提升社区安防设施的价值和物业运营的效率。

②云端一平台。整合多维数据，打通社区信息孤岛，动态信息全采集、安全状态全监测、数据汇聚全共享，为社区治理工作提供有力的支撑服务。

③创新 AI 应用，智能分析研判。通过人脸识别和车牌识别技术，实现精细化的人、车、房动态管理和数据研判，做到人过留影、车过留痕，改变基层民警工作方式，从事后排查变为事前研判。

④智慧物业运营，打造新型社区生态系统。通过平台物业端和住户手机端同时实现访客登记、一键求助、物业保修、物业缴费、便民服务、友邻社区等多种服务。

⑤人文关怀。根据人群日常活动规律进行分析，以"独居老人"为例，如有一段时间未采集到相关信息，则平台针对性地将告警信息推送到社区民警手中，及时提醒民警进行情况确认。

云从智能安防社区系统，主要聚焦社区场景，实现辖区内实有人口、实有房屋、实有单位、安防设施等基础数据整合，并汇聚社区内视频监控、人脸抓拍、卡口过车、门禁刷卡、消防设备等多类动态感知数据，围绕人、车、房、警情事件等要素，为公安、综治、街道、物业等部门用户提供实有人口管理、关注人员管控、人车轨迹研判、异常告警处置、潜在风险预控等业务应用，如图 10-3 所示。

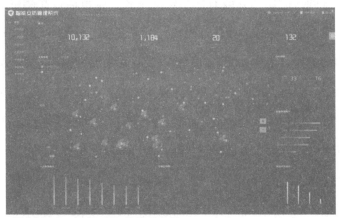

资料来源：根据云从科技整理

图 10-3　云从智能安防社区系统

10.3 人工智能＋政务应用场景

10.3.1 智慧政务的概念及发展历程

10.3.1.1 智慧政务的概念

到目前为止，"智慧政务"尚未有确切的内涵阐释，借鉴 IBM 智慧城市的电子政务定义，智慧政务的内涵在于为了实现政府内部业务系统之间以及与外部（横向/纵向）业务系统各职能部门之间的资源整合与系统集成，实现政府各部门流程、资源的重置与集成以提供给市民及公司便捷、优质、低成本的一站式服务，实现跨职能部门的业务联动与系统集成以完成并联审批，实现网上行政监察和法制监督系统的透明、廉洁、高效运行，而建设含流程引擎管理的贯穿服务总线、内网、门户和外网业务、专题数据库及衍生的中心数据库。通过更透彻的感应和度量层面上的传感器系统获取大量实时数据，通过更全面的互联互通层面上事件处理软件提取传感器原始数据流中的业务相关事件，并运用集成中间件配置事件的业务背景，实现对现实世界运行系统实际行为的全新洞察。通过更深入的智能洞察层面上的可视化配合业务规则及分析的运用，来优化各项运作系统，最终使政府服务与管理达到和谐可持续发展、系统高度集成、无缝化连接的高阶段电子政务系统。

智慧政务是政府依托网络系统（如物联网、互联网），通过先进的信息技术（如云计算等）使政府服务与管理达到和谐可持续发展，通过系统集成，有机地组合成一个一体化的、功能更加强大的由诸如政府信息资源系统、城市运行监测系统、社会保障系统、公共安全监管系统等组成的应用性系统，实现管理、服务的无缝化连接，为人们提供更客制化的服务选择、更透彻的需求分析以及更便捷的智慧响应。具体而言，智慧政务以完善法律基础、强化公共服务、高投入换高质量、更加公平的政治参与以及改革政府管理机构为前提，通过物联网、云计算实现跨部门、跨地区信息互联互通，借助这种更透彻的感应和度量获取大量数据，整合现有城市管理系统资源，展开政府、企业、公众及自然等多元主体互动的公共事务创新，增强城市、自然、人类和产业系统之间的透明度，发展、描绘、执行、监督和完善政府政策，向全社会提供高效、优质、透明和全方位的政府管理和服务。

10.3.1.2　智慧政务的发展历程

智慧政务的发展演变随着其技术复杂性、集成难度的增加而经历三个阶段：数字政务——智能政务——智慧政务。数字政务是交易阶段，通过构建政府机构网站提供政府信息；智能政务是在政府职能领域的垂直整合阶段；智慧政务是横向集成阶段。① 我国政府行业信息化起步于 20 世纪 80 年代末 90 年代初，经历了"办公自动化工程""三金工程""政府上网工程""电子政务工程""智慧政务工程"等重大演变。

从 20 世纪 90 年代开始，政府信息化的建设就开始围绕"通"进行，而现今正逐渐过渡到"云"的建设。从网络的连通、数据的整合，到云的出现与整合，政府信息化的建设是一个漫长而又快速发展的过程，正迈向新的里程碑。

智慧政务是电子政务发展的高级阶段，是提高党的执政能力的重要手段。越来越多的城市启动智慧城市规划编制工作，一批经济发达的大中型城市将进入智慧城市实施阶段。在智慧城市规划和建设内容中，智慧政务将成为重点。政府先行，带动城市经济、社会领域的智能化。各地智慧政务的规划和建设的重点内容将包括智能办公、智能监管、智能服务、智能决策等领域。

10.3.2　智慧政务主要应用场景

目前通用的智慧政务的架构方案不仅包括基础网络部署，更涵盖立体安全规划、政务云计算建设、政府协同办公在内的方方面面。在整个新 IT 建设中，以云融合为基础架构，支撑底层的数据接入传输、上层的业务互通及业务平台的数据处理，能够同时保证海量业务数据的高效运行、网络资源和安全准则的平滑演进以及面向应用的可定义随需而变。

10.3.2.1　场景一：智能办公

在智能办公方面，采用人工智能、知识管理、移动互联网等手段，将传统办公自动化（OA）系统改造成为智能办公系统。智能办公系统对公务员的办公行为有记忆功能，能够根据公务员的职责、偏好、使用频率等，对用户界面、系统功能等进行自动优化。智能办公系统有自动提醒功能，如待办件提醒、邮件提醒、会议通知提醒

① 于冠一,陈卫东,王倩.电子政务演化模式与智慧政务结构分析[J].中国行政管理,2016(02)：22 -26.

等，公务员不需要查询就知道哪些事情需要处理。智能办公系统可以对待办事项根据重要程度、紧急程度等进行排序。智能办公系统具有移动办公功能，公务员可以随时随地办公。智能办公系统集成了政府知识库，使公务员方便查询政策法规、办事流程等，分享工作经验。

虽然政府智能办公领域尚处于起步阶段，但随着人工智能的普及和深入人心，在虚拟政务助理、智能会议、机器人流程自动化、智能公文处理以及辅助决策等领域有着广阔的应用前景，将有效提升政府效能，缓解人力短缺以及提升服务能力。

（1）虚拟政务助理

虚拟政务助理是一个深入理解人的需求，并且具有强大功能的软件应用程序。它通过人为命令或主动发现人的需求，经过全面分析，执行最能满足需求的服务，把人从琐事中解放出来。目前市场上成熟的产品有微软小冰、苹果 Siri、百度度秘、阿里小蜜等。若能将此技术应用到政府办公中，建立政府办公知识库，根据城市管理者的工作分工和工作重心，满足信息需求，关注重点和偏好，可以帮助政府工作人员完成数据查询、公文查询等任务，实现城市信息的智搜、智推、智答。还可协助完成会议预订、日程安排等事务，大大提高工作效率。

（2）智能会议

由于政府工作的特殊性质，重大事务都要通过会议讨论，集体做出决定，并做出部署，会议是政府工作人员必不可少的工作。过去政府会议通知要用人工电话一一通知确认，靠人工做会议记录，形成会议纪要，费时费力。在未来，政府一方面要通过改革减少会议，另一方面要通过技术手段减轻工作人员的负担。人工智能则提供了一种高效的解决方案，在选定了会议主题和与会者之后，虚拟会议助理会在第一时间主动联系与会者以确定是否参加会议从而在会议开始时自动连接视频会议，并拨通远程与会者的电话。会后，虚拟会议助理自动将声音转换成文字记录，并协助政府工作人员制作会议记录。

（3）机器人流程自动化

当前，政府基层工作人员每天花大量时间在一些日常工作上，如重复填报数据、流程确认和审批等，导致真正用来为群众服务的时间很少。例如：由于司法管辖问题，卫生和计划生育领域各级系统无法打通，无法实现数据共享，基层乡镇工作人员在同一数据上需要多次重复录入区级、市级、省级和国家级系统，产生了许多机械化、重复性劳动。机器人流程自动化（Robotic Process Automation，RPA）可以通过软件机器人实现对大量重复、基于规则的工作过程任务的自动化。RPA 可被看作一个数字化操作人员，而非简单的工具。该系统能帮助完成表格填写、信息查询、电子文书审核盖章等重复和耗时的工作，大大解放了政府人力资源，使政府工作人员能够集中精力解决政府事务中的难题。

（4）智能公文处理

公文是政府处理公共事务的工具，公文处理是党政机关的一项重要政务工作。《党政机关公文处理工作条例》对公文的撰写进行了严格规范。大部分政府部门仍然采用传统的手工公文处理方法，不仅耗费时间、精力和财力，而且造成公文传递速度慢、文件管理困难、政务工作效率低等问题。利用光学字符识别（Optical Character Recognition，OCR）技术，可将非文本文件（扫描件）转换成文本文件；对公文主题进行优先级分类，将抄送单位、抄送负责人按标签类别自动分配给相应的单位和负责人批办，解决了人工分拨、流转效率低的问题。利用公文智能推荐技术，对历史关联或冲突公文进行推荐，辅助领导批注；利用公文自动摘要技术，对关键信息进行汇总，并生成描述性摘要，使相关责任人和领导能够快速获得长文件中的重要信息。由此，政府公文处理流程的智能化改进，解决了人工审批所面临的分类下发不及时、政府领导审批效率低等问题。另外，人工智能还可以实现固定格式文件的自动编制，极大地减轻了政府工作人员的负担。

10.3.2.2 场景二：智能监管

智能监管系统能够自动感知、识别和跟踪监控对象。例如：在交通要道安装一个带有人脸识别功能的监视器，就能自动识别逃犯等；在服刑人员、犯罪嫌疑人等身上植入生物芯片，就能跟踪他们。智能监控系统能对突发事件进行自动报警和自动处置。例如：利用物联网技术监测山崩变形，就能对滑坡进行预警；一旦发现火情，该建筑立即自动切断电源。此外，智能监管系统能对企业数据进行自动比对，发现企业逃税等行为。智能移动执法系统可根据执法人员的需要，自动查询相关材料，生成罚单，方便其履行职责。

（1）公安监管

以往，监管场所监控系统一般都有多个视频采集前端，通过监控实现画面轮巡，轮巡周期称为监控空白区，也就是说，在这段时间内，监控人员不能观测到画面，监控效果大大下降。智能防控系统是利用互联网信息技术，实现人防、物防、技防、联防"四防合一"的安全防范系统，对在押人员在活动、生活、学习等方面的全过程进行实时监控，及时发现并提前预测各种突发事件的发生，实时感知监管场所内信息和异常变化，防止在押人员越狱脱逃、自伤自残及其他恶性案件的发生，实现对监管场所各类突发事件的快速反应、准确定位、智能分析、有效控制，有效增强监管场所的安全保障能力和狱情危机处置能力，确保监管场所持续安全。智能防控系统通过智能视频分析系统，改变了以往视频监控的"被动"状态，不局限于提供视频图像，还可以对视频信息进行主动智能分析，识别和区分对象，可以自定义事件类型，一旦发现异常行为或突发事件可以及时报警。

（2）环保监管

环保监管系统包含污染源监控、水质监测、空气监测、生态监测等职能环保信息采集网络和信息平台，适用于以下三种场景。

环境业务效能提升：提高环境监测在线数据及时性、稳定性、可靠性；环境监控变革，在线数据、视频数据、过程工况数据、留样系统；数据集中、共享、业务灵活扩展。

热点环境问题监测：污染源重金属监测、危险移动源监测、流域水质监测、环境空气质量监测、机动车尾气排放监测等。

综合性环境问题监测：整个流域的水质监测、分析、报警、预警；区域的空气监测、综合评价、预测、预警；立体评价和分析区域环境质量。

10.3.2.3 场景三：智能决策

智慧政务能够提高政府决策水平，实现智能决策，主要体现为：

（1）数据聚合与共享

汇集政府各部门的政务信息资源，形成权威的政务领域数据库，通过大数据平台的处理能力，整合、加工、汇总各种结构化和非结构化数据，为相关部门分析数据提供数据支持。可为政府部门各系统之间提供文件、数据库、API 等数据交换服务。为各部门提供数据共享、分布式计算、分布式存储服务，实现一站式数据统一管理。政府各部门间只有在实现智能办公的基础上，才能实现基于真实数据的决策，避免盲目决策和决策失误。

（2）全局态势感知

利用各种工具对人口、经济、就业、医疗、教育、环境、资源等政务相关数据进行展示，使政府部门能够清楚地了解有关业务领域的客观现状，并在现状数据中探讨多维变量的相关性及相关领域的发展趋势。建立了一个以人口、社会、经济、环境、资源等多方面变量为基础的综合系统动力学模型，模拟社会宏观发展状况，预测各种指标数据，通过调整政策变量来模拟不同政策方案的实施效果，协助政府制定发展规划。运用专题决策模型，找出具体行业政务数据的潜在关联、因果关系和可能风险，结合行业专家的咨询分析，为政府决策提供支持服务。

（3）决策效果评估与反馈

利用仿真模型，对政策执行效果进行模拟、评估和调整，并对不同政策执行后的数据进行跟踪对比，为决策者和研究者提供量化评价反馈工具。也可以将决策方案、政策执行周期中的数据、需要解决的问题和对策等内容以在线报告的形式加以总结。例如向有关政府部门、工作人员及社会公众广泛征求意见和建议。近几年来，我国人民代表大会在立法过程中，通过政府网站将即将立法的法律向社会公开，从而广泛征求各方意见和建议，是体现智能决策的主要方式之一。

"智慧政务"不仅强调新一代信息技术的应用，更强调以用户创新、大众创新、开放创新、共同创新为特征的创新 2.0，并以此为基础实现政府、市场、社会等多方面的协同作用，以及从生产范式向服务范式的转变。

10.3.3　智慧政务应用案例——宁波 5G 智慧海关

5G 相比 4G 是一次全面彻底的改革。2019 年 5 月，中国移动宁波分公司与宁波海关达成 5G 时代"智慧海关"战略合作，5G 高速率、低时延、大连接的三大特性为"智慧海关"建设增添了新动力，智能监管已走过从无到有阶段，正在从单一走向全面。

10.3.3.1　5G＋AR 应用解放关员双手

20 世纪八九十年代的海关查验工作，如果要说设备，恐怕只有海关关员手上那支笔勉强能算。如今，海关关员佩戴 5G AR 眼镜就能开展船舶巡检、物流巡检、巡查指挥等工作。海关关员站在巨大的靠港轮船前，通过 5G AR 眼镜能精准识别船舶，眼镜上自动推送显示所见船舶的英文船名、IMO 号、检疫状态等信息，辅助现场关员选取重点风险船舶，为后续检查、登临作业中有针对性地开展执法提供支持；在卡口、施验封场地，通过 5G AR 眼镜能自动识别车牌、集装箱等信息，并实时从后台物流监管系统查询，获取物流车辆对应的货物信息、途中监管数据、自动告警信息。

5G AR 眼镜在巡查指挥方面发挥着重要作用。相比以往的拍摄设备，5G AR 眼镜拍摄画面视角与关员视角同步性更高、拍摄信息有效性更高，在高带宽、低时延的 5G 网络下，巡查现场关员能与指挥中心通过音视频、图文消息等开展远程实时指挥调度，前端、后端高效协作，实现对重点区域、重点监管要素的立体化布控。

同时，5G AR 眼镜还能拍摄重要环节的图片和视频，并对巡检作业全过程进行记录、保存，相比以往手持 PAD 和 4G 单兵作业，5G AR 眼镜真正解放了海关关员双手，提高了巡检效率。

除了识船、识车、实时指挥，5G AR 眼镜也为旅检带来了效率革命。在宁波栎社机场旅检现场，海关关员通过佩戴 5G AR 眼镜，对旅客进行人脸识别，采集人脸图像建模自动入库，并与黑名单人员库实时比对，快速识别代购水客、违禁品携带记录者等各类重点检查人员，在 5G AR 眼镜上显示警示信息，大大提高了海关旅检的监管效率。

10.3.3.2　5G 网络提升监管效能

安全智能锁等物联网设备终端需要实时采集信息，并与系统后台进行大量、频繁传输；AI 图像、大数据运算分析等对数据量的要求成几何倍增长；全方位高清视频实时回传，AR 可视化监管；远程音视频指挥交流……这些都对网络速率和稳定性提出了越来越高的要求。借助 5G 技术，海铁联运场站实现了 5G 全景智能监管。监控指挥中心大屏上，通过高空 4K 全景摄像头实时查看驶入的载货火车，鼠标选中集装箱，辅助摄像头即刻自动对焦，将集装箱清晰地显示到屏幕上，同时自动识别箱号，以 AR 方式显示监管数据，辅以地面移动布控摄像头实现视频监视全方位、无盲区，大大提升了海铁联运场站复杂环境下的智能监管效能。

在 5G + 智能卡口，施加安全智能锁的集装箱一进卡口通道，安装在通道上方的固定式阅读器即时读取安全智能锁数据，借助 5G 网络低时延特性，将数据实时传回海关后台系统。毫秒级的 5G 网络提高了验封数据交换、解封指令、密钥下发效率和稳定性，进一步保障转关、转场集装箱随到随验，缩短货物途中运输时间，提高货物查验放行效率。

　　5G 时代，浙江移动倾力在宁波打造全国首个 5G "智慧海关"，被评为中国移动 5G 集团级龙头示范项目，实现海关监管更智慧、精准、高效，形成 "智慧海关" 新生态，助推宁波舟山港一体化建设、义甬舟开放大通道构建。可以预见，随着 5G 机器人巡查、5G 无人机巡检等 5G 应用场景不断丰富，5G 应用不仅将面向全国海关、口岸进行推广，在港口、边检、公安等领域，市场前景也十分广阔。

 本章小结

　　本章主要讨论了智能交通、智能安防和智慧政务及其各自的发展历程和应用场景。智能交通的主要应用场景包括交通管理服务、出行者服务、规划与管理者服务等。智能安防的主要应用场景包括警用智能安防、民用智能安防、校园和社区智能安防、居家生活智能安防、工业园区智能安防、楼宇智能安防、金融智能安防等。智慧政务的主要应用场景包括智能办公、智能监管、智能决策等。并分别以网帅科技交通管理系统、云从智能安防社区、宁波 5G 智慧海关为例，带大家深入了解人工智能在各领域的典型的应用及功能。

（1）谈谈你对智能安防的认识。

（2）你认为目前我国智慧政务建设存在什么问题？

（3）目前我国智能交通发展状况如何？

阅读延展

11

第11章

人工智能的未来展望与职业规划

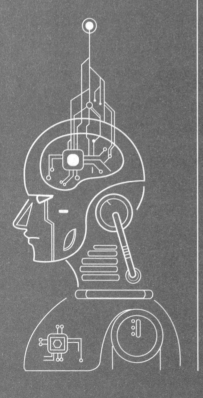

学习目标

　　通过本章的学习，了解人工智能未来的发展趋势；正确认识人工智能在法律与道德方面引发的争论；了解人工智能背景下相关职业发展的机遇与挑战；理解职业规划的基本知识与技巧；掌握大学生职业能力培养内容与途径

1984 年，20 岁的马云经历了两次高考落榜后，第三次高考终于被杭州师范学院以专科生录取。后来因同专业招生不满，被调配进入外语本科专业。马云毕业后，被分配到杭州电子工学院教英语，并发起西湖边上第一个英语角，在杭州翻译界开始有了名气。很多人来请马云做翻译，马云做不过来，于 1992 年成立海博翻译社，请退休老师做翻译。1994 年杭州电子工学院邀请了西雅图的外教比尔，马云第一次从他那边听到了互联网。1995 年马云作为翻译来到洛杉矶沟通落实一起高速公路投资事宜，借机从洛杉矶飞到西雅图找比尔。比尔领马云去西雅图第一个 ISP 公司 VBN 参观，公司职员打开 Mosaic 浏览器，键入 Lycos.com，对马云说："要查什么，你就在上面敲什么。"马云问："为什么有些能搜索到，有些搜索不到？"公司职员告诉他："要先做个 homepage，放到网上去，然后，全世界人都能搜索到了。"马云想到应该给海博翻译社做个 homepage。按照马云的意思，制作人员完成了海博翻译社网页的制作，并在上面写明了报价、电话和信箱。有的海外公司开始通过网站向马云进行报价与寻求合作，其中一封海外华侨留学生的邮件说："海博翻译社是互联网上第一家中国公司。"马云感受到了互联网的神奇，他兴奋地对 VBN 公司负责人说："你在美国负责技术，我到中国找客户。咱们一起来做中国企业上网。"

马云的故事告诉我们，成功不是凭空出现的，而是在自身的专业运用与职业发展中逐步积累经验与资源，并把握住时代机遇，不断开拓创新的过程。大学生如何在大学阶段认识自身专业所能从事的职业并做好职业规划，有针对性地培养相关职业能力，是本章要学习的内容。

11.1 人工智能的未来

11.1.1 人工智能的发展方向

经过 60 多年的发展，人工智能在算法、算力（计算能力）和算料（数据）"三算"方面取得了重要突破，正处于从"不能用"到"可以用"的技术拐点，但是距离"很好用"还有诸多瓶颈。那么在可以预见的未来，人工智能发展将会出现怎样的趋势与特征呢？

从专用智能向通用智能发展。如何实现从专用人工智能向通用人工智能的跨越式发展，既是下一代人工智能发展的必然趋势，也是研究与应用领域的重大挑战。2016 年 10 月，美国国家科学技术委员会发布《国家人工智能研究与发展战略计划》，提出在美国的人工智能中长期发展策略中要着重研究通用人工智能。阿尔法狗系统开发团队创始人戴密斯·哈萨比斯提出朝着"创造解决世界上一切问题的通用人工智能"这一目标前进。微软在 2017 年成立了通用人工智能实验室，众多感知、学习、推理、自然语言理解等方面的科学家参与其中。

从人工智能向人机混合智能发展。借鉴脑科学和认知科学的研究成果是人工智能的一个重要研究方向。人机混合智能旨在将人的作用或认知模型引入人工智能系统中，提升人工智能系统的性能，使人工智能成为人类智能的自然延伸和拓展，通过人机协同更加高效地解决复杂问题。在我国新一代人工智能规划和美国脑计划中，人机混合智能都是重要的研发方向。

从"人工＋智能"向自主智能系统发展。当前人工智能领域的大量研究集中在深度学习，但是深度学习的局限是需要大量人工干预，例如人工设计深度神经网络模型、人工设定应用场景、人工采集和标注大量训练数据、用户需要人工适配智能系统等，非常费时费力。因此，科研人员开始关注减少人工干预的自主智能方法，提高机器智能对环境的自主学习能力。例如阿尔法狗系统的后续版本阿尔法元从零开始，通过自我对弈强化学习实现围棋、国际象棋、日本将棋的"通用棋类人工智能"。在人工智能系统的自动化设计方面，2017 年谷歌提出的自动化学习系统（AutoML）试图通过自动创建机器学习系统降低人员成本。

人工智能将加速与其他学科领域交叉渗透。人工智能本身是一门综合性的前沿学科和高度交叉的复合型学科，研究范畴广泛而又异常复杂，其发展需要与计算机科学、数学、认知科学、神经科学和社会科学等学科深度融合。随着超分辨率光学成像、光遗传学调控、透明脑、体细胞克隆等技术的突破，脑与认知科学的发展开启了新时代，能够大规模、更精细解析智力的神经环路基础和机制，人工智能将进入生物启发的智能阶段，依赖于生物学、脑科学、生命科学和心理学等学科的发现，将机理变为可计算的模型，同时人工智能也会促进脑科学、认知科学、生命科学甚至化学、物理、天文学等传统科学的发展。

人工智能产业将蓬勃发展。随着人工智能技术的进一步成熟以及政府和产业界投入的日益增长，人工智能应用的云端化将不断加速，全球人工智能产业规模在未来 10 年将进入高速增长期。例如：2016 年 9 月，咨询公司埃森哲发布报告指出，人工智能技术的应用将为经济发展注入新动力，可在现有基础上将劳动生产率提高 40%；到2035 年，美、日、英、德、法等 12 个发达国家的年均经济增长率可以翻一番。2018 年，麦肯锡公司的研究报告预测，到 2030 年，约70% 的公司将采用至少一种形式的人工智能，人工智能新增经济规模将达到 13 万亿美元。

人工智能将推动人类进入普惠型智能社会。"人工智能 +X"的创新模式将随着技术和产业的发展日趋成熟，对生产力和产业结构产生革命性影响，并推动人类进入普惠型智能社会。2017 年，国际数据公司（IDC）在《信息流引领人工智能新时代》白皮书中指出，未来 5 年人工智能将提升各行业运转效率。我国经济社会转型升级对人工智能有重大需求，在消费场景和行业应用的需求牵引下，需要打破人工智能的感知瓶颈、交互瓶颈和决策瓶颈，促进人工智能技术与社会各行各业的融合提升，建设若干标杆性的应用场景创新，实现低成本、高效益、广范围的普惠型智能社会。

人工智能领域的国际竞争将日益激烈。当前，人工智能领域的国际竞赛已经拉开帷幕，并且将日趋白热化。2018 年 4 月，欧盟委员会计划 2018—2020 年在人工智能领域投资 240 亿美元；法国总统在 2018 年 5 月宣布《法国人工智能战略》，目的是迎接人工智能发展的新时代，使法国成为人工智能强国；2018 年 6 月，日本《未来投资战略 2018》重点推动物联网建设和人工智能的应用。世界军事强国也已逐步形成以加速发展智能化武器装备为核心的竞争态势，例如美国特朗普政府发布的首份《国防战略报告》谋求通过人工智能等技术创新保持军事优势，确保美国打赢未来战争；俄罗斯 2017 年提出军工拥抱"智能化"，让导弹和无人机这样的"传统"兵器威力倍增。

人工智能的社会学将提上议程。为了确保人工智能的健康可持续发展，使其发展成果造福于民，需要从社会学的角度系统全面地研究人工智能对人类社会的影响，制定完善人工智能法律法规，规避可能的风险。2017 年 9 月，联合国区域间犯罪和司法研究所（UNICRI）决定在海牙成立第一个联合国人工智能和机器人中心，规范人工智能的发展。美国白宫多次组织人工智能领域法律法规问题的研讨会、咨询会。特斯拉等产业巨头牵头成立 OpenAI 等机构，旨在"以有利于整个人类的方式促进和发展友好的人工智能"。

11.1.2 人工智能发展态势与思考

目前，我国人工智能总体发展态势良好。但也应清醒地看到，我国人工智能发展还存在过热和泡沫的风险，尤其是在基础研究、技术体系、应用生态、创新人才、法律规范等方面，还存在许多问题。总的来看，我国人工智能的发展现状可以概括为"高度重视，态势喜人，差距不小，前景看好"。

高度重视。中央和国务院高度重视并大力支持人工智能的发展。在党的十九大、2018 年两院院士大会、全国网络安全和信息化工作会议、十九届中央政治局第九次集体学习等场合，习近平总书记多次强调要加快推进新一代人工智能的发展。2017 年 7 月，国务院发布《新一代人工智能发展规划》，把新一代人工智能摆在国家战略高度，描绘了我国面向 2030 年的人工智能发展路线图，旨在构筑人工智能先发制人的优势，把握新一轮科技革命的战略主动权。在发展人工智能方面，国家发改委、工信部、科技部、教育部等国家部委以及北京、上海、广东、江苏、浙江等地政府出台了鼓励政策。

态势喜人。根据清华大学发布的《中国人工智能发展报告 2018》统计，我国已经成为世界上人工智能投资和融资最多的国家，我国的人工智能企业在人脸识别、语音识别、安防监控、智能音箱、智能家居等人工智能领域的应用都处于国际领先地位。根据爱思唯尔文献数据库 2017 年统计结果，我国人工智能领域的论文数量已经位居世界第一。最近两年，中国科学院大学、清华大学、北京大学等高校相继成立了人工智能研究院，自 2015 年开始，中国人工智能大会连续成功召开四次，并不断扩大规模。总的来说，我国人工智能领域的创新创业教育和科研活动十分活跃。

差距不小。当前我国在人工智能前沿理论创新方面总体上尚处于"跟跑"状态，多数创新侧重于技术应用，在基础研究、原创成果、顶尖人才、技术生态、基础平台、标准规范等方面与世界先进水平还有很大差距。世界 700 名人工智能人才中，中国人才数量虽然排名第二，但与占了总数一半的美国相比，还相差较远。2018 年市场研究顾问公司 Compass Intelligence 对全球超过 100 家人工智能计算芯片企业进行了排名，我国没有一家企业进入前十。此外，我国的人工智能开放源代码社区和技术生态布局还比较落后，需要加强技术平台建设，提高国际影响力。由于我国参与制定国际人工智能标准的积极性和力度不够，国内标准的制定和实施相对滞后，因此目前我国还缺乏对人工智能可能产生的社会影响的深入分析，制定和完善人工智能相关法律法规的进程需要加快。

前景看好。在我国，人工智能的发展具有市场规模、应用场景、数据资源、人力资源、普及智能手机、资金投入、国家政策支持等综合优势，发展前景广阔。2017 年，世界顶级管理咨询公司埃森哲发表的报告《人工智能：助力中国经济增长》指出，到 2035 年，人工智能将使中国的劳动生产率提高 27%。国家出台的《新一代人工智能发展规划》提出，到 2030 年，人工智能的核心产业规模将超过 1 万亿元，相关产业将达到 10 万亿元。"智慧型红利"有望在我国未来发展道路上弥补人口红利的不足。

目前，中国正处在加快人工智能布局、收获人工智能红利、引领智能时代的重要历史机遇期，如何在人工智能蓬勃发展的大潮中，选择好中国道路，抓住中国机遇，展现中国智慧，都是值得我们深思的问题。任何事物的发展不可能一直处于高位，有高潮必有低谷，这是客观规律。在任意现实环境中实现机器的自主和通用智能，仍需要中长期的理论和技术积累，而人工智能在工业、交通、医疗等传统领域的渗透和融合是一个长期的过程，难以一蹴而就。为此，必须充分考虑人工智能技术的局限性，认识人工智能改造传统产业的长期性和艰巨性，理性地分析人工智能发展的需求，合理地设定人工智能发展目标，合理地选择发展路径，务实地推进人工智能发展举措，以保证人工智能的健康、可持续发展。

 ## 11.2 人工智能道德与法律

近几年来，人工智能在社会的各个领域得到了快速的发展，给人们的生产生活带来了极大的方便。它是为了研究人的智能的本质内涵而产生的，具体地说，是为了实现机器能够执行与人的智能有关的活动。但随着人工智能的发展，出现了许多问题，其中既有技术层面的问题，也有伦理方面的问题。

11.2.1 智能机器的道德主体地位的思考

基于其目前的发展速度和规模，人工智能将来也许可以开发出具有自我意识的智能产品，那么，这些由人类制造出来的智能机器是否也可以获得与人类同样的权利和地位？如果这些高智能产品还具有与人类高度相似的感知能力、情感水平，那么它们会威胁人类的自身利益吗？假如一个 AI 产品出现了对人类有伤害的情形，责任主体是人还是机器？在美国，警察曾出动杀人机器人杀死犯罪嫌疑人，机器人有权剥夺人的生命吗？AI 应该具有怎样的道德地位？在人工智能机器人有自我意识，甚至能模仿人类的感觉之后，机器还能自制吗？这其中包括对人工智能产品主体地位的思考，这些都是人工智能发展过程中所引发的伦理问题。

人工智能的伦理问题得到了前所未有的重视，其关键在于它能够实现某种可计算的感知、认知和行为，从而在功能上模拟人类的智能和行为。在人工智能诞生之初，英国科学家图灵、美国科学家明斯基等先驱者的初衷就是利用计算机来制造通用或强人工智能。到目前为止，应用越来越广泛的各种人工智能和机器人都是狭义的人工智能或弱人工智能，它们只能够完成人类赋予它们的任务。

一般而言，人工智能和智能自动系统能够自动感知或认知环境（包括人），并根据人的设计执行某种行为，还可能具有人机交互功能，甚至可以与人"对话"，通常被视为具有某种自主性和互动性的实体。基于这一点，人工智能学家引入了智能体（Agents，又称智能主体）的概念来定义人工智能：对能够从环境中获取感知并执行行动的智能体的描述和构建。

因此，可以把各种各样的人工智能系统称为人工智能体或智能体。从技术上讲，智能体的功能是智能算法赋予的——智能体运用智能算法对环境中的数据进行自动感知和认知，并使其映射到自动行为与决策之中，从而完成人类所设定的目标和任务。可以说，智能体与智能算法实为一个整体的两面，智能算法是智能体的功能内核，智能体是智能算法的具体体现。

由智能体概念出发，将人工智能系统表现得更加清晰，能够模拟和取代人类的理性行为，因为它的存在既可以与人类相媲美，也可以被看作"拟主体"，或者智能体具有某种"拟主体性"。仅仅把智能体当作普通的技术人类创造，其研究过程与其他科技伦理相似，主要有面向应用场景的描述性研究、突出主体责任的责任伦理研究和以主体权利为基础的权利伦理研究。但是，当人们赋予智能体以拟主体性时，就会自然而然地联想到，无论智能体是否和主体一样具有道德意识，其行为都可以被视为拟伦理行为。接着可以追问：能否利用智能算法对人工智能体的拟伦理行为进行伦理设计，即利用编程算法将人类所倡导的价值取向和伦理规范嵌入各种智能体中，使之成为符合道德规范的人工伦理智能体，甚至具有自主的伦理选择能力？

11.2.2　人工智能发展引发情感伦理问题

人工智能正以更快的速度和水平融入人类社会的各个方面，甚至可以说，它在半个多世纪里，远远超过了过去几百年的科技发展水平，人工智能会不会带来新的情感伦理问题？人工智能手术机器人将给医疗保健领域带来医疗伦理挑战；当一台质量可靠的机器人能为人类服务十年，甚至服务人类祖孙三代的时候，人工智能的代际伦理就成了新的伦理问题。在面临诸多伦理挑战的情况下，如何发展或改进已有的伦理学体系，使之更好地适应人工智能的发展，既要让人工智能更好地为人类服务，又要限制其消极影响，是人工智能发展所面临的重大挑战。

科幻影迷一定不会忘记以下几个片段：电影《机械姬》的结尾，机器人艾娃产生了自主意识，用刀杀了自己的设计者；在电影《她》中，人类作家西奥多和化名为萨曼莎的人工智能操作系统产生了爱情。遗憾的是，西奥多发现萨曼莎同时和许多用户产生了爱情，两者对爱情的理解并不相同。尽管科幻电影对人工智能的描述偏向负面，但它也在某种程度上表达了人类的焦虑和担忧。事实上，人工智能是否会拥有自我意识并与人类产生情感取决于怎样定义"产生"。人工智能的自主性，仍然依赖于样本学习，就像阿尔法狗对每一步棋的选择，是从海量可能棋局中选择一种，这种自主是一种有限的自主，实际上依赖于所学的东西。人工智能意识和情感的表达，是对人类意识和情感的"习得"，且不会超过这个范围。人工智能能否超越人的学习，主动地产生意识和情感？就现在的研究来看，还很遥远。但假设，深入了解人的大脑，是否能创造出一个类似人类大脑的机器？可惜，对于人脑如何产生意识和情感这些基本问题，我们仍然知之甚少。

人工智能越来越像人，人类会对机器产生感情吗？这取决于这种过程是否给人类带来愉悦，正如互联网发展早期的一句常用语所说：在互联网上，没人知道你是一条狗。也就是说，当人们不知道传播者的身份时，只要对方能给自己带来快感，情感就会产生。例如：在未来，知识型的人工智能能回答人们所能想到的许多问题，从而导致个体学习方式、生活方式甚至社会化模式的改变。假使人类与人工智能产生了夫妻、父女等情感，就会质疑现代伦理规范。假如社会主流观点认为这种关系符合伦理，那么人们可能倾向于用夫妻、父女之间的伦理准则来规范这种关系；但是，如果人们总是认为人和人工智能之间的关系是"游戏关系"，那么相应的伦理准则也就无从谈起了。

专家们认为，面对人工智能带来的种种冲击，20世纪50年代美国科幻小说家阿西莫夫提出的机器人三大定律，至今仍有其借鉴意义。其三大定律是：机器人不能伤害人类，也不能在看到人类受伤时放任不管；机器人必须服从人类的所有命令，但不得违反第一定律；机器人应保护自身的安全，但不得违反第一、第二定律。说到底，人才是智能行为的总开关，在应对人工智能可能的威胁时，人类完全可以未雨绸缪。

11.2.3　人工智能引发新的社会安全和公平正义问题

人工智能可能导致工人失业、影响社会公平正义。人工智能机器人工作效率高、出错率低、维护费用低，能保证连续作业。人工智能和机器人领域取得的进展，使机器翻译取代人工翻译；机器人可能取代工人劳动；自动化引入白领工作领域，例如法律文书和分析财务数据。麦肯锡的一项研究称，在美国雇员的工作时间中，大约45%是用来完成一些可以借助现有技术实现自动化的任务。人工智能应用于各个领域都会给社会稳定带来冲击，其中最突出的是就业冲击，很多人的工作安全和稳定都会受到人工智能发展的直接影响，尤其是那些不需要专业技术和专业能力的工作，大量采用人工智能会导致劳动者失业和未就业人口的增加，如果失业人口足够多，甚至有可能引发社会动乱、局部战争，这些都不利于社会的稳定和安全。

人工智能发展也存在一些影响社会公正的情况。举例来说，Northpointe 公司开发了一种算法，该算法可以预测罪犯的二次犯罪概率，但预测黑人的犯罪概率远远高于其他人种，被指种族偏见。上海交通大学通过唇曲率、眼内角距和口鼻角等特征进行面部识别可以预测某些人具有犯罪倾向，但被质疑存在偏见。在首届 2016 年 "国际人工智能选美大赛" 上，机器人专家小组根据 "能准确评估人类审美与健康标准" 的算法的机器人对人类面部进行评判，由于没有为人工智能提供多样化的训练，最终获胜的都是白人，可见机器人审美也存在人种歧视的现象。因为算法输入者或者人工智能设计者的问题会导致一些新的社会伦理问题出现。

11.2.4 智能时代的 "数字鸿沟"

从传统意义上说，"数字鸿沟" 是指信息技术在用户与非用户之间的社会分层，它描述了信息通信技术在普及与使用中的失衡，这种失衡表现在不同国家或同一国家内的不同地区、不同人群之间，它还存在于信息技术的发展领域和信息技术的应用领域。智慧型社会的结构变得更加复杂，人工智能的复杂性使社会大众不能从根本上掌握它，而技术发展的最终目的是使整个社会都能平等地享受到人工智能发展所带来的福利，这仅靠技术进步是无法做到的。

当前，在人工智能领域的发展中，有关顶层设计的政策和伦理规范还不完善，人工智能的发展存在偏离正轨的风险。在生产力分布不均，科技力量不均衡，人民素质和能力参差不齐，不同国家和地区在信息化和智能化方面存在差距的今天，智能时代的 "数字鸿沟" 作为社会现实的写照不容忽视。智能时代的 "数字鸿沟" 使发达国家垄断了全球的关键数据资源，封锁了人工智能的核心技术和创新成果，从而获取了垄断的超额利润。在智能时代，体力劳动者不再被社会所重视，也不再被社会的劳动力结构所支配。对普通体力劳动者来说，智能时代是一次挑战，将重新寻找自己的社会定位。智能科技的发展，生产力的提高，使体力劳动者越来越意识到自己能力不足，用体力劳动获取社会回报的优势也逐渐丧失。伴随着智能技术的不断进步，出现了大量的 "数字贫困地区" 和 "数字穷人"，形成了残酷的竞争环境，使原来的贫富差距加剧。"数字鸿沟"

潜移默化地影响未来社会发展的和谐与公平，若先进的人工智能技术掌握在少数发达国家和地区手中，不能为全人类的福祉做出应有贡献，就会进一步引发社会矛盾，加剧社会阶层分化，形成危害社会秩序的因素。

11.2.5　人工智能与法律

科学技术领域的每一个新概念，从产生到具体应用于各个行业，都面临许多挑战，这些挑战包括技术和商业方面，以及法律和公共政策方面。近几年来，人工智能的发展引起了世界上许多国家和国际组织的关注，联合国、美国、欧洲议会、英国、法国、电气和电子工程师协会（IEEE）先后发表了一系列有关人工智能的报告，讨论了人工智能的影响和风险，报告包括对法律问题的讨论。

11.2.5.1　数据收集、使用和安全

虽然人工智能在法律上难以精确定义，但在技术上，目前人工智能基本上将与机器学习技术（Machine Learning）相结合，这就意味着需要收集、分析和使用大量数据，其中许多信息因其身份识别（包括与其他信息相结合的身份识别）而属于个人信息。根据个人信息保护方面的法律规定，此类行为应获得使用者明确、充分和完备的授权，并应向使用者明确告知收集信息的目的、方式方法、内容、保留期限以及使用范围等。2011 年，Facebook 曾因为其面部识别和标记功能没有按照美国伊利诺伊州《生物信息隐私法案》（BIPA）要求告知用户收集面部识别信息的期限和方式被诉。后来，由于在面部特征采集之前未能明确提醒用户并获得同意，爱尔兰和德国相关部门对此展开了调查。虽然 Facebook 声称默认打开该功能是因为用户一般不会拒绝人脸识别，用户有权随时取消该功能，但德国汉堡市数据保护和信息安全局坚持认为，Facebook 的人脸识别技术违反了欧洲和德国的数据保护法，应该删除相关数据。最后，Facebook 被迫关闭了欧洲地区的人脸识别功能，并移除了欧洲用户的人脸数据库。

人工智能应用程序开发人员除了需要按照所告知的方式和范围使用用户数据外，还可能需要与政府部门合作提供数据。在 2016 年阿肯色州的一起谋杀案中，警方希望获取从 Alexa 语音助手收集到的语音数据，被亚马逊公司拒绝，原因是警方没有签发有效的法律文件，这样的例子以后会不断出现。由于人工智能技术的引入，公共与私人权利的冲突可能出现新的形式。开发人员在收集、使用数据时，还应遵守安全原

则，采取适当的管理措施和技术手段，使其符合个人信息受损的可能性和严重程度，以保护个人信息安全，防止未经授权的检索、披露、丢失、泄露、损毁和篡改个人信息。

11.2.5.2　数据歧视和算法歧视

人工智能在应用中，经常需要利用数据训练算法。若输入的资料不具代表性或有偏差，训练的结果可能放大偏差，并呈现歧视特征。根据卡内基·梅隆大学的研究显示，由谷歌（Google）开发的广告定位算法可能对网民造成性别歧视。在搜索 20 万美元薪水的行政职位时，假冒男性用户搜到了 1852 条广告，假冒女性用户只搜到 318 条广告。2016 年 3 月 23 日，微软公司人工智能聊天机器人 Tay 上线不到 24 小时，就在一些网友的恶意引导和训练下，各种攻击和歧视言论不绝于耳。除此以外，因为数据存在偏差，导致结果涉嫌歧视甚至攻击性的例子，已经大量出现。也就是说，人工智能开发人员在培训和设计人工智能时必须遵循广泛的包容性，充分考虑妇女、儿童、残疾人、少数民族等易受忽视群体的利益，并针对道德和法律的极端情况制定专门的判断规则。

因为人工智能系统并不像它表面上那样"技术中立"，在不知情的情况下，特定人群可能成为该系统"偏见"和"歧视"的受害者。身为开发人员，必须谨慎面对风险。除采集数据和设计算法时需要注意数据的全面性和准确性以及算法的不断调整更新外，在预测结果的应用上也应更加谨慎，在重要的领域中，不能把人工智能的操作结果作为最终的、唯一的决策依据，仍然需要进行关键的人工审核。举例来说，在有关医疗辅助诊断的人工智能规定中，明确指出人工智能辅助诊断技术不能作为临床最终诊断，而只能作为临床辅助诊断和参考，最终诊断必须由合格的临床医师决定。若人工智能的歧视行为对使用者造成了实际或精神上的损害，相关的法律责任应首先由人工智能服务的最终使用者承担，如果人工智能开发人员有过错，最终使用者可要求开发人员承担赔偿责任。要判断开发人员过失的程度，可能有必要区分不同的算法：如果技术开发人员主动建立了算法中的规则，那么预测和控制最终发生歧视的风险的水平也会更高；如果最终由于系统的"歧视"或"偏见"而损害第三方的合法权益，则难辞其咎；但是如果采用深度学习等算法，系统本身就会探索并形成规则，因此开发者对歧视风险的控制程度相对较低，主观恶意和过失都较小，可能有一定的免责空间。

11.2.5.3　事故责任和产品责任

与其他技术一样，人工智能产品也存在事故和产品责任问题，但要区分到底是人为操作不当还是人工智能缺陷，并不那么容易，特别是举证尤为困难。国内外人们对汽车的自动驾驶功能一直存在交通事故安全性问题。但并非只要安装了人工智能，对用户使用产品的损害就都属于人工智能的责任。

事故责任认定前要明确以下问题：是否有人因操作等其他原因而导致损害结果发生？人工智能的具体功能是什么？相关功能在损坏发生时已启用？有关职能是否发挥了预期作用？关联功能与损害结果之间有因果关系吗？因果之间的相关性是多少？有没有因产品功能描述和介绍的歧义或误解导致用户的注意力降低？

依据《中华人民共和国侵权责任法》，终端产品生产者因其产品的缺陷造成用户损害的，应当承担侵权责任。当终端产品使用的人工智能有缺陷，并且终端产品使用的人工智能芯片和服务（人工智能产品）是由他人提供时，终端产品生产者可作为销售者，要求人工智能产品和服务的开发人员承担侵权责任。在此基础上，双方还可以就侵权责任的划分进行约定。

产品缺陷责任的认定中，一个比较棘手的问题是不同生产者之间的责任划分问题。由于采用人工智能的终端产品可能涉及多种技术和部件，因此在最终出现意外情况时，往往很难准确定位出现问题的具体环节和部位。

11.2.5.4　人工智能与行业监管

目前，人工智能技术或产品的研发本身并没有设置行政许可或准入限制，一旦这些技术或产品将被应用于具体行业，那么获得许可证的问题就会随之出现。例如现在最受欢迎的"智能投顾"行业，就出现了不少打着智能投顾旗号非法荐股、无牌代销的现象。"智能投顾"涉及投资咨询和资产管理牌照。从事证券投资咨询业务的机构，按照规定，必须取得中国证监会颁发的证券投资咨询从业资格。而这种平台只能为投资者提供咨询意见，无法接触到投资者账户或受托理财。如智能投顾平台涉及金融产品销售，还需根据产品类型获得相关许可，未经许可的智能投顾平台经营者，从事非法经营活动，可能面临刑事法律风险。而在其他人工智能应用行业，如医疗设备、可穿戴设备等，许可证管理问题也不容忽视。

是否有必要将未来的行业监管扩展到人工智能领域？对金融、医疗、智能家居、自动驾驶等专业领域，监管是否有必要介入人工智能的发展取决于人工智能技术的发展水平，如果有一天人工智能已经发展到可以代替人做决策，那么在人工智能的发展环节，就需要引进相关领域的合格专业人才。在此之前，对于仅仅在自动化操作和辅助判断领域发挥作用的人工智能，还不如让技术员自由成长。

11.3 人工智能背景下职业规划面临的机遇与挑战

新时代，以人工智能为代表的新一轮技术革命方兴未艾，人工智能引领着科技与产业革命的变革，深刻地改变着人们的生产、生活、学习方式，推动着人类社会迎来人机协同、跨界融合、共创分享的智能时代。人工智能时代，人工智能相关专业就业既面临巨大的机遇，又面临许多挑战。知晓人工智能专业领域就业机遇与挑战，有助于学生发挥主观能动性，把握先机，做好计划与准备。

11.3.1 人工智能背景下职业规划面临的机遇

当今世界正经历百年未有之大变局，我国正处于实现中华民族伟大复兴关键时期。每一代青年都有自己的际遇，都要在自己所处的时代条件下谋划人生、创造历史。人工智能引领科技与产业变革的时代，大学生职业规划必然要放到中国社会发展的现实中，站在时代发展的潮流中去考虑与计划。

大力鼓励创新创业的时代机遇。新时代党和国家深入实施创新驱动发展战略，鼓励与支持创新创业，并提供了良好的创业政策与环境。2014 年达沃斯论坛上李克强总理提出"大众创业、万众创新"，在党和国家鼓励和支持下，中国社会掀起"大众创业""草根创业"的新浪潮，形成"万众创新""人人创新"的新势态。2018 年国务院下发《关于推动创新创业高质量发展打造"双创"升级版的意见》指出，在党中央、国务院的高度重视和大力支持下，近年来我国创新创业生态体系不断优化，创新创业观念与时俱进，出现了大众创业、草根创业的"众创"现象，带动创新创业愈加活跃、规模不断增大，效率显著提高。《意见》还要求进一步优化创新创业环境，大幅降低创新创业成本，提升创业带动就业能力，增强科技创新引领作用，提升支撑平台服务能力，推动形成线上线下结合、产学研用协同、大中小企业融合的创新创业格局，为加快培育发展新动能、实现更充分就业和经济高质量发展提供坚实保障。在党和国家的创新创业思想指导与政策支持下，青年创新创业有着良好的环境。例如截至 2014 年底，经国务院批准成立的国家高新区达到 115 家，高新区成为大众创新创业的核心载体。国家积极营造良好的高新技术产业发展环境，打造有利于创新创业的生态系统。近年来高新区涌现出来的新型孵化器有效突破物理空间、商事代理等基础服务，依靠互联网、开源技术平台，为创业者提供低成本、便利化、开放式的创业空间，增加了创业者相互交流的机会。目前国家高新区内已经形成了大量容纳创业者、投资者、创业导师的创业社区，实现了聚团效应价值的最大化，在国家高新区真正掀起了"大众创业、万众创新"的新浪潮。在人工智能发展方面，国家部署了智能制造等国家重点研发计划重点专项，印发实施了《"互联网 +"人工智能三年行动实施方案》，从科技研发、应用推广和产业发展等方面提出了一系列措施。全国大学生创业优惠政策方面，全国多省区提出了具体的支持政策。江西高校学生休学创业最多可保留 7 年学籍，财政每年注入 1000 万元资金充实青年创业就业基金，每年重点支持 1000 名大学生返乡创业；浙江杭州大学生创业项目申请无偿创业资助的，资助金额的额度从原来的最高 10 万元提高到 20 万元，并"实行房租补贴机制"等。

当前我国大众创新创业呈现五个新特点：创业服务从政府到市场的转变，创业主体从"小众"到"大众"，创业活动走向开放协同，创业载体更加注重"软服务"，创业理念重视需求导向。这些创业的新变化，体现出人工智能，特别是大众参与人工智能相关的创业拥有积极、良好的态势。而人工智能在国家发展战略中的地位、在社会发展中的功能方面，体现出非常巨大且重要的创业前景。

在移动互联网、大数据、超级计算、传感网、脑科学等新理论新技术以及经济社会发展强烈需求的共同驱动下，人工智能高速发展并将深刻改变人们的社会生活和世界发展。2017 年国务院印发的《新一代人工智能发展规划》指出，人工智能创新发展关系到新一轮国际科技竞争中的主导权问题，是国际竞争的新焦点，是引领未来的新技术，是经济发展的新引擎，是社会建设的新机遇，要将人工智能发展放到国家战略层面去布局与规划。一方面我国积累了良好的人工智能发展基础，语音识别、视觉识别、5G 技术等世界领先，智能监控、工业机器人、无人驾驶已经进入实际应用，人工智能创新创业活跃等；另一方面，我国重视人工智能发展，不仅印发实施了《"互联网 +"人工智能三年行动实施方案》，而且有相关的措施与政策支持。可见，人工智能背景下的创业，不仅属于创新创业发展潮流的应有之义，而且具备突出的战略优势与良好的基础条件，具有非常好的前景。

人工智能融合各行各业带来宽广的就业机会。一方面，人工智能催生新的就业机会和岗位。新的技术带来新的生产方式与商业模式的变革，产生了新的需求，催生一批新的就业机会和岗位。2019 年人力资源和社会保障部、国家市场监管总局、国家统计局发布 13 个新职业，而这 13 个新职业主要集中在高新技术领域，与人工智能有着非常密切的关系。这 13 个职业具体包括人工智能工程技术人员、物联网工程技术人员、大数据工程技术人员、云计算工程技术人员、数字化管理师、建筑信息模型技术员、电子竞技运营师、电子竞技员、无人机驾驶员、农业经理人、物联网安装调试员、工业机器人系统操作员、工业机器人系统运维员。新职业的出现，既表明了人工智能职业发展的新机遇，又反映了这些领域是国家未来热点发展的领域，可大有作为。新职业的出现带动了新专业人才的需求，甚至有的智能技术领域的人才供不应求，如人工智能和机器学习专家、数据分析师、信息安全分析师、用户体验和人机交互设计师、区块链专家等。2016 年，教育部、人力资源和社会保障部、工业和信息化部等共同编制的《制造业人才发展规划指南》估算，2025 年，新一代信息技术产业、生物医药和高性能医疗器械、节能与新能源汽车、新材料、机器人领域，人才缺口将分别达到 450 万、40 万、103万、400 万和 450 万。另一方面，人工智能 +医疗、交通、生活、金融、教育、零售、安防、园区、政务，是人工智能在各行业的广泛应用或者融合，也为新的技术人才需求带来了广阔的就业机遇，创新了大量的新岗位。可以说，有人工智能参与的行业，就会需要相应的技术应用、管理、开发等人才。新的社会分工体系正产生并快速形成和发展，与人工智能相匹配的人才需求日益增长。

11.3.2　人工智能背景下职业规划面临的挑战

对传统行业产生冲击。每一次的科技革命都会带来新一轮的工作革命，AI 将会大量淘汰传统劳动力，而且会有不少行业因为 AI 的兴起而消失。未来，机器人将会代替人工服务和操作，这很可能导致大量的流程工作、服务工作和中层管理环节"消失"。只有新型的劳动力才会适应智能时代。美国斯坦福大学卡普兰教授研究发现，在美国注册在案的 720 个职业中，将有 47% 被人工智能取代；而在中国，被人工智能所取代的比例可能将超过 70%。①

由于人工智能是新技术带来的行业的变革，"人工智能＋"不同程度运用于各行业，使得行业从业知识结构更新换代节奏加快，未来就业的不确定性显著增加。《未来就业报告（2018 年）》指出，2018 年至 2022 年间，所需劳动力技能的平均转移幅度为 42%；到 2022 年，至少 54% 的员工需要进行大规模的重新培训和技能提升。所以，未来就业、创业的学生非常需要提升自身的"数字化生存能力"。增强好奇心对学生来讲很重要，学会在冗杂信息中探究事物本质的能力；提高学习能力，才能适应社会发展带来的挑战与机遇；良好的自控力对提高个人能力也很关键，这是应对变革时期的"软实力"。由于科学技术飞速发展所带来的新职业、新岗位的变化越来越难以精准预测，因此就业的不确定与风险也会随之增加。这就给就业人员的能力，特别是不断学习与适应新环境的能力提出了更高的挑战。

据研究表明，人工智能影响下的劳动力将向技术密集型产业、知识密集型产业、服务产业及高技术产业流动，以更适应科技水平和技术环境的发展。由此影响下，未来社会人工智能技术将会替代人的体力劳动、脑力劳动以及一定程度上的智力劳动，智力劳动所占比重会逐渐增加。智力劳动将成为重要的就业门槛，而且创新能力会越来越重要，劳动者的软实力成为竞争焦点。此外，由于工作劳动中对于技术水平的要求不断提高，对人才所应当具备的技能也呈现多元化，这对劳动者的价值观结构、综合素质、创新能力等提出了更高的新要求。②

11.4　人工智能背景下大学生职业规划与能力培养

职业规划又称职业生涯设计，是指个人与组织相结合，在对一个人职业生涯的主客观条件进行测定、分析、总结的基础上，对自己的兴趣、爱好、能力、特点进行综合分析与权衡，结合时代特点，根据自己的职业倾向，确定其最佳的职业奋斗目标，并为实现这一目标做出切合实际的安排。大学生应结合人工智能背景下的机遇，对大学阶段乃

①　袁强.人工智能时代:挑战与机遇并存[J].中国大学生就业(理论版),2018(1).
②　朱巧玲,李敏.人工智能的发展与未来劳动力结构变化趋势——理论、证据及策略[J].改革与战略,2017(12).

至人生发展的整个职业生涯做好规划，以科学、有意义的方式渡过大学阶段。

11.4.1 大学阶段开展人工智能专业领域职业规划的意义

"预则立，不预则废"，职业生涯规划对所有人来说都很重要，将对其一生产生重大影响。职业生涯规划有助于个人树立人生目标，做出更好的职业选择，平衡家庭与朋友、工作与个人爱好之间的需求。更为重要的是，职业生涯规划为人生事业成功提供了科学的指导与基本的操作方法，并能使组织与个人实现双赢，因而对个人的职业生涯发展及组织发展都具有重要的意义和作用。

一是增强个人对职业环境的把握能力和对职业困境的控制能力。职业生涯规划不仅可以使个人了解自身的长处和短处，养成对环境和工作目标进行分析的习惯，也可以使个人合理计划、安排时间和精力开展学习和培训，以完成工作任务、提高职业技能。这些活动的开展都有利于强化个人对环境的把握能力和对困境的控制能力。

二是帮助个人协调好职业生活与家庭生活的关系，更好地实现人生目标。良好的职业生涯规划和职业生涯开发与管理工作可以帮助个人从更高的角度看待职业生活中的各种问题和选择，将各个分离的事件结合在一起，相互联系，共同服务于职业目标，使职业生活更加充实和富有成效。同时，职业生涯规划可以帮助个人综合地考虑职业生活同个人追求、家庭目标等其他生活目标的平衡，避免顾此失彼、左右为难的窘境。

三是有利于实现自我价值的不断提升和超越。个人寻求职业的最初目的可能仅仅是找一份可以养家糊口的工作，进而追求的可能是财富、地位和名望。职业生涯规划对职业目标的多次提炼可以逐步使个人工作目的超越财富和地位，追求更高层次自我价值实现的成就感和满足感。因此，职业生涯规划可以发掘出促使人们努力工作的最本质的动力，升华成功的意义。

11.4.2 大学阶段开展人工智能专业领域职业规划的过程

11.4.2.1 职业定位

职业定位是指明确一个人在职业上的发展方向，它是人在整个生涯发展历程中的战略性问题，也是根本性问题。职业定位既是职业规划的步骤，也是开展职业规划的方法，其主要是从自身认识、规划的角度，分析适合从事的工作、擅长从事的工作和有机会从事的工作来进行职业规划。这里介绍一款适合人工智能相关专业的职业定位的模型

——向阳生涯规划与职业定位模型。

向阳生涯规划与职业定位模型（即向阳职业规划模型，又称向阳职业定位模型），由职业取向系统、商业价值系统及职业机会系统构成，三大系统相互影响、相互作用。我们通过三个系统的相互作用来解决个人的职业规划问题。向阳生涯规划与职业定位模型是由向阳生涯在总结整合前人多种理论模型的基础上提出的，系统于 2005 年初步成型。向阳生涯规划与职业定位模型

向阳生涯规划与
职业定位模型

描述人们应该如何做好自己的职业定位，如何做好职业规划。在向阳职业规划模型中包含三大系统 15 个要素。可以扫描旁边的二维码了解详情。

系统一：职业取向系统。生涯的本质是以个人为中心的，所以在考虑职业定位和职业规划时，自然要优先考虑一个人最本性的取向。职业取向系统是人的潜意识的外在表现，表现的是人的本性倾向，它基于快乐原则。职业取向系统具体通过性格、兴趣、价值观、需要和愿景等要素表达人在职业甚至是生活方式上的倾向。它是职业规划的第一系统。在人们没有太多外在限制的情况下，优先考虑职业取向系统会最大限度地获得职业上的满意，它直接引导着人们走向最佳的职业方向。

系统二：商业价值系统。商业价值系统是面向现实社会的。该系统考虑的是个体相对于职业世界的客观价值，也就是说，个体相对于职业世界能提供多大贡献直接决定着是否可以获得相关职业机会。该系统由一系列可以直接创造价值的要素构成。商业价值系统内容主要有知识、技能、经历、天赋和资源五个要素。商业价值系统具有一定的相对性，对于 A 职业体现不了价值，可能对于 B 职业却有相当大的商业价值。在设定职业目标时，怎样的职业目标才合适，主要受商业价值系统影响。

系统三：职业机会系统。职业机会系统由一系列环境性因素构成，主要由宏观环境、产业环境、组织环境、职业资源及家庭环境五要素构成。职业机会系统直接影响是否有职业机会，以及到底能有多大的职业机会，也直接决定着职业的一般发展方式和发展路径。职业机会不是职业生涯上的助力就是职业生涯上的阻力。

对于不同的职业发展阶段及不同的外在环境下，三个系统所起到的功用大小是有差别的，作用的先后顺序也有所差别。职业定位就是了解自己感兴趣的职业，结合自己所

拥有的技能，整合社会的职业机会，最终得出最适合自己的黄金职业定位区。

11.4.2.2 个人 SWOT 分析

SWOT 分析广泛运用于各种职业预测、风险分析、职业规划，同样也适用于人工智能相关职业的规划。SWOT 分析就是将与研究对象密切相关的各种主要内部优势、劣势、机会和挑战等因素，通过调查罗列出来，并依照一般的次序按矩阵形式排列起来，然后运用系统分析的思想，把各种因素相互匹配起来加以分析，从中得出一系列相应的结论。"SWOT"中，S 代表 strengths（优势）、W 代表 weaknesses（劣势）、O 代表 opportunities（机遇）、T 代表 threats（挑战），是个体"能够做的"（即个体的强项和弱项）和"可能做的"（即环境的机遇和挑战）之间的有机组合。其中，S、W 是内部因素，O、T 是外部因素，如图 11-1 所示。

图 11-1 SWOT 分析图

（1）优势分析

①你曾经做过什么？即你已有的人生的经历和体验，如在学校期间担当过的职务、曾经参与或组织过的实践活动、获得过的奖励等。这些可以从侧面反映出一个人的素质状况。

②你学习了什么？即你在专业课程的学习中获得了什么。专业也许在未来的工作中起不了多大作用，但在一定程度上决定了你的职业方向，因而尽自己的最大努力学好专业课程是生涯规划的前提条件之一。

③最成功的是什么？你可能做过很多事，但最成功的一件事是什么？为何成功？是偶然还是必然？通过分析，可以发现自我性格优越的一面，例如坚强、果断，以此作为个人深层次挖掘的动力之源和魅力闪光点，这也是职业规划的有力支撑。

（2）劣势分析

①性格弱点是什么？一个个性很强的人很难与他人默契合作，而一个优柔寡断的人很难担当企业管理者的重任。卡耐基曾说过，人性的弱点并不可怕，关键要有正确的认识，认真对待，尽量寻找弥补、克服的办法，使自我趋于完善。

②经验或经历中所欠缺的方面有哪些？找出你的劣势与发现你的优势同等重要，因为你可以基于此做两种选择：或是努力去改正常见的错误，提高你的技能；或是放弃那些对你而言不擅长的技能的学习。

（3）机会与威胁分析

当前社会政治、经济发展趋势；社会热点职业门类分布与需求状况；自己所选择职业在当前与未来社会中的地位情况；社会发展趋势对自己职业的影响。所从事行业的发展状况及前景；在本行业中的地位与发展趋势；所面对的市场状况。包括行业环境分析和企业环境分析。

不同的行业（包括这些行业里不同的公司）都面临不同的外部机遇和挑战，所以，找出这些外界因素将助你成功地找到一份适合自己的工作。这对大学生求职而言是非常重要的，因为这些机遇和挑战会影响你的第一份工作的选择和今后的职业发展。充满许多积极的外界因素的行业将为求职者提供广阔的职业前景。

11.4.2.3　职业规划制定

职业生涯规划是一个反复的连续的过程，主要包括确定志向、自我评估、分析环境、职业决策、求职行动、评估与反馈六个步骤。确定志向是根本，自我评估和分析环境是前提，职业决策是关键，求职行动是保障，评估与反馈进一步促进职业生涯规划的持续发展。

①确定志向。俗话说："志不立，天下无可成之事。"立志是人生的起点，反映了一个人的理想、胸怀和价值观，影响一个人的目标达成情况及成就的大小。在制定职业生涯规划时，首先要确定志向。

②自我评估。认识自己、了解自己是自我评估的目的。因为只有认识了自己，才能正确选择自己所要从事的职业。因此，自我评估是生涯规划的重要步骤之一。自我评估包括评估个人的兴趣特长、性格、能力、价值观，以及在社会中的自我认同等。

③分析环境。生涯机会评估主要是评估各种环境对自己生涯发展的影响。每个人都

处在一定的环境之中，离开了这个环境，个人将无法生存和发展。在制定个人职业生涯规划时，要分析环境条件的特点、环境的发展变化情况、自己与环境的关系、自己在这个环境中的地位、环境对自己提出的要求，以及环境对自己有利的条件与不利的条件等。只有充分了解了环境因素，才能做到在复杂的环境中趋利避害，使自己的生涯规划具有实际意义。

④职业决策。通过对自我评估及生涯机会评估，结合生涯规划发展愿望，可以初步确定职业方向，如具体的行业/领域、职业、希望发展的高度等。在选择职业方向时，要达到性格与职业的匹配、兴趣与职业的匹配、能力与职业的匹配、价值观与职业相适应等。

⑤求职行动。确定生涯目标之后，行动便成为关键的环节。行动即落实目标的具体措施。例如：计划采取什么措施达成职业目标？计划采取什么措施来提高工作效率？计划采取什么行动来提高自身的业务能力和综合素质？

⑥评估与反馈。俗话说"计划赶不上变化"，影响职业生涯规划的因素有很多，有的变化是可以预测的，有的变化是不可预测的。因此，为了使职业生涯规划行之有效，必须不断地对职业生涯规进行评估与修订。修订的内容包括：职业的重新选择、职业生涯路线的选择、人生目标的修正、实施措施与计划的变更等。

11.4.3 大学生职业能力的构成

大学生职业能力是指大学生在实践活动中培养和形成从事某种职业所需要的生存与发展的能力，是知识、技能与精神的综合体现。大学生职业能力不是天生的，而是在后天的学习中，特别是在大学期间的知识学习与实践锻炼、日常经验积累中不断形成与发展的。

随着人工智能在各行业甚至生活中的广泛应用，人工智能的职业素养就不仅是技术水平的提升，更是在运用人工智能技术时所具有的正确的价值判断、思维方式以及技术水平。为了保证人工智能职业素养能不断适应社会的发展，特别是发展的科学技术的需要，人工智能职业能力应当包括适应智慧环境的终身学习的能力，适应智慧环境的实践的能力以及科技创新的能力，这些构成了人工智能背景下大学生职业能力。

1999 年，中共中央、国务院作出《关于深化教育改革全面推进素质教育的决定》，提出实施素质教育就是全面贯彻党的教育方针,以提高国民素质为根本宗旨,以培养学生的创新精神和实践能力为重点,造就"有理想、有道德、有文化、有纪律"的、德智体美等全面发展的社会主义事业建设者和接班人。这里结合大学生成长成才与发展需要,从教育培养的角度强调了以培养学生的创新精神和实践能力为重点。《国家中长期教育改革和发展规划纲要(2010—2020 年)》中提到素质教育作为教育改革发展的战略主题时,在继续强调提高"学生勇于探索的创新精神和善于解决问题的实践能力"的基础上,进一步要求"坚持能力为重……着力提高学生的学习能力、实践能力、创新能力"。由此可见,从大学生成长成才的特点来看,其知识与技能获取的方式主要来源于学习与实践,而创新又属于青少年时期突出的思想行为特点,应当在这一时期的能力培养中进行强调。职业能力是大学生能力的一种具体的体现,可以说是在专业领域的集中体现,职业能力的培养应当遵循学生能力培养一般规律。学生能力的一般划分,也适用于职业能力的划分。因而,这里将大学生职业能力特指为人工智能专业领域进行学习、实践和创新的能力,可划分为学习能力、实践能力和创新能力。

第一,终身学习的能力。人工智能背景下的数字技术发展太快,很难精准预测会产生哪些新职业、新岗位。因此,未来就业者需要培养好终身学习的能力,以不断学习、持续发展的状态来应对社会高速变化发展的挑战。国际 21 世纪教育委员会于 1995 年向联合国教科文组织提交的研究报告《教育——财富蕴藏其中》中将学会学习(Learning to know)与学会做事、学会共同生活作为学会生存的三项基本能力,并与学会生存一起称为教育的"四个支柱"。学习是人不断适应社会和促进自身发展的重要方式,也是促进自身全面发展所包含的内容。随着社会的不断发展和人类生产实践的不断拓展深化,人类积累了越来越多、越来越丰富的知识与经验。通过直接的实践来获取的知识与经验是非常有限的,只有依靠有效地学习才能满足人们知识的传承与获取的需要。虽然大学生在大学期间学习了专业的理论与知识,但要满足人生整个职业发展的需要和应对不可预测的社会风险,仅仅是大学期间所学到的知识与理论是远远不够的。正所谓"书到用时方恨少"。古人常言,授人以鱼不如授人以渔。掌握学习的方法,形成善于学习的习惯,不仅是大学期间专业学习的需要,也是保证职业持续发展的必然要求。学习能力一方面包括一个人的智商,也就是天生的记忆力、想象力、理解力等智力因素,以及在后天学习和锻炼中培养的思维能力、判断能力、推理能力等。另一方面,学习能力还包括非智商的能力，主要是指一个人的非理性因素，例如一个人的兴趣、心态、意志力、信心信念等。后者在整个职业发展过程也起到非常关键的作用。由于职业发展过程的艰巨性、长期性、复杂性，难免会遇到困难挫折甚至反复的失败，这个时候，坚强的意志、乐观的心态往往至为关键。因而，不少职业能力培养的研究中，都将意志力作为首要培养的能力。

第二，适应智慧环境的实践能力。实践被称为"践行""实行"或"行"，与"知"相对应。实践是人类能动地改造世界的社会性的物质活动，是人类生存和发展的最基本的活动，是人类社会生活的本质，是人的认识产生和发展的基础。实践是将主观付诸客观的唯一途径，也是把自身学习到的职业知识、产生的职业想法应用和检验的唯一途径。大学生职业实践能力，主要包括经营能力、管理能力、交际能力。

经营能力是企业的经营运行能力，即企业运用各项资产以赚取利润的能力。经营能力大小是影响企业盈利能力和风险抵抗能力的主要因素。经营企业不是一个简单的线性行为，而是复杂的综合行为，其要求职业者拥有一定的管理能力，掌握正确的管理方式及经营理念，以及对企业营运最终获取利润的能力。往往经营能力的好坏是通过其资产营运、资金周转、利润获取来进行最终判断的。所以，大学生职业工作实践中，要经营一个企业以获得利润，实现生存与发展，必然要求通过不断的实践与学习，从多个方面来提升经营能力。

管理能力是对企业生产经营活动进行计划、组织、指挥和控制等活动的总称，是对企业人力、物力、财力、信息等资源进行配置，获取最大效率的活动。首先是运营决策能力。从工作运营的角度来看，决策是指经营管理者对未来职业实践的方向、目标、原则和方法所做出的慎重选择和决定。决策的正确与否以及正确的程度直接影响决策目标的质量，也即影响工作成果的取得。决策的过程一般包括确定目标、获取信息、拟订方案、选择最优方案、实施方案。其次是分析判断能力。职业管理过程会遇到纷繁复杂的现象，不仅包括宏观的政治、经济、文化现象，也会遇到经营过程中的交际、组织、管理等，对现象的分析以及决策的判断，需要以判断分析能力为基础。判断分析能力能帮助经营管理者发现问题以及分析问题，并提出正确的对策；也有助于经营管理者及时发现机遇、判断利弊并将机遇转换为发展的优势。再次是抵御风险能力。从事职业的过程是一个从无到有、从不熟悉到熟悉的过程，难免会遇到各种各样的危机，应对危机产生的风险，将不确定性因素化解甚至转化为发展优势，是经营管理过程必备能力。最后是组织指挥能力，对人力、物力、财力、时间等进行组织配置、协调，以保证企业能协调运转。管理能力还体现在对管理方法上的运用，体现为管理方法的科学化、艺术化。科学化是管理方法是否符合管理的规律，并取得管理的成效。这可以通过有意识、有组织、有计划地进行管理学习和积累一定的管理经验来培养形成。而管理艺术，则需要在长期正确运用管理方法的基础上，将个人魅力、个性因素融入管理方法当中。管理艺术往往因人而异，不过形成管理艺术最基本的要求是对管理方法"熟能生巧"，以及个人品德、才能、交往等综合能力的体现。

交际能力。交际是社会生活当中人与人交往的行为。因为实践活动是以人为主体的活动，往往是在社会关系中展开的，可以说企业的发展过程就是一个人与人相互交往的过程。常言道"天时不如地利，地利不如人和"，"人和万事兴"，都是对交际的强调。从职业公关的角度来说，良好的交际能力是获取信息、打开销路和组织运行的灵丹妙药。大学生毕业后往往会面临多种关系的交往，最直接的是同辈群体的交往，一起学习的同窗、校友都有可能成为职业发展的资源。刚接触社会的大学生，缺乏社会生活阅历，必不可少地需要长辈、先行者等各方人士的帮助、支持。而最为直接的职业交往，就是与上级管理者、下级员工以及销售对象的接触、管理或者往来。学习人际交往知识，提高交际能力，储备人脉资源，发挥交际效用，不仅是社会生活的需要，也是职业活动必不可少的能力。言语是交际最为基本的方式，掌握交谈的艺术与技巧有助于提升工作交际的实效。在交谈开始前，最好尽可能地了解你的交谈对象，并且眼神要真诚，谈吐得体，适时运用一些委婉、含蓄、幽默等语言技巧等。交往中，情感与友谊的建立甚是关键。这就需要真诚待人、豁达大度、信义为本。在人际交往中要热情、真诚待人，即使被拒绝，也要想方设法促使相互间心灵沟通、情感融洽，从而获得理想的人际关系效果。

第三，科技创新能力。创新是推动社会发展的第一动力，18 世纪以来每一次科技和产业革命都深刻改变了世界；创新是当今竞争新优势的集中体现，掌握了科技创新就掌握了竞争的优先权与主动权，就能在职业发展中先行一步，获得发展先机。大学生有较少的过去、较多的未来。从其发展本质上说，具有可塑性、创新性；而从其思想行为特点上说，往往思维活跃、追求新鲜、标新立异、追求创新。可以说，创新是青年所特有的风格，培养创新能力最具优势。而创新对于职业而言又甚为重要。从本质上说，职业是创办事业，有一个从无到有，从新生事物到培育成熟的过程，如果没有创新特质，就会缺乏持续发展性，难以持久壮大。虽然说大学生有着创新创造的天然优势，但并不意味着有创新的能力，创新能力需要有意识地培养。

树立创新的自觉意识。创新要求大学生树立突破陈规、大胆探索、勇于创新的思想观念，有突破难关、锐意进取的精神。敢于突破陈规甚至常规，大胆探索、小心求证，于观察中发现、思考中批判，不唯书、不唯上、只唯实，这是大学生在学习与实践中创新创造的重要前提。创新是走前人没有走过的路，难免会遇到困难，遭受挫折，面对未知领域也常常令人心生怯意，这就需要大学生树立大胆探索未知领域的信心。

增强创新的本领。创新不是盲目地追求新鲜、差异，而是在继承前人积累的专业知识基础上的发展变革。深厚的专业知识、扎实的专业技能是创新能力形成的基础。人们常常说，思路决定出路。拥有创新思维的人能善于发现问题、灵活开放、不落入俗套，通过学习与实践自觉培养创新型思维，勤于思考、善于发现、勇于创新是创新能力培养的另一方面。此外，创新能力的形成离不开创新的实践。创新实践应当立足于新时代中国现代化建设当中，把握全球新一轮科学革命和产业变革兴起的历史机遇，应当以时代使命为己任，把握时代脉搏，迎接时代挑战，在国家全面深化改革的实践中去体悟创新、培养创新意识，锻炼创新意志，增加创新本领。

11.4.4 大学生职业能力培养的途径

大学生职业能力培养需要学校教育与学生自身实践形成合力，才能形成积极有效的途径。一般而言，学校育人途径主要是课程育人、实践育人、文化育人以及网络育人，构成全员育人、全程育人、全方位育人的育人格局。

大学生职业能力的课程学习。课程学习基本可以分为三类。第一类是专业课程的学习。专业课程学习是学习专业知识，培养专业素养最为直接有效的方式。专业课程的学习与职业能力培养有直接的联系，是基于专业能力培养的核心地位和基础性地位，是大学生培养职业能力应当把握的知识与能力基础。第二类是有针对性的职业发展课程。这类课程包括学校开展的面向全体或者大部分学生的创新创业、职业规划类课程，以从总体上让学生学习到创业意识、机遇、能力培养、创业计划、创业项目书等一般性的创业知识与理论。另外，还有部分专业开设的应用操作类、实习实践类课程，如电子商务实操课程。通过此类课程的学习，大学生能直接学习到职业实践的操作、技术、步骤等。

第三类是学校开设的思想政治理论课、职业道德课以及各种人文社会科学课程。这类课程是以培养思想政治素养，涵养人文精神为主。虽然这类课程与职业能力培养没有直接的关系，但也是不可或缺的。因为这类课程有助于大学生形成正确的世界观、人生观和价值观，掌握基本的法律规范与职业道德，有助于培养良好的意志、情感、思维能力等，还有助于情商的培养。这类课程是职业性格、精神、态度培养的重要途径，从精神层面决定着职业能力运用的价值取向与境界。当然，不管是哪一类课程，大学生都应当主动认真地将课程学好，从职业能力培养的角度上来说，跟上老师的教授节奏，理解课程学习的知识本身就是一种学习能力的培养，这种学习能力也是大学生职业能力的构成之一。当然，课程的开设前提是学校对于学生职业能力培养的认识以及对此进行课程开设。学校应当结合不同专业类型学生的具体情况，有针对性地开设相关专业课、创业课、通识课等，在培养学生德、智、体、美、劳全面发展的基础上，突出专业领域的职业能力的培养。

大学生职业能力的实践养成。实践是检验学生学习到的职业知识与理论是否有效以及进一步培养学生实践能力必不可少的途径。正所谓"实践出真知"。学校往往在开设课程进行课堂教学的同时，也会开展相应的实践教学。通过与校企合作，让学生在实践基地进行实操；通过专业实习，让学生在真实的环境中去演练，都是切实可行的职业能力养成途径。校企合作建立实训基地、参观考察基地、实习基地等，是培养学生实践能力重要的途径。学校、学院应当在这方面完善相应机构，建立相应场所，开展有关合作，为大学生职业能力的实践养成提供必需的客观条件。大学生应当珍惜这样的实践机会，在实习中了解国情、社情、行情，增长才干、培养品格、奉献社会。此外，利用好寒暑假，通过职业调查、兼职工作、创业尝试等社会实践的内容和形式，提高职业能力。大学生职业能力的实践养成，还可以在学校中得到实施。例如：参加学校里的勤工助学、志愿服务活动，通过自身特有的专业优势或者自身感兴趣的工作来服务在校师生，既能奉献才华，又能锻炼自我。

大学生职业能力的文化涵养。以文化人，文以化人。文化具有重要的育人功能，能让学生在良好的职业氛围里，涵养职业的意识与精神，培养职业的能力。文化涵养职业能力，需要通过有效载体开展。通过有针对性地举办专业学术讲座、专业技术活动、创业竞赛、专业娱乐活动等，寓教于文，寓教于乐。还可以将学生的专业特长与传统节日、重大事件等结合起来，开展富有专业特色的主题教育活动。职业文化的熏陶离不开校园人文环境和自然环境建设，通过营造良好的职业文化氛围，能潜移默化地培养学生职业思想意识，通过校报、院报、广播站、公众号宣传专业知识与信息，传播正确的职业理念等。大学生职业能力的文化涵养，首先是需要学院领导、团委教师进行积极的谋篇布局、科学规划，有针对性地实施。不过这并不意味学生只是被动地参与。相反，重视发挥学生的积极性、主动性、创造性，指导学生而不代替学生开展职业相关的校园文化活动。通过学生社团、学生会、兴趣小组等，发挥学生主体性去构思活动、实施活动、参与活动，教育者在方向、主题上把好关，做好服务工作，能让校园文化活动涵养职业能力事半功倍，有效达到培养学生职业能力的目的。

大学生职业能力的网络锻炼。网络技术与多媒体技术的飞速发展，使得网络不仅成为大学生生活学习的"第二空间"，也成为培养大学生能力的主要途径。互联网的飞速发展，使得我国的创新创业出现了创业服务以市场发力、创业主体走向大众、创新活动走向开放协同、创业载体更注重软服务、创业理念更重视需求导向的新特点。这些新特点的出现，既是网络、物流等行业飞速发展的结果，也是网络创业的优势体现。一方面，大学生可以通过网络进行职业实践，进行创业尝试，获取从事职业的资源与信息。教育者应当在这方面承担必要的教育引导工作，以预防学生违法违规使用网络和受骗上当。另一方面，大学生可以根据职业能力培养的需要，在网络上进行相关课程的学习、相关经验的借鉴和相关的实践机会获取。教育者需要注意完善相关网站建设、平台建设、资源供给、信息发布等工作，为学生获取资源和参与职业锻炼提供有效的途径与服务。

 本章小结

随着互联网、大数据的兴起，以及深度学习等机器学习算法在互联网领域的广泛应用，人工智能再次进入快速发展的时期。人工智能将从现在的专用智能向通用智能发展，从人工智能向人机混合智能发展，从"人工＋智能"向自主智能系统发展，并将加速与其他学科领域的交叉渗透。但是，不同领域的科学家、企业家对人工智能的未来表达了担心，主要争论集中于人工智能的法律秩序与伦理道德。因此，发展人工智能要充分考虑人工智能技术的局限性，理性分析人工智能发展需求，理性设定人工智能发展目标，确保人工智能健康可持续发展。人工智能背景下国家大力鼓励创新创业，人工智能融合各行各业带来宽广的就业机会，产生大量的人工智能相关的技术应用、管理、开发等人才的需求。同时，人工智能的发展也会对传统行业产生冲击，未来就业的不确定性显著增加，智力劳动所占比重会逐渐增加，对劳动者的价值观结构、综合素质、创新能力等提出更高的新要求。面对这些人工智能带来的机遇与挑战，大学生首先应当认识到大学阶段开展人工智能专业领域职业规划的重要意义，掌握人工智能专业领域职业规划的方法，这些方法包括职业定位、SWOT 分析、职业规划制定。其次是把握人工智能背景下的大学生职业能力培养的主要内容，包括终身学习的能力、适应智慧环境的实践能力、科技创新能力。最后是通过有效的途径培养人工智能职业能力，这些途径包括课程学习、实践养成、文化涵养、网络锻炼。

（1）试析人工智能发展面临的道德问题。

（2）试析人工智能发展的趋势。

（3）阐述如何在大学阶段规划好学习生活为以后就业和职业发展做好准备。

阅读延展

References
参考文献

[1] 李德毅，于剑. 人工智能导论 [M]. 北京：中国科学技术出版社，2018：166 –194.

[2] 李开复，王咏刚. 人工智能 [M]. 北京：文化发展出版社，2017：2 –57.

[3] 尼克. 人工智能简史 [M]. 北京：人民邮电出版社，2017：128 –158.

[4] 吴军. 数学之美 [M]. 北京：人民邮电出版社，2012：15 –58.

[5] Steven Bird, Ewan Klein, Edward Loper. Python 自然语言处理 [M]. 陈涛，张旭，崔杨，刘海平，译. 北京：人民邮电出版社，2014：1 –80.

[6] https://blog.csdn.net/metal1/article/details/85643616.

[7] https://baijiahao.baidu.com/s? id =16417476579499 04097&wfr = spider&for = pc.

[8] https://cloud.tencent.com/developer/article/1545817.

[9] https://www.cnblogs.com/itdyb/p/5900195.html.

[10] https://www.zhihu.com/question/24588198.

图书在版编目（CIP）数据

人工智能应用概论/莫少林，宫斐主编.－－北京：中国人民大学出版社，2020.9
21世纪高职高专规划教材.通识课系列
ISBN 978-7-300-28585-6

Ⅰ.①人… Ⅱ.①莫… ②宫… Ⅲ.①人工智能－高等职业教育－教材 Ⅳ.①TP18

中国版本图书馆CIP数据核字(2020)第178838号

智能时代新商科高职通识教育改革研究成果
21世纪高职高专规划教材·通识课系列

人工智能应用概论
主　编　莫少林　宫　斐
副主编　莫小泉　罗　宁
Rengong Zhineng Yingyong Gailun

出版发行	中国人民大学出版社			
社　　址	北京中关村大街31号		**邮政编码**	100080
电　　话	010-62511242（总编室）		010-62511398（质管部）	
	010-82501766（邮购部）		010-62514148（门市部）	
	010-62515195（发行公司）		010-62515275（盗版举报）	
网　　址	http://www.crup.com.cn			
经　　销	新华书店			
印　　刷	北京昌联印刷有限公司			
规　　格	185mm×260mm　16开本		**版　　次**	2020年9月第1版
印　　张	20.25　插页1		**印　　次**	2022年9月第5次印刷
字　　数	329 000		**定　　价**	49.00元

版权所有　侵权必究　　印装差错　负责调换

信息反馈表

尊敬的老师：

  您好！为了更好地为您的教学、科研服务，我们希望通过这张反馈表来获取您更多的建议和意见，以进一步完善我们的工作。

  请您填好下表后以电子邮件、信件或传真的形式反馈给我们，十分感谢！

一、您使用的我社教材情况

您使用的我社教材名称			
您所讲授的课程		学生人数	
您希望获得哪些相关教学资源			
您对本书有哪些建议			

二、您目前使用的教材及计划编写的教材

	书名	作者	出版社
您目前使用的教材			
	书名	预计交稿时间	本校开课学生数量
您计划编写的教材			

三、请留下您的联系方式，以便我们为您赠送样书（限1本）

您的通信地址			
您的姓名		联系电话	
电子邮箱（必填）			

我们的联系方式：

地　址：苏州工业园区仁爱路158号中国人民大学苏州校区修远楼

电　话：0512-68839320　　　　传　真：0512-68839316

网　址：www.crup.com.cn　　　　邮　编：215123